U0397406

轻与重

FESTINA LENTE

姜丹丹 主编

伊西斯的面纱

自然的观念史随笔

[法] 皮埃尔·阿多 著 张卜天 译

Pierre Hadot

Le voile d'Isis

Essai sur l'histoire de l'idée de Nature

华东师范大学出版社

华东师范大学出版社六点分社　策划

主编的话

1

时下距京师同文馆设立推动西学东渐之兴起已有一百五十载。百余年来，尤其是近三十年，西学移译林林总总，汗牛充栋，累积了一代又一代中国学人从西方寻找出路的理想，以至当下中国人提出问题、关注问题、思考问题的进路和理路深受各种各样的西学所规定，而由此引发的新问题也往往被归咎于西方的影响。处在21世纪中西文化交流的新情境里，如何在译介西学时作出新的选择，又如何以新的思想姿态回应，成为我们必须重新思考的一个严峻问题。

2

自晚清以来，中国一代又一代知识分子一直面临着现代性的冲击所带来的种种尖锐的提问：传统是否构成现代化进程的障碍？在中西古今的碰撞与磨合中，重构中华文化的身份与主体性如何得以实现？“五四”新文化运动带来的“中西、古今”的对立倾向能否彻底扭转？在历经沧桑之后，当下的中国经济崛起，如何重新激发中华文化生生不息的活力？在对现代性的批判与反思中，当代西方文明形态的理想模式一再经历祛魅，西方对中国的意义已然发生结构性的改变。但问题是：以何种态度应答这一改变？

中华文化的复兴，召唤对新时代所提出的精神挑战的深刻自觉，与此同时，也需要在更广阔、更细致的层面上展开文化的互动，在更深入、更充盈的跨文化思考中重建经典，既包括对古典的历史文化资源的梳理与考察，也包含对已成为古典的“现代经典”的体认与奠定。

面对种种历史危机与社会转型，欧洲学人选择一次又一次地重新解读欧洲的经典，既谦卑地尊重历史文化的真理内涵，又有抱负地重新连结文明的精神巨链，从当代问题出发，进行批判性重建。这种重新出发和叩问的勇气，值得借鉴。

3

一只螃蟹，一只蝴蝶，铸型了古罗马皇帝奥古斯都的一枚金币图案，象征一个明君应具备的双重品质，演绎了奥古斯都的座右铭："FESTINA LENTE"（慢慢地，快进）。我们化用为"轻与重"文丛的图标，旨在传递这种悠远的隐喻：轻与重，或曰：快与慢。

轻，则快，隐喻思想灵动自由；重，则慢，象征诗意栖息大地。蝴蝶之轻灵，宛如对思想芬芳的追逐，朝圣"空气的神灵"；螃蟹之沉稳，恰似对文化土壤的立足，依托"土地的重量"。

在文艺复兴时期的人文主义那里，这种悖论演绎出一种智慧：审慎的精神与平衡的探求。思想的表达和传播，快者，易乱；慢者，易坠。故既要审慎，又求平衡。在此，可这样领会：该快时当快，坚守一种持续不断的开拓与创造；该慢时宜慢，保有一份不可或缺的耐心沉潜与深耕。用不逃避重负的态度面向传统耕耘与劳作，期待思想的轻盈转化与超越。

4

“轻与重”文丛，特别注重选择在欧洲（德法尤甚）与主流思想形态相平行的一种称作 essai（随笔）的文本。Essai 的词源有“平衡”（exagium）的涵义，也与考量、检验（examen）的精细联结在一起，且隐含“尝试”的意味。

这种文本孕育出的思想表达形态，承袭了从蒙田、帕斯卡尔到卢梭、尼采的传统，在 20 世纪，经过从本雅明到阿多诺，从柏格森到萨特、罗兰·巴特、福柯等诸位思想大师的传承，发展为一种富有活力的知性实践，形成一种求索和传达真理的风格。Essai，远不只是一种书写的风格，也成为一种思考与存在的方式。既体现思索个体的主体性与节奏，又承载历史文化的积淀与转化，融思辨与感触、考证与诠释为一炉。

选择这样的文本，意在不渲染一种思潮、不言说一套学说或理论，而是传达西方学人如何在错综复杂的问题场域提问和解析，进而透彻理解西方学人对自身历史文化的自觉，对自身文明既自信又质疑、既肯定又批判的根本所在，而这恰恰是汉语学界还需要深思的。

提供这样的思想文化资源，旨在分享西方学者深入认知与解读欧洲经典的各种方式与问题意识，引领中国读者进一步思索传统与现代、古典文化与当代处境的复杂关系，进而为汉语学界重返中国经典研究、回应西方的经典重建做好更坚实的准备，为文化之间的平等对话创造可能性的条件。

是为序。

姜丹丹（Dandan Jiang）

何乏笔（Fabian Heubel）

2012 年 7 月

目　　录

第三部分　“自然爱隐藏”

第四部分　揭示自然的秘密

第五部分　普罗米修斯态度:通过技术来揭示秘密

第六部分　俄耳甫斯态度:通过言说、诗歌和艺术来揭示秘密

序　言

40多年来，我一直想写这样一本书。1960年前后，我开始对自然的秘密在古代和现代所具有的各种不同含义感兴趣。此后的数年里，我完全被自然哲学所吸引，我怀疑这种研究在当今世界是否还有可能发生变革或形态变化。然而，由于忙于教学和其他事务，我一直没有机会集中进行这项研究。尽管如此，我从当时研究普罗提诺(Plotin)的角度为1968年的爱诺思会议(les Rencontres d'Eranos)写了一篇论文，其主题是新柏拉图主义对西方自然哲学的影响，文中提出了我十分珍视的几种想法。我的讨论特别集中于歌德的例子，他既是诗人又是学者，在我看来，他为同时从科学和美学的角度来探讨自然提供了范例。正是在那时，我遇到的形象和文本成为撰写本书的契机。 13

我简要介绍一下这一形象和文本的历史背景。从1799年7月16日到1804年3月7日，德国学者亚历山大·冯·洪 14

堡(Alexander von Humboldt)偕同法国植物学家埃梅·邦普朗(Aimé Bonpland)在南美洲开展了一场异乎寻常的科学探险,洪堡从那里带回了大量地理学和人种志的观察材料。这些年探索的第一个成果是1805年写给法兰西学院的通讯,1807年以"植物地理学随笔"(*Essai sur la géographie des plantes*)为题发表。该作品的德文版《植物地理学的观念》(*Ideen zu einer Geographie der Pflanzen*)1807年在图宾根出版,并且题献给歌德,以承认洪堡从《植物的变形》(*La metamorphose des plantes*)的作者那里得到的启发。献词页上饰有一尊雕像,是瑞典雕塑家托瓦尔森(Thorvaldsen)应这位伟大探险家的心愿根据一幅素描而创作的(见图1)。[①] 这尊富有寓意的雕像本身非常美,它表明我们距离19世纪初的那些学者、艺术家和诗人的精神世界是多么遥远。当时有教养的人很清楚它的寓意,而我们这个时代的人却看不明白。这个左手拿着琴、右手揭开一尊陌生女神像面纱的裸体人物是谁?而这位双手张开,胸部长着三排乳房,下半身包在一条饰有各种动物图案的紧身裙里的女神又是谁?为什么歌德的著作《植物的变形》会放在她的脚边?

歌德本人曾经初步简要回答过这些问题,他写道:"冯·洪堡给我寄来了他的《植物地理学随笔》的译本,其中附有一幅讨

① 见 *Briefe an Goethe*, ed. K.-R. Mandelkow, 4 vols. (Hamburg, 1965—1967), t. 1, n° 302。在1806年2月6日的这封信中,洪堡称他正要给歌德寄去这本书,书中附有一幅插图,暗示歌德实现了诗歌、哲学和科学的统一。

图 1　阿波罗揭开(象征自然的)伊西斯/阿耳忒弥斯雕像的面纱。托瓦尔森为歌德的献词页创作的雕刻，载洪堡的《植物地理学的观念》(*Ideen zu einer Geographie der Pflanzen*，1807 年)。

人欢喜的插图，暗示诗歌也可以揭开自然的面纱。”①然而，对于今天的读者来说，这一解释同样令人费解。为什么歌德从这尊女神像中看出了自然？为什么这个自然有秘密？为什么必须揭开她的面纱？而诗歌又为何能完成这一任务？

1980年6月，在美因茨科学与人文学院所做的一场讲演中，我简要回答了这些问题。② 自然的秘密这一概念必须结合赫拉克利特(Heraclitus)的箴言“自然爱隐藏”来理解。被阿波罗揭开面纱的这尊雕像是诗歌之神，也是自然女神的化身，她的形象结合了以弗所的阿耳忒弥斯(Artémis d' Éphése)和伊西斯(Isis)。根据普鲁塔克(Plutarque)转述的一则古代铭文，伊西斯曾说，“不曾有凡人揭开过我的面纱”。在那场讲演中，我简要概述了揭开自然面纱这一隐喻的历史，这也是1982—1983年我在法兰西公学院主持的研讨班上的主题。随后几年，我继续研究在我看来同一现象的三个方面：对赫拉克利特这句箴言的解释史，自然的秘密这一概念的演变，以及伊西斯在图像学和文学中的形象。

16

本书阐述的正是这些研究的结果。它首先是一部历史著

---

① Goethe, *Die Metamorphosen der Pflanzen. Andere Freundlichkeiten* (1818—1820), in *Goethes Werke*, ed. Erich Trunz, 14 vols. (Hamburg, 1948—1969), t. 13, p. 115.

② P. Hadot, “Zur Idee der Naturgeheimnisse. Beim Betrachten des Widmungsblattes in den Humboldtschen ‘Ideen zu einer Geographie der Pflanzen’”, *Akademie der Wissenschaften und der Literatur Mainz*, *Abhandlungen der Geistes-und Sozialwissenschaftlichen Klasse*, Jahrgang 1982, n°8, Wiesbaden, 1982.

作,特别涉及从古代一直到20世纪初,仅从揭开面纱这一隐喻的角度来追溯人对自然态度的演变。需要强调的是,我并没有讨论与自然的秘密有关的两个问题。一是社会秩序方面,即秘传性:不仅自然本身拒绝被揭开面纱,而且那些自认为参透了自然秘密的人也拒绝说出这些秘密。对该主题感兴趣的读者可以去读威廉·埃蒙(William Eamon)那部里程碑式的出色著作《科学和自然的秘密:中世纪和现代早期文化中的秘密之书》(*Science and the Secrets of Nature*: *Books of Secrets in Medieval and Early Modern Culture*, Princeton, 1994, 2e éd, 1996)。这本很值得译成法语的书深入研究的现象一方面表现在中世纪和现代早期大量出现的"秘密"之书,另一方面表现在意大利、法国和英格兰的学院集合了许多学者来研究自然的秘密。这一历史现象对于现代科学的诞生扮演着非常重要的角色。从这个社会学的角度,还可以读一读卡洛·金兹堡(Carlo Ginzburg)的文章《高与低:16、17世纪被禁止的知识》("High and Low: The Theme of Forbidden Knowledge in the Sixteenth and Seventeenth Centuries," *Past and Present*, 73[1976], p.28—41)。

二是自然的化身伊西斯的面纱被揭开这一形象中所隐含的心理和精神分析方面。由于缺乏必要的医学训练和心理分析训练,我只能在专门讨论尼采的一章中提及这一问题。卡洛琳·麦茜特(Carolyn Merchant)在《自然之死:女性、生态和科学革命》(*The Death of Nature*: *Women*, *Ecology*, *and the Scientific Revolution*, San Francisco, 1980, [2e éd, 1990])中,从女性主义角

17

度讨论了这一问题。这部著作的重要价值在于其广泛的信息以及对西方文明宿命的深入思考。这里我还要提到伊芙琳·福克斯·凯勒(Evelyn Fox Keller)的一篇文章《上帝、自然和生活的秘密》(“Secrets of God, Nature and Life,” *History of the Human Sciences*, 3, No. 2 [1990], p. 229—242)。

在本书中我试图表明,为了解释直到今天仍然界定着自然科学的方法和目标的那些概念和形象,我们必须首先追溯古代的希腊-拉丁传统。例如在一项关于物理化学秩序的著名研究中,贝特朗·德·圣-塞尔南(Bertrand de Saint-Sernin)曾经引述帕斯卡的一段话,其中有这样的表述:“自然的秘密是隐藏着的。虽然她总是起作用,但我们并不总能发现其结果。”对此圣-塞尔南评论如下:“这段话凸显了实证主义在知识论中的宗教起源。事实上,提到隐藏的自然秘密让人想起了《约伯记》,神让各种神奇的造物从约伯面前列队走过,而没有揭示其塑造方式。”[①]的确,就实证主义是一种拒绝超出经验观察和实验结果的态度而言,我们可以在某种程度上看出实证主义的宗教起源,这一点我将在第十一章中讨论。然而,“隐藏的自然秘密”这一

18 表述却并非来源于《圣经》,而是来源于希腊-拉丁哲学,像 *arcana naturae*、*secreta naturae* 或 *aporrhéta tés phuseôs* 这样的说法在其中屡屡被使用。这是第三章的主题。

---

① B. de Saint-Sernin, “L’ordre physico-chimique”, dans *Philosophie des sciences*, t. I, par D. Andler, A. Fagot-Largeault et B. de Saint-Sernin, Paris, 2002, p. 420.

在《一种隐喻学的范例》(*Paradigmen zu einer Metaphorologie*)中,我的朋友汉斯·布鲁门伯格(Hans Blumenberg)——他的逝世让我深感痛心——有力地表明,某些隐喻的历史使我们窥见了对世界的精神态度和看法古往今来是如何演变的。其中许多隐喻都无法被恰当地翻译为命题和概念,比如赤裸裸的真理,作为写作和书本的自然,或者作为钟表的世界。这些传统隐喻与修辞中所谓的寻常主题密切相关。这些表述、形象和隐喻被哲学家和作家们当作预制的模型来自由使用,却会对他们的思想产生影响。它们如同一种有待实现的纲领、必须完成的任务或需要持有的态度,支配着一代又一代的人,尽管在不同时代赋予这些句子、形象和隐喻的含义可能发生深刻变化。这些观念、形象和象征可以激发艺术作品、诗歌、哲学论述乃至生活实践本身。这项研究探讨的是这些隐喻和寻常主题的历史,无论它们表现为"自然爱隐藏",蒙上面纱和揭开面纱,还是伊西斯的形象。这些隐喻和形象表达与影响了人类对自然的态度。

19

读者也许会奇怪,本书中的"自然"(nature)一词有时首字母大写,有时小写。如果我明显指一种人格化或超越性的东西,或者指一位女神,我将使用首字母大写的 Nature 一词。

我要衷心感谢所有那些在本书撰写过程中帮助过我的人,感谢他们提供的文献、建议和修改意见。特别要感谢 Eric Vigne 的耐心和出色的评论,以及 Sylvie Simon 所提供的帮助。还要感谢 Concetta Luna,她温文友善、效率极高地帮我解决了涉及本书写作和参考书目的问题。此外,Monique Alexandre、

Véronique Boudon-Millot、Ilsetraut Hadot、Sandra Laugier、Jean-François Balaudé、René Bonnet、Louis Frank、Richard Goulet、Dieter Harlfinger、Philippe Hoffmann、Nuccio Ordine、Alain Segonds、Brian Stock 和 Jacques Thuillier 的宝贵建议也使我受益匪浅。深深地感谢大家。

以弗所的开场白：一句神秘莫测的话

可以看出，有三条互相交织的主导线索贯穿着我们的故事：赫拉克利特的箴言“自然爱隐藏”及其在各个时代的命运，自然的秘密这一观念，以及由阿耳忒弥斯或伊西斯所代表的蒙着面纱的自然形象。因此，我所要讲述的故事富有象征意味地发生在公元前500年左右小亚细亚的以弗所，据说在那天，最古老的希腊思想家之一赫拉克利特将其著作寄放在了以弗所著名的阿耳忒弥斯神庙中，这本可能没有标题的书总结了他的全部知识。[①] 21

这本书包含着一句由三个希腊词组成的神秘莫测的箴言：“phusis kruptesthai philei”，它往往被译成“自然爱隐藏”，尽管赫拉克利特很可能从未想到过这层含义。后人从未停止过对这三个词的意思进行解读。[②] 由此我们不仅看到对存在奥秘的最初

① Diogène Laërce, IX, 6, p.1050.

② Héraclite, fragm. 123, Dumont, p.173.

22

反思可能是什么样子，还可以看到穿过时代迷雾的一种漫长沉思的最终结果。这座以弗所的神庙中有一尊阿耳忒弥斯的黑木雕像，她的脖子和胸部戴有各种各样的装饰物，下身裹着一条紧身裙。她本身也是一个神秘莫测的陌生形象，来自遥远的史前时代(图 2)。

在即将开始的旅程中，我们将会追溯数千年来逐渐与阿耳忒弥斯的形象紧密联系在一起的这三个词的命运，正如我们将会看到的，阿耳忒弥斯的形象逐渐等同于伊西斯。我们将逐步追溯面纱或揭开面纱这一主题的演变，无论是死亡的面纱、伊西斯的面纱、自然秘密的面纱，还是存在之奥秘的面纱。

赫拉克利特说出并写下的这三个希腊词“phusis kruptesthai philei”总是富含着意义，既有赫拉克利特赋予它们的意义，也有后人自认为从中发现的意义。在未来的很长一段时间里，甚至一直到永远，这三个词将会继续保持自己的神秘感。和自然一样，它们爱隐藏。

赫拉克利特在说出或写下这几个词的时候究竟想要表达什么呢？坦率地说，这极难知道，原因有两个：首先，自古以来赫拉克利特就以晦涩难懂而著称。亚里士多德就曾在他之后两个世纪说，没有人知道应该如何给这位以弗所哲学家的文本断句，“因为他们不清楚某个单词究竟属于下一句还是上一句”。[1] 此外，晦涩难懂也是古代智慧的特征之一，古代智慧喜欢表达为谜

① Aristote, *Rhétorique*, III 5, 1407 b 11.

图 2　以弗所的阿耳忒弥斯雕像。

一样的形式。在《普罗泰戈拉》(*Protagoras*)中,柏拉图的七贤通过"简短而令人难忘的词语"来证明自己的智慧,并将它们当作最初的果实献给了德尔菲神庙中的阿波罗。柏拉图说,"言简意赅"正是古代哲学的风格。① 然而赫拉克利特并不仅限于神秘莫测的简洁。通过这种文学形式,他还想让人瞥见他所认为的整个实在的法则:对立面的斗争,以及由这种永恒斗争所导致的永恒变化。

23

因此,我们绝不能依赖于古人对这段晦涩文本的诠释,因为他们的年代比苏格拉底、柏拉图和亚里士多德更晚,其精神世界已经与这位以弗所的思想家完全不同。语言在发展,思想沿着其他道路前进,当时的作者们——和现代作者类似——甚至没有意识到自己所犯的错误。为了试图理解,我们必须将赫拉克利特与赫拉克利特自己相比较,或者至少是与距离他那个时代不远的作者相比较。但不幸的是,一旦涉及赫拉克利特,就几乎不大可能做出比较:我们目前只拥有其作品的 126 个残篇,最多有 12 页。这些残篇表现为短句或神秘莫测的箴言,往往有一种对立结构,这正反映了实在的构成本身,即对立面的一致。

① Platon, *Protagoras*, 342—343.

第一部分

死亡的面纱

第一章　赫拉克利特的箴言
——“生出的东西都趋向于消失”

为了理解赫拉克利特的箴言，我们必须试着弄明白三个词。 27
首先，这种包含着“爱”（*philein*）一词的句子经常出现在赫拉克利特自己的作品中，也出现在悲剧作家们或希罗多德（Hérodote）的作品中，例如“风爱［习惯于］刮”，[①]还可见于德谟克利特（Démocrite）的著作，“因这些练习［努力学习阅读或者音乐］之故，尊重之意‘爱’发展［习惯性地得到发展］”。[②] 在这里，“爱”（*philein*）这个词并非指情感，而是指一种自然的或习惯性的趋向，或一种必然发生或经常发生的过程。

那么，据说它“有一种隐藏的趋向”或者说“习惯于隐藏”，这讨论的究竟是什么主题呢？该主题就是 *phusis*，这个词在赫拉克利特的时代有非常丰富的含义，但肯定不是指整个自然或者

---

① Hérodote, *Histoiries*, II, 27.

② Démocrite, fragm. 179, Dumont, p. 891.

现象的原理。在当时,它主要有两种含义:一方面,它可能指每一个事物的组成或本性,另一方面,它可能指一个事物的实现过程、创生过程、显现过程或发展过程。

28 第一种含义可见于赫拉克利特的著作。比如他宣称自己的方法是依照每一个事物的本性来划分事物。① 从赫拉克利特的学说来看,这可能意指在划分每一个事物的同时,揭示其内部固有的那些对立面的一致。如果从这个意义上来理解 *phusis*,我们可能会推测"隐藏"指的是难以发现每一个事物的固有本性。在赫拉克利特那里,*kruptein* 或 *kruptesthai* 可能有"瞒着不被认识"之意,比如他在谈到德尔菲的阿波罗时说:"他的话语既不陈述也不隐瞒,而是指示(*indicate*)。"②因此,这句箴言很可能有以下含义:"自然(在某一事物的固有组成、固有力量或生命的意义上)爱隐藏,或者说不爱显明。"这种解释可以作两种具有细微差别的理解:一是说事物的本性难以理解,二是说事物的本性需要被隐藏起来,即智者必须将其隐藏起来。③

然而,我们可以合理地怀疑,是否不应该用第二种含义来理解这里的 *phusis*,也就是将其理解为一种过程,理解成一个或多个事物的显现或出生。这种含义在赫拉克利特的时代是存在

---

① Héraclite, fragm. 1, p.146.

② *Ibid.*, fragm. 93, p.167.

③ 对残篇 86 的引用可以暗示出这一点,但这种引用可能是走样的:"隐藏"深刻的知识是"[对大众的老师]正确的不信任,因为不信任是为了避免被了解"。参见 *Stromates*, V, 13, 88, 5;亦参见 A. Le Boulluec 对亚历山大的克雷芒(Clément d'Alexandrie)的评注, *Stromates*, Paris, 1981, t. II, p.289。

的，最好的例子可见于恩培多克勒（Empédocle）的著作："对于一切有死的事物而言，绝对没有出生[*phusis*]，也没有终结，即令人憎恶的死亡，而只有混合以及混合物的区分，这就是人们所谓的*phusis*。"[1]恩培多克勒的意思是，如果人们认为 *phusis* 一词指的是使某一事物开始存在的过程，那就错了：*phusis* 是业已存在的事物的一种混合和区分过程。无论恩培多克勒提出的这个问题应当如何解决，有一点是确定无疑的：*phusis* 这个词指的是使事物得以出现的过程。于是，赫拉克利特的箴言可能意指"出生和形成的过程趋向于自我隐藏"。我们仍然处在知识难题的语域之内，不妨将这一箴言与赫拉克利特的另一则箴言进行比较："你在求索的过程中，即使穷尽所有道路，也无法找到灵魂的极限：逻各斯就是如此之深。"[2]由这两句箴言的比较我们可以推断，*phusis* 等同于逻各斯，即等同于将对立面统一起来的话语。

29

尽管如此，我们似乎还得从一种完全不同的意义上来解释 *kruptesthai* 一词。实际上，无论是其主动态 *kruptein*，还是中动态 *kruptesthai*，该动词都像动词 *kaluptein* 一样，可以指"掩埋"。曾经扣留奥德修斯（Odysseus）的著名山泽女神卡里普索（Calypso）便是"掩藏的女子"，亦即死亡女神。[3] 这种含义同时对应于掩埋尸体的泥土以及覆盖死者头部的面纱。比如在欧里庇得斯的悲剧《希波吕托斯》（*Hippolyte*）中，正在为狂热的激情而惊骇

---

① Empédocle, fragm. 8, Dumount, p. 376.

② Héraclite, fragm. 45, Dumount, p. 156.

③ H. Güntert, *Kalypso*, Halle, 1919, p. 28—33.

不已的菲德拉(Phèdre)请求奶妈掩藏起她的头。奶妈照办了,但接着又说:"我给你蒙上了面纱,但死亡何时会覆盖我的身体?"[①]于是,死亡在这里显示为面纱、黑暗或阴云。[②] *Kruptein*、*kruptesthai* 的这种可能含义可以导向对赫拉克利特残篇的另外一种解释。我们已经看到,*phusis* 可以指出生,而 *kruptesthai* 则可能引起消失或死亡。于是,我们有了生与死、出现与消失之间的对立,这句话可以完全符合赫拉克利特的整体精神,表现出一种对立的特点。

30

这里,我们再次有了两种可能的对立形式。首先,我们可以从一种主动的含义上去理解 *phusis* 和 *kruptesthai*(取这个动词的中动态)。由此可得出如下含义:"引起出生的东西也趋向于引起消失。"换句话说,使事物出生和使事物消失的是同一种力量。但我们也可以让这两个词取被动含义。正如在亚里士多德那里,*phusis* 可以指形成过程的结果,从而可以指形成过程的最后出现的那种形态。[③] 于是我们箴言的意思是,"源于出生过程的东西都趋向于消失",或者,"凡出现的形态都趋向于消失"。

现在,我已经就这句神秘的箴言提出了五种可能的解释——这也说明理解赫拉克利特是多么困难:

1. 每一事物的组成都趋向于隐藏(即难以认识)。

---

① Euripide, *Hippolyte*, vers 245—250.

② R. B. Onians, *The Origins of European Thought*, Cambridge, 1954, p. 423 et 427.

③ Aristote, *Politique*, I, 2, 1252 b 33.

2. 每一事物的组成都想被隐藏(即不想被揭示)。

3. 起源趋向于隐藏自身(即事物的起源很难被认识)。

4. 使事物出现的东西也趋向于使事物消失(即引起出生的东西也趋向于引起死亡)。

5. 形态(或出现的东西)趋向于消失(即生出的东西想要死亡)。

最后两种译法可能最接近于赫拉克利特的原意,因为它们具有赫拉克利特思想典型的对立特征。现实即是如此,任何事物都包含两个方面,它们彼此摧毁对方。例如,死即生,生即死:“朽即不朽,不朽即朽,此生于彼之死,彼死于此之生。”[1]“他们一旦出生,就期待着活下去,从而注定会死,他们留下子女,造成更多死亡的命运。”[2]“弓的名字是生(*biós* = *bíos*),它的作用却是死。”[3]

31

在索福克勒斯的悲剧《埃阿斯》(*Ajax*)的一个著名段落中,我们也看到了生与死、出现与消失之间的这种联系,它有时被称为“掩饰的话语”(le discours de dissimulation)。[4] 埃阿斯此前已经宣布了想死的意向。合唱队开始唱哀歌之时,他突然发表了一段长篇演说,给人留下了他已经改变心意的印象。他的演说是这样开始的:

---

① Héraclite, fragm. 62, Dumont, p.160.

② *Ibid.*, fragm. 20, p.151.

③ *Ibid.*, fragm. 48, p.157.

④ K. Reinhardt, *Sophocle*, trad., Paris, 1971, p.49,附录带有参考书目。

悠久无尽的时间，

使所有不明显的[*adéla*]事物出现[*phuei*]，

它们一旦出现[*phanenta*]，时间复又使之消失[*kruptetai*]。

于是，没有什么是意料之外的，

最可怕的誓言和最坚硬的心灵都被它征服。

我也曾经那样坚定，

如今却自觉言语正在变得柔弱。①

时间这一揭示者的形象将继续活在由时间揭示的真理这一丰富的主题上。② 时间是破坏性的，这一主题显然司空见惯，这里只以莎士比亚的一首诗为例，它是这样说时间的："你哺育一切，又将一切谋杀殆尽。"③

32 有些作者已经指出了索福克勒斯这段话与赫拉克利特的箴言之间的相似性，④特别是提到 *Aiôn*(绵延或时间)的那则箴言："*Aiôn* 是一个掷骰子的孩子。"⑤为了作这种比较，这些作者往往依赖于卢奇安(Lucien)⑥的一段文本，它是这样概括赫拉克利特

① Sophocle, *Ajax*, vers 646 ss.

② 见本书第十四章。

③ *Le viol de Lucrèce*, vers 929，引自 E. Panofsky, *Essais d'iconologie*, Paris, 1967, p.118—119，Panofsky 指出了 B. Stevenson, *Home Book of Citations* (New York, 1934)对该主题的多处引用。

④ K. Reinhardt, *Sophocle*, p.51.

⑤ Héraclite, fragm. 52, Dumount, p.158.

⑥ Lucien, *Philosophes à vendre*, §14, trad. O. Zink, Paris, 1996, p.45.

的全部哲学的：一切都混在一起；知识、无知、大、小、上、下都在时间（*Aiôn*）的游戏中彼此渗透。事实上，要想弄清楚赫拉克利特所说的 *Aiôn* 意指什么是极为困难的：生命的时间？宇宙的时间？命运？无论如何，我们不清楚 *Aiôn* 一词在赫拉克利特的时代是否已经拥有了索福克勒斯和卢奇安所赋予它的那种遮盖或揭示的能力。① 尽管如此，掷骰子游戏的意象显然并没有出现在索福克勒斯的作品中。赫拉克利特的残篇 123 也不大可能在这位悲剧作家的作品中引起回响，因为在我们的残篇中，使事物出现和消失的是 *phusis* 而不是时间。

然而，对我们讨论的主题来说很有意思的是，索福克勒斯的诗句将 *phuei* 和 *kruptetai*，也就是"使出现"和"使消失"，这两个动词对立起来，从而鼓励我们保留前面提出的两种解释：从主动态上说，"使事物出现的东西也趋向于使事物消失"，"引起出生的东西也趋向于引起死亡"，或者"揭示者也是遮盖者"；从被动态上说，"出现的东西趋向于消失"，或者"生出的东西想要死亡"。②

因此，这则箴言表达了面对变化的奥秘以及生与死的深刻同一性时的震惊。为何事物形成就是为了消失呢？每一个事物产生的过程不可避免也是毁灭的过程，生的运动也是死的运动，消失似乎必然蕴含在出现之中，或者蕴含在事物的产生过程之中，这究竟是为什么呢？马库斯·奥勒留（Marc Aurèle）说："获得一

33

① E. Degani, *Aion. Da Omero ad Aristotele*, Padoue, 1961, p. 73.

② 我认为我的解释与 O. Gigon, *Untersuchungen zu Heraklit*, Leipzig, 1935, p. 101 颇为相近。

种方法来沉思事物是如何相互转化的。观察每一个事物,想象它正处于溶解和转化的过程之中,正处于腐坏和被摧毁的过程之中。"[①]许多诗人后来重复了这种观点,比如里尔克(Rilke)歌颂"祝愿变化",[②]或者比贝斯科(Bibesco)公主,她在凝视一束紫罗兰时默想到死亡。[③] 蒙田也曾对这一奥秘做过惊人的表述:

> 你出生的第一天,在赋予你生活的同时,就把你一步步引向死亡。……你的生命不断营造的就是死亡。你活着时就在死亡之中了。……你活着时就是个要死的人。[④]

在某些现代生物学理论中,我们再次遇到了赫拉克利特的思想(虽然不可能有直接影响)。克劳德·贝尔纳(Claude Bernard)曾说:"存在着两种看似相反的生命现象,一种是有机的更新,它仿佛隐藏了起来,另一种是**有机的破坏,它总是表现为器官的运作或磨损**。后一种通常被称为生命现象,因此我们所谓的'生命'其实是死亡。"[⑤]于是,我们既可以说"生命是创造",也

---

① Marc Aurèle, *Écrits pour lui-même*, X, 11.

② R. M. Rilke, *Les Sonnets à Orphée*, II, 12.

③ Abbé Mugnier, *Journal*, Paris, 1985, p. 221.

④ *Essais*, I, 20, dans Montaigne, *Œuvres complètes*, éd. Par Albert Thibaudet et Maurice Rat, Paris, Bibliothèque de la Pléiade, 1962, p. 91.

⑤ C. Bernard, *De la physiologie générale*, Paris, 1872, p. 327—328, note 219. 在这段发表于1872年的文本中,有一处本该是"生命"(vie),结果写成了"好"(bien)。这可能是印刷错误,我已经更正。

可以说“生命是死亡”。 34

当代生物学认为，性和死亡这“两项重要的演化发明”是彼此联系的。弗朗索瓦·雅各布(François Jacob)已经清楚地表明，有性生殖与个体的必然消失之间存在着密切关联。他写道：“没有任何东西强迫细菌进行有性繁殖。一旦性是强迫性的，形成每一个遗传程序就不再通过精确复制单个程序，而是通过把两个不同程序进行匹配。对于演化来说必不可少的另一个条件是死亡。这里的死亡不是来自外部，比如某个事故，而是来自内部，作为一种预先规定的必然性经由遗传程序来自于卵。”[①]在《世界报》的一篇文章中，通过强调“细胞自杀”或“程序性死亡”等表述的拟人化特征，让-克劳德·阿梅桑(Jean-Claude Ameisen)提醒人们注意，“我们的细胞在任何时候都有能力在数小时之内摧毁自己”。[②]

最后，我们附带提及菲利克斯·拉韦松(Félix Ravaisson)所犯的一个错误。当我们在其《哲学告白》(*Testament philosophique*)中读到“达·芬奇说过，整个自然都渴慕死亡”时，我们会有这样一种印象，仿佛达·芬奇已经重新发现了赫拉克利特的宇宙观。事实上，拉韦松所作的评论足以使我们认识到这一错误：“这是正确的，正如圣保罗说，‘我想要消散’——在同样的

① F. Jacob, *La logique du vivant*, Paris, 1970, p. 330—331. 另见 J. Ruffié, *Le sexe et la mort*, Paris, 1986.

② “Au cœur du vivant: l'autodestruction,” *Le Monde*, samedi 16 octobre 1999.

意义上，每一天、每一个生物都渴望睡眠来恢复耗尽的体力；总

35 之，它渴望那种最终的睡眠，以通向全新的生命。"[1]这种表述显然与赫拉克利特的意思无关。更严重的是，拉韦松的表述与达·芬奇的文本毫无关系。首先，达·芬奇从未写过"整个自然都渴慕死亡"，而是谈到了"疯狂冲向其自身毁灭的力"。[2] 事实上，在谈到死亡的欲望时，达·芬奇并非意指"整个自然"，而是指对于发射炮弹来说必不可少的普通的"力"。因此，他提出了一种颇具原创性的关于力的理论，他把力定义为"一种精神能力，一种不可见的力量，它通过偶然的强制由有感觉的物体所产生，并被植入无感觉的物体之中；它赋予这些无感觉的物体以生命的样子和奇迹般的活动，迫使每一个受造物改变形态和位置，疯狂冲向其自身的毁灭，并根据情况产生不同的结果"。[3]

可以看到，就像许多当代哲学家在引用文本时那样，拉韦松已经完全改变了达·芬奇的原意。在这段附带提及的话的最后，我们可以说：书写思想史有时是在书写一系列误解的历史。

---

① F. Ravaisson, *Testament philosophique*, éd. par Ch. Devivaise, Paris, 1938, p.134.

② *Les carnets de Léonard de Vinci*, par E. Maccurdy et L. Servicen, Paris, 1942(réimpr. 2000), t. I, p.527.

③ *Ibid.*, p.527—528. 另外，E.H. Gombrich, *The Heritage of Apelles*, Oxford, 1976, p.51 et n. 64 引用了一段完全类似的话，此书给出了关于该主题的一份参考书目。

第二部分

自然的面纱

第二章　从 *Phusis* 到自然

我曾经说过，书写思想史就是书写误解的历史。事实上，当赫拉克利特的箴言第一次在希腊文献中被引用时（我们必须为此等待近 5 个世纪），它被赋予了与前面完全不同的含义。它现在的意思是“自然爱隐藏”。 39

这可以用以下两种理由来解释。首先，*phusis* 一词的含义有了很大变化。[①] 其次，自然秘密的观念同时也有了发展，这句

---

① 关于这个问题，参见 D. Bremer, “Von der Physis zur Natur: Eine griechische Konzeption und ihr Schicksal”, *Zeitschrift für philosophische Forschung*, 43 (1989), p.241—264; G. Naddaf, *L'origine et l'évolution du concept grec de* phusis, Lewiston, Queenston, Lampeter, 1992. 亦参见百科全书词条中的参考书目，如 “Natur” (rédigé par F. P. Hager, T. Gregory, A. Maierù, G. Stabile, F. Kaulbach), dans *Historisches Wörterbuch der Philosophie*, t. 6, Stuttgart-Bâle, 1984, p.421—478; “Nature”, par P. Aubenque, dans *Encyclopædia universalis*. 关于自然观念的大致历史，参见 R. Lenoble, *Esquisse d'une histoire de l'idée de nature*, Paris, 1969. 另见 A. Pellicer, *Natura. Étude sémantique et historique du mot latin*, Paris, 1966.

箴言自然也从这个角度得到了解释。而且，自然秘密的观念也许是各个学派对赫拉克利特箴言所做解释的证据，尽管我们在公元1世纪初的亚历山大的菲洛(Philon d'Alexandrie)之前没有看到这种解释。我们不可能写出关于这一解释的详细历史，但我将主要集中于表明，起初指一个成长**过程**的 *phusis* 最后为什么会指一种人格化的完美事物。

40 我们已经看到，在赫拉克利特那里，*phusis* 起初要么指由动词 *phuesthai* 所表示的行动——出生、增大、生长——要么指它的结果。在我看来，这个词似乎让人想起了植物的生长这一原始意象：它既是**生长**的**幼苗**，又是已经结束**生长**的**幼苗**。因此，这个词所表达的基本意象是事物的生长和涌现，是这种自发过程所导致的事物的显现或表现。然而渐渐地，人们设想这种显现是由一种力量产生的。在本章，我只研究从作为一个过程的 *phusis* 到人格化 *phusis* 的出人预料的转变。然后，随着我们故事的展开，我将提供关于自然观念在各个历史时期演变的细节。

1. 用法从相对走向绝对

对 *phusis* 一词的最早使用出现在公元前8世纪的《奥德赛》中，指的是生长的结果。① 为了让奥德修斯认识和利用"生命之

① Homère, *Odyssée*, X, 303.

草"来抵御喀耳刻(Circé)的巫术,赫尔墨斯(Hermès)给他展示了"生命之草"的样态(*phusin*)——黑根和白花,他说,众神把这种生命之草称为 *molu*。这种"样态"是源于一个自然发展过程的特定而明确的形态。

最初使用时,*phusis* 通常伴有一个所有格:它是某种东西的出生或样态。换句话说,这个概念总是指一种一般的或特殊的实在。正如我们已经看到的,恩培多克勒谈到了事物的诞生(*phusis*),①巴门尼德则谈到了天空的诞生:

41

> 你会知道天空以及天空中所有星座的诞生[*phusis*],灿烂夺目的太阳的辉煌作品及其起源,以及圆脸的月亮的漫游行为及其起源[*phusin*]。②

在可以追溯到公元前 5 世纪的希波克拉底派医学著作中,这个词经常对应于病人所固有的体质,或者由出生所带来的结果。也是在这些著作中,这种含义逐渐扩大,包括了某一事物的特殊特征,或者其首要的、原初的、从而是正常的存在方式:它"天生"是什么,先天是什么,器官的构成方式,或者最终,作为生

---

① Empédocle, fragm. 8, Dumont, p. 176.

② Parménide, fragm. 10, Dumont, p. 266. 这里的译文与 Dumont 的有所不同,依据的是 F. Heinimann, *Nomos und Phusis. Herkunft und Bedeutung einer Antithese im griechischen Denken des 5. Jahrhunderts*, Bâle, 1945, 3ᵉ éd., Darmstadt, 1978, p. 90.

长结果的机体。①

在柏拉图和亚里士多德那里,所有格的 *phusis* 是指某个事物的“本性”或本质。有时这个词甚至失去了所有内容,成为一种迂回说法。例如在柏拉图那里,*phusis apeirou* 变得等价于 *apeiron*,即“无限”。②

尤其是从公元前5世纪开始,在智者派、希波克拉底派以及随后的柏拉图和亚里士多德那里,我们开始看到 *phusis* 一词的绝对用法。在这里,*phusis* 不再是某种东西的形态,而是指一般的、抽象的形成过程或其结果。我们在公元前6世纪的赫拉克利特等人那里也发现了这样的用法,但其含义并不很清楚。赫拉克利特在其著作的开篇便把他的方法定义成,*kata*(即“根 42 据”)*phusin* 对每一实在的划分。③ 似乎可以肯定,我们这里涉及的要么是每一实在的实现过程,要么是它的结果;看出它之内的对立面的一致,这就是方法。我们也无法绝对肯定,在我已经提到的残篇123中,与消失相对立的出生或出现是一般性地来思考的,还是相对于某个确定事物来思考的。

---

① 关于“体质”,见 *Maladies*, II, 3, 55, 3; *Régime des maladies aiguës*, 35 et 43, 78, 4; *Des lieux dans l'homme*, II, 1. 关于正常状态,正常位置,见 *De la vision*, V. 2; *Des lieux dans l'homme*, XVII, 1;关于 *kata phusin* 这一哲学概念。关于器官的物质或构成:腺体有一种海绵般的性质,见 *Glandes*, I. 1. 关于自然本身作为一种有机体,见 *Glandes*, IV. 1 et XII. 2. 作为生长的结果,见 *Maladies*, IV, XXXII, 1:随着时间的流逝,种子变成了一种具有人的外观的 *phusis*.

② Platon, *Philèbe*, 28 a 2.

③ Héraclite, fragm. 1, Dumont, p. 146.

当有必要指出智者派和前苏格拉底哲学家的研究主题时，就实现了这种对 *phusis* 一词的一般化和抽象化。例如，大约写于公元前 5 世纪末的希波克拉底派著作《古代医学》(*L'ancienne médecine*)①批评了受这些哲学家影响的医生：

> 一些医生和科学家宣称，如果不知道人是什么，……不知道那些有哲学倾向的人的论述，就不可能了解医学。比如关于 *phusis*，恩培多克勒等人通过追溯到起源，写了人是什么，人最初是如何形成的，由什么元素凝聚而成。② 但我认为，由某位学者或医生给出的所有这些关于自然[*peri phuseôs*]的说法或著述更多是与绘画技艺相关，而不是与医学技艺相关。我认为确切自然知识的唯一来源就是医学。当我们正确地接受整个医学本身时，就可以获得这种知识。……我指的是这样一种 *historia* 或探究，即确切地认识人是什么，人形成的原因，以及所有其他东西。③

接下来的文本表明，如果不确切地观察食物和锻炼对人性的影响，就无法认识人的本性。 43

因此，这部著作的作者反对这样一些人，他们受到今天所

① Hippocrate, *L'ancienne médecine*, éd. et trad. J. Jouanna, Paris, 1990, introduction de J. Jouanna, p. 85.

② 关于凝聚，见 J. Jouanna, p. 146 注释。

③ Hippocrate, *L'ancienne médecine*, XX, 1, p. 145.

谓的前苏格拉底哲学的启发,希望把医学建基于一种关于人的一般理论,并把该理论重新置于整个“自然”过程之中。从上下文可以看出,这里作绝对理解的“自然”一词并非指整个宇宙,而是指事物的自然过程或运作,一般的因果关系,或者对因果性的分析。因此,当这部著作的作者说,恩培多克勒等人 *peri phuseôs* 地写作时,它的意思并不是“讨论整个宇宙”,而是“讨论总体体质(constitution)”;这里的“体质”应当同时从主动和被动的意义上去理解,将其理解为特定事物出生、成长和死亡并由以拥有自身体质的过程。此“体质”概念更多是一种方法论程序,而不是一个对象或实在领域。研究“体质”就意味着研究某一特定事物的发生,意味着试图确切考察其原因,或能够解释其发生的确定过程。亚里士多德把这种方法继续了下去,并且修改了 *phusis* 概念,拒绝把它当成一种纯物质的过程。他是这样表述的:“在这一领域以及其他领域,最好的方法是看到事物的出生和成长。”①这将成为处理自然秘密的方法之一。

44 但《古代医学》的作者反驳说,这种方法并非医学技艺,而是绘画技艺(*graphikè*)。他这里也许是暗指恩培多克勒用混合色作类比来解释人如何由四元素形成。② 从这种角度来看,医学

---

① Aristote, *Politique*, I. 2, 1252 a 24.

② 见 J. Jouanna, Hippocrate, *L'ancienne médecine*, p. 209,其中与恩培多克勒做了对比;A.-J. Festugière, Hippocrate, *L'ancienne medicine*, Paris, 1948, p. 60.

不再是一种精确的技艺,而是“粗略”(à peu près)的技艺。

2. 柏拉图

在柏拉图那里,*phusis* 一词也在绝对意义上使用,指前苏格拉底哲学家的研究主题。《斐多篇》(96a7)中的苏格拉底承认自己曾对那种被称为“自然研究”的知识有异乎寻常的兴趣,并把一种与《古代医学》完全类似的程序归于这种研究:“认识每一个事物的原因,认识每一个事物为什么产生,为什么灭亡,为什么存在。”但苏格拉底讲述了他的失望:这种“自然研究”只给出了一种纯物质的解释。如果此刻他坐在监狱中,那是因为其身体的物质构成所代表的物理必然性。然而,迫使他选择自认为最佳行动的难道不是道德必然性吗?这才是真正的原因,而力学必然性仅仅是它的条件。

《法律篇》(*Lois*)的第十卷提到了那些致力于“自然研究”(recherches sur la nature)的人。他们把火、水、土、气等通过自发生长(*phusei*)而产生的东西与通过技艺或理智活动而产生的东西对立起来(889b2)。柏拉图说,这些人是完全错误的,因为当他们把自发生长(*phusis*)定义为与原初事物有关的诞生时(892c2),他们认为这种原初诞生或 *phusis* 对应于火、水、土、气等物质元素(891c2)。换句话说,他们认为物质原因是宇宙发展的首要原因。然而,柏拉图继续说,最古老和最原初的原因是灵魂,因为灵魂是推动自身的运动(892—896),因此先于所有其他

45

运动;物质元素仅仅是后来的。[1] 在致力于"自然研究"的人看来,自然仅仅是一种盲目的自发过程,而在柏拉图看来,事物的本原是一种理智的力量:灵魂。

如果说《法律篇》的第十卷将自然与灵魂对立起来,那么柏拉图的对话《智者篇》(*Le sophiste*,265c et ss.)则解释了灵魂相对于元素的首要性。柏拉图指责从事"自然研究"(recherches sur la *phusis*)的哲学家,因为后者认为,这种 *phusis*——即产生事物的发展过程——是"没有反思地通过自发因果性"来产生其结果的。因此,他们将两种东西区分开来:一种是没有思想干预而发生的自然活动,另一种是预设了思想流程的技艺活动。利用这种区分,柏拉图将其自然观与其对手的自然观对立起来。在他看来,*phusis* 也是一种技艺,不过是一种神的技艺:

46

> 我认为,所谓自然的作品是一种神的技艺的作品,用这些作品来创作的人的作品是人类技艺的作品。[2]

这种描述在西方传统(无论是哲学传统还是技艺传统)中非常重要。思想家们往往回到这样一种观念,即必须根据艺术品的制作来构想自然的作用。[3] 关于阿佛洛狄忒的

---

① 见 A. Mansion, *Introduction à la physique aristotélicienne*, Paris, 1945, p. 84.

② Platon, *Le sophiste*, 265 e 3.

③ 见本书第十七章和第十八章。

造物工作，恩培多克勒已经使用了手工艺的隐喻：用钉子、陶器和胶组装起来的绘画。① 柏拉图的《蒂迈欧篇》提到了用蜡、陶器、绘画、冶炼和合金的工艺以及建筑技术来建立模型。② 最重要的是，神的技艺通过从外面作用于世界的巨匠造物主的形象来神秘地表示。而对我们接下来要谈到的亚里士多德来说，自然就像一个铸模工，它给出了一个坚实的框架来完成塑造。③ 它也像一位画家，在用色之前先画一张草图。④

在本书中，我们会经常碰到一个关键主题，即技艺与自然的对立以及后来的重新统一，最终而言，人的技艺仅仅是原初而基本的自然技艺的一个特殊情况。⑤

此外，如果 *phusis* 对柏拉图而言是一种神的技艺，那么就永远不可能有真正的科学，这有两个原因。一方面，自然过程源于只有神才知晓的操作，另一方面，这些过程在不断变化。它们属于发生的事件或流变，而不像正义或真理的理型那样是永恒的。

---

① Empédocle, fragm. 23, 73, 87, 96, Dumont, p. 383, 402, 408, 412.

② L. Brisson, *Le Même et l'Autre dans la structure ontologique du* Timée *de Platon*, Paris, 1974, p. 35—50.

③ Aristote, *Parties des animaux*, II, 9, 654 b 29.

④ Aristote, *Génération des animaux*, II, 6, 743 b 20—25. 关于中世纪的 *Natura artifex*，见 M. Modersohn, "'Hic loquitur Natura': Natura als Künstlerin. Ein 'Renaissancemotiv' im Spätmittelalter," *Idea. Jahrbuch der Hamburger Kunsthalle*, 10(1991), p. 91—102.

⑤ 见本书第十八章。

3. 亚里士多德

47　　亚里士多德也承认自然与技艺之间存在着一种类似,但为其补充了截然的对立。[①] 首先,他将自然定义为每一事物内部内在运动的本原。每一个具体个体内部都有一种具体的本性,它是该事物的种所固有的,是其自然运动的本原。因此,不仅是活的东西,就连元素内部也有一种本性或内在的运动本原:例如,火想要达到它在上方的自然位置,水想要达到它在下方的自然位置。在生命体中,这种内在运动的本原也是一种生长的本原。初看起来,有人也许会认为,亚里士多德是按照技艺过程来构想自然过程的。在一件技艺作品中,首先有一种质料需要塑造和赋形;在一个自然过程中,也有一种质料需要赋形。在一件技艺作品中,还有工匠所思考的一种试图赋予物质的形式;在一个自然过程中,也有一种形式被强加于质料,它是该过程所导向的目标。然而事实上,差异很快就出现了。在技艺作品的实现过程中,有一个来自外界的动因将形式从外部引入异质于它的质料;而在自然过程中,形式直接从内部对合适的质料进行塑造。人的技艺有一种外部的目的性:医疗的目标不是医学处理,

48　而是健康。而自然则有一种内在的目的性:自然过程的目标就是自然本身。它变成了它想要成为的东西,即它已经潜在地是

① Aristote. *Métaphysique*, XII, 3, 1070 a 7; *Physique*, II, 1, 192 b 20.

的东西。工匠边行动边作推理，分析应当采取何种操作才能使他心灵中的形式出现在质料中。而自然则不作推理，其操作与作品本身是一致的。① 技艺被强迫性地施加于质料，而自然则毫不费力地塑造着物质。最终，我们难道不应当说，自然是一种更完美的技艺，因为它在事物本身之中，是内在和直接的吗？

这个问题将会支配自然观念的整个历史。例如，文艺复兴时期的马西里奥·菲奇诺(Marsile Ficin)对此作了清晰的表述，他写道："什么是人的技艺？一种从外部作用于物质的特殊的自然。什么是自然？一种从内部给物质赋形的技艺。"②

4. 自然的格言

如果自然是事物内部的一种技艺，那么它在某种意义上是一种天生的本能知识。早在公元前5世纪，就有人概述过这种观念，比如埃庇卡摩斯(Épicharme)谈到了鸡的本能以及自然在指导自己。他甚至这样表述自己的想法："一切活的东西都是有智能的。"我们在《希波克拉底文集》(*Corpus hippocraticum*)中看到了同样的想法，其中提到了自然的本能发明。③ 这些文本中的自然

---

① 我从 V. Jankélévitch, *Bergson*, Paris, 1931, p. 199 那里借用了这一表述，其中指出了叔本华和柏格森对此问题的态度。

② M. Ficin, *Théologie platonicienne*, IV, 1, éd. R. Marcel, Paris. 1964—1965.

③ Épicharme, fragm. 4, Dumont, p. 199. Hippocrate, *Épidémies*, VI, 5, 1; V, 3, 4; *Du régime*, I, 15.

可能并非指普遍的自然,而是指个体的自然,是动物或人的固有

49 体质。在亚里士多德那里达到了一个新的阶段,因为他的说法似乎把自然的某种恒常行为定义为事物内部的一种技艺和知识。一般原则如下:"神和自然不做任何徒劳之事。"[①]自然的行为宛如聪明的工匠或艺术家的做法,正如亚里士多德在研究动物的许多段落中所说,这些人以理性的方式行事,不浪费任何东西,知道如何避免太过和不足,[②]知道如何使一个器官服务于几个不同目的,[③]用缺乏补偿过剩,[④]试图根据情况做最好的事情,努力实现最完整的实在系列。[⑤] 认为自然有一种固有的方法,这种观念将在所有西方思想的科学表现方面起到非常重要的作用。康德把这些原则称为"判断力的格言"。[⑥] 正是依照这些格言,从公元1世纪开始,作者们把赫拉克利特的箴言理解成一种对自然行为的描述,即自然想要隐藏和掩饰自己,或者把自己包裹在面纱中。

5. 斯多亚派

斯多亚派[⑦]则回到了前苏格拉底哲学家的立场,因为他们

---

① Aristote, *Du ciel*, I, 4, 271 a 33; II, 11, 291 b 12.

② Aristote, *Génération des animaux*. II, 6. 744 a 35.

③ Aristote, *Parties des animaux*, II, 16, 659 b 35; III, 1, 662 a 18.

④ *Ibid.*, II, 9, 655 a 23; III. 2, 663 a 16.

⑤ *Ibid.*, IV, 5, 681 a 12.

⑥ Kant, *Critique de la faculté de juger*. Introduction, § V, trad. Philonenko, Paris, 1968, p. 30.

⑦ 又译斯多葛派。——译注

使一种物质元素成为产生所有事物的本原；然而，和亚里士多德一样，他们把这一运动本原置于每一个事物内部，置于所有事物之中。[1] 于是，自然的操作完全类似于 *phusis* 内部的技艺的操作。斯多亚派把 *phusis* 定义为“一种**技艺性**的火，它按照方法系统性地产生万物”。[2] 原初的火逐渐凝结成气、水和土，经过相反的阶段之后会再次燃烧起来。因此，世界有两个方面：从其形成和原初方面去理解的世界，以及从其各种状态的演替和周期性变化去理解的世界。根据第一个方面，世界被等同于产生和组织它的 *phusis*，而 *phusis* 本身被等同于世界的灵魂，即宙斯或最高的神。宇宙过程启动之前，*phusis*、自然、神、神意和神的理性是等同的，神是独自的。一旦宇宙过程被展开，自然将陷入物质，从内部形成和引导各个物体及其相互作用。正如塞内卡所说：“除了是神本身和内在于整个世界的神的理性，自然还能是什么呢？”[3]在《自然志》(*Histoire naturelle*)第二卷开篇，老普林尼(Pline l'Ancien)也清楚地指明了这种将长期统治西方人思想的神化自然的出现：

> 世界，或者人们乐于称为“天”的、穹顶覆盖整个宇宙万

---

① 见下面这篇出色的文章，G. Romeyer-Dherbey, “Art et Nature chez les stoïciens”, dans l'ouvrage collectif: M. Augé, C. Castoriadis *et alii*, *La Grèce pour penser l'avenir*, Paris, 2001, p. 95—104.

② Diogène Laërce, VII, 156.

③ Sénèque. *Des bienfaits*, IV, 7.

物的那个整体，必须被认为是永恒的、巨大的和神性的：它没有开端，也永远不会结束。对于人来说，考察它外面有什么东西既不适当，也超出了人的理解能力。世界是神圣的、永恒的、巨大的，完全存在于所有事物之中，或者说它就是万有，看似有限实则无限，在所有事物中看似不确定实则确定，从内外包含一切事物，既是**事物本性的运作，又是事物的本性本身**。

51

这里，本来指一个事件、一个过程或某物之实现的 *phusis*，开始意指实现这一事件的无形力量。宗教史家曾经仔细分析过我们在这里遇到的现象：从经验一个事件过渡到认识与该事件密切相关的力量。①

6. 自然的人格化

从公元1世纪开始，被斯多亚派等同于宙斯的自然经常被设想为一个女神，有普林尼的话为证："自然啊，万物之母。"②从公元2世纪开始，出现了一些自然颂歌。梅索密德斯(Mésomédès)是哈德良(Hadrien)皇帝的一个被解放的奴隶，他写的颂歌的开头是：

---

① 见 G. Van der Leeuw, *La religion dans son essence et ses manifestations*, Paris, 1970, § 17, p.142—155.

② Pline l'Ancien. *Histoire naturelle*, XXXVII, 205.

万物的本原和起源
古老的世界之母，
夜晚，黑暗和寂静。[①]

稍后，我们在马库斯·奥勒留那里看到了这种祈祷：

自然啊，对我来说，一切都是你的季节所产生的果实，
从你那里，在你之中，因为你就是万物。[②]

我们还可以引用一首俄耳甫斯的(orphique)《自然颂歌》(*Hymne à la Nature*)的开篇诗句，它同样可以追溯到公元2世纪前后： 52

自然啊，万物的母亲女神，无数计谋之母，
天上古老的丰饶女神
她驯服一切，却从不被驯服，
她统治一切，看清一切。[③]

---

① 见 K. Smolak, "Der Hymnus des Mesomedes an die Nature", *Wiener Humanistische Blätter*. 29(1987), p.1—14(希腊文本带有德文译文和评注)。

② Marc Aurèle, *Écrits pour lui-même*, IV, 23, 2.

③ 希腊文本见 G. Quandt, *Orphei Hymni*, Berlin, 1955, p.10—11. 英译文见 Thomas Taylor the Platonist, *Selected Writings*, edited with introduction by Kathleen Raine and Georg Mills Harper, Princeton University Press, Bollington Series LXXXVIII, 1969, p.221—223. 希腊文本的意大利文翻译和(转下页注)

在塞浦路斯的萨拉米斯(Salamine)发现的一段墓碑铭文责备自然让死者早逝:

> 残忍的自然啊,
> 你为何要创造他,
> 这么快又将其毁灭?[①]

这里我们遇到了那个生与死相互联系的赫拉克利特主题,它将被历代诗人延续下去。

在古代晚期诗人克劳狄安(Claudien)的作品中,正如奥维德(Ovide)所暗示的,[②]显然是自然母亲(*Natura parens*)结束了诸元素之间的争斗。[③] 她在宙斯面前悲叹人类的不幸。[④] 作为入口的守护者,她坐在一位老人 Aiôn 的洞穴前;她年纪很老,但面容很美。[⑤]

正如恩斯特·罗伯特·库尔修斯(Ernst Robert Curtius)所表明的,克劳狄安的自然女神将在中世纪继续存在,特别是在贝

(接上页注)注释见 *Inni Orfici*, a cura di G. Ricciardelli, Milan, Fondazione Lorenzo Valla, 2000, p.32—35(notes p.270—279)。

① A. M. Vérilhac, "La déesse Physis dans une épigramme de Salamine de Chypre", *Bulletin de correspondance hellénique*,1972, p.427—433.

② Ovide, *Métamorphoses*,I, 21: *deus et melior* [...] *natura*.

③ Claudien, *Du rapt de Proserpine*,I, 249.

④ *Ibid*.,III, 33.

⑤ Claudien, *Du consulat de Stilichon*,II, 424.

尔纳·西尔维斯特(Bernard Silvestre)和里尔的阿兰(Alain de Lille)的诗歌中。[①] 在本书中我们将会看到,自然的人格化和神化直到19世纪都很活跃,表现为各种不同的形式。我们可以把古往今来的自然颂歌收集起来,那是非常有趣的。

---

① E. R. Curtius, *Littérature européenne et Moyen Âge latin*, trad. J. Bréjoux, Paris, 1986, chapitre 6, § 4. Cf. M. Modersohn, *Natura als Göttin im Mittelalter. Ikonographische Studien zu Darstellungen der personifizierten Natur*, Berlin, 1997.

第三章　神的秘密和自然的秘密

1. 神的秘密

53　在上述自然观念得到发展之前，人们设想只有神才能知晓可见事物和不可见事物的运作，他们把后者向人类隐藏起来。在《奥德赛》中，赫尔墨斯在教奥德修斯如何认识“生命之草”的 *phusis* 或外观时对他说：“凡人将它连根拔起需要费一番功夫，但神却能做到一切事情。”克罗顿的阿尔克迈翁（Alcméon de Crotone）在公元前6世纪或5世纪抱怨说：

> 无论是对不可见的事物还是对有死之物，神都有直接的知识。而我们却因为人的境况而不得不进行猜测。①

---

① Alcméon de Crotone, fragm. 1, Dumont, p. 225. 荷马的引文见 *Odyssée*, X, 303，参见第二章。

不仅理论知识是如此，关于生活中最必需之物的知识也是如此。在荷马的著作中，神拥有智慧(*sophia*)，即拥有知识或技能来制造改善人类命运的东西，无论是船、乐器还是金属加工技术。[①] 神因为有知识而生活毫不费力，人类则因为无知而生活艰难。正如赫西俄德(Hésiod)所说，多亏了普罗米修斯(Prométhée)，人类才得以从神那里夺走一些秘密： 54

> 神不让人类知道生活的方法，否则，你劳作一天就能轻易收获足够的东西，以至于一年都不再需要为生活而做事了。……但是，愤怒的宙斯不让人类知道谋生之法，因为狡猾的普罗米修斯欺骗了他。因此，宙斯为人类设计了悲哀。他藏起了火种。但伊阿佩托斯(Japet)[②]勇敢的儿子用一根空心的阿魏(férule)为人类从宙斯那里盗得了火种，而这位雷电之神竟然没有察觉。[③]

柏拉图认为，人无法知晓自然过程的秘密，因为人没有技术手段来发现它。说到颜色时，他宣称：

---

① Homère, *Iliade*, XV, 411，这里荷马谈到了遵照雅典娜的建议而工作的木匠。在 *À Hermès*, I. 511 中，赫尔墨斯发明了牧神之笛；赫菲斯托斯的铁匠天分则广为人知。

② 即普罗米修斯。

③ Hésiode, *Les travaux et les jours*, vers 42.

> 但如果有人想把这些事实付诸实验检验,他将显示出对于人性与神性之区别的无知:神足够聪明和强大,能把多合为一,再把一分成多。现在不会有,以后也不会有人能够完成这些任务。①

这个概念将在古代多次出现,比如在谈到关于彗星所设想的各种理论时,塞内卡说:"它们是真的吗? 只有拥有科学真理的神才知道什么是真的。"②在接下来的一段话中,他认为我们对自然过程的无知仅仅是我们对神圣事物(尤其是最高的神)无知的一个特例。

55

此外,我所要讨论的"自然的秘密"概念导致了"神的秘密"概念的消失。我们将在机械论革命的顶峰尤其是 17 世纪初再次遇到它。当时出于各种理由,哲学家和学者都希望通过实验方法来发现"自然的秘密",并且承认存在着一个无法理解的秘密:上帝的全能意志。③

2. 自然的秘密

哲学上的自然概念出现之后,人们不再讲神的秘密,而是讲自然的秘密。渐渐地,人格化的自然本身成了这些秘密的守护

① Platon, *Timée*, 68 d.

② Sénèque, *Questions naturelles*, *Des comètes*, IV(VII), 29, 3.

③ 见第十一章。

者。由于自然的人格化，自然的人格行为被认为能在一定程度上解释认识自然的困难，自然试图掩饰自己，并且精心守护它的秘密。由此产生了一种对赫拉克利特箴言 123 的新解释，即“自然爱隐藏”。

因此，自然的秘密这一概念出现得相对较晚，即公元前 1 世纪，主要见于拉丁作家；但他们肯定又在其希腊范例那里发现了它，无论是斯多亚派、伊壁鸠鲁派还是柏拉图主义者。例如，仿照柏拉图主义者阿斯卡隆的安条克（Antiochus d'Ascalon）的说法，西塞罗谈到了“被自然本身隐藏和包裹的事物”。[①] 卢克莱修断言，“戒备的自然将原子的奇观隐藏起来，不让我们看见”，[②]还说伊壁鸠鲁“从自然那里夺走了遮盖她的所有面纱”，[③]“强行打开了自然紧闭的大门”。[④] 奥维德说，毕达哥拉斯“通过心灵的眼睛发现了自然不让人眼看到的东西”。[⑤] 关于行星，老普林尼的《自然志》谈到了自然的秘密和她服从的法则。[⑥]

56

自然的秘密是各种意义上的秘密。就其中一些而言，可以说它们对应于自然的看不见的方面。一些是因为在空间或时间中非常遥远而看不见，另一些则是因为极其微小而看不见，比如伊壁鸠鲁的原子，对此卢克莱修说：“戒备的自然将原子的奇观

① Cicéron, *Nouveaux livres académiques*, I, 4; 15.

② Lucrèce, *De la nature*, I, 321.

③ *Ibid*., III, 29—30.

④ *Ibid*., I, 71.

⑤ Ovide, *Métamorphoses*, XV, 63. Silius Italicus, *Punica*, XI, 187.

⑥ Pline l'Ancien. *Histoire naturelle*, II, 77.

隐藏起来，不让我们看见，"[1]再不然就是因为隐藏在物体或地球内部。用西塞罗的话：

> 卢库卢斯(Lucullus)，所有这一切仍然隐藏、遮盖和包裹在重重黑暗之中，因此人的心灵不足以穿透天空或进入地球。我们知道自己有一个身体，但对我们的器官所占据的精确位置一无所知。因此之故，医生……才进行解剖，为的是看到器官的位置。然而，正如有经验的医生所说，[2]器官并不因此而被认识得更清楚，因为如果揭开和剥夺它们的包裹，就会改变它们。[3]

57

于是可以认为，自然的秘密是那些观察不到但对可见现象有影响的不可见部分。此外，正如西塞罗所暗示的，有经验的医生说，强行观察有可能干扰所要研究的现象。这是反对实验的思想家的一项传统论证。[4]

此外，不可见的东西可以变得可见，比如塞内卡说，彗星很少出现，当它们隐藏起来时，我们不知道其隐遁。但他又说，彗星并非我们在宇宙中看不到的唯一实在：

---

① Lucrèce, *De la nature*, I, 321.

② 见 Celse, *De la médecine*, Préface, 40, p. 13 Serbat. 也见第十二章。

③ Cicéron, *Lucullus*, 39, 122.

④ 见第十二章。

> 还有其他许多东西依然不为我们所知,或者——一个更大的奇迹!——它们填满了我们的眼睛,我们却看不到它们。难道它们如此精细,以致无法被人眼察觉吗?抑或,它们的庄严隐藏在对于人来说太过神圣的隐遁之中,它们从那里统治着自己的领域,也就是说,只有心灵能够认识它们?……我们直到这个世纪才知道的动物是那样多!我们这个世纪仍然不知道的东西是那样多![①]

自然的秘密也是我们无法解释的现象。其“原因”始终隐而不显,要么因为它们是物质性的,由于太小而始终看不见,比如德谟克利特和伊壁鸠鲁的原子,要么因为它们有一种理智层次的、不可感的存在性,比如柏拉图的理型或亚里士多德的形式。柏拉图主义者、伊壁鸠鲁派和斯多亚派都承认,可感现象并非源于神的反复无常。说到地震,塞内卡宣称: 58

> 神在这些事故中没有发挥作用,天和地的抽搐并非源于他们的愤怒。这些现象有其自身的原因。……无知是我们恐惧的原因。因此,为了不恐惧而认识难道不是很值得吗?寻找原因不是要好得多吗?……因此,让我们寻找是什么来自深处的东西引起地动山摇。[②]

---

① Sénèque, *Questions naturelles*, VII, 30, 4.

② *Ibid.*, *Des tremblements de terre*, VI, 3, 1.

最终，不论是否涉及不可解释的或难以察觉的现象，或者涉及原因，特别是未知的秘密力量，自然的秘密观念总是预设了可见的、显现的现象与隐藏在现象背后的不可见者之间的对立。不仅如此，我们从希腊思想的开端就遇到了这种对立。一方面，正如我已经表明的，最早的希腊思想家坚持说，我们难以认识那些隐藏起来的东西（*adéla*）。① 另一方面，他们又认为"现象"可以向我们揭示隐藏的东西，根据阿那克萨哥拉②和德谟克利特③所表述并且在整个古代尤其是伊壁鸠鲁派不断重复的说法："显现的东西使隐藏的东西变得可见。"（*opsis adélôn ta phainómena*）④ 正如汉斯·迪勒（Hans Diller）所表明的，这里我们可以看到一种类比推理的科学方法的开端。⑤ 特别是亚里士多德一直忠实

---

① P.M. Schuhl, "*Adèla*", *Annales de la faculté des lettres de Toulouse*, 1 (1953), p.86—94 以及 L. Gernet, "Choses visibles et choses invisibles", *Revue philosophique*, 1956, p.79—87 中有该传统的概要。

② Anaxagore, fragm. B 21 a, Dumont, p.680.

③ 见 Sextus Empiricus, *Contre les logiciens*, I, § 140，英文版见 Sextus Empiricus, *Against the Logicians*, trad, par R. G. Bury, Londres, 1967, LCL, p.77.

④ 见 P.H. Schrijvers, "Le regard sur l'invisible. Étude sur l'emploi de l'analogie dans l'œuvre de Lucrèce", *Entretiens sur l'Antiquité classique*, t. XXIV, Fondation Hardt, Vandœuvre-Genève, 1978, p.116—117.

⑤ H. Diller, "*OPSIS ADÉLÔN TA PHAINÓMENA*", *Hermes*, 67 (1932), p. 14—42. 也见 O. Regenbogen, "Eine Forschungs-methode antiker Naturwissenschaft", *Quellen und Studien zur Geschichte der Mathematik*, B 1, 2 (1930), p. 131 ss; M. Harl, "Note sur les variations d'une formule: *OPSIS/PISTIS TÔN ADÉLÔN TA PHAINÓMENA*", dans *Recueil Plassart. Études sur l'Antiquité grecque offertes à André Plassart par ses collègues de la Sorbonne*, Paris, 1976, p.105—117.

于这种方法，即从可见的结果推出不可见的原因，而不是相反。 59
例如，通过研究人的具体行为，我们可以得出关于人的灵魂之本质的结论。[①]

3. 自然作为秘密

专心研究特定的现象，或许能使我们发现或多或少隐藏起来的决定它的另一种现象。然而，至少对斯多亚派而言，自然的伟大秘密始终是整个宇宙过程中所有原因的相互作用，或者那个有机整体，以及那个首要原因的决定性行动，或者作为宇宙的创造者、艺术家和产生者的自然：换言之就是被他们等同于自然的神本身。在这方面，塞内卡曾说：

> 我们不知道那种本原是什么，没有它，一切都不存在。我们惊讶于自己对火[彗星]微粒的了解少得可怜，世界上最伟大的东西——神——是我们难以知晓的。[②]

因此，自然的伟大秘密是自然本身，即看不见的原因或力量，可见的世界仅仅是其外在显现。正是这个不可见的自然"爱隐藏"或者不让人看见。于是，自然有两个方面：它将自己显示

① 见 Aristote, *De l'âme*, I, 1, 402 b 20—25. 另见 I. Düring, *Aristoteles*, Heidelberg, 1966, p. 572.

② Sénèque, *Questions naturelles*, VII, 30, 4.

给我们的感官，表现为由活的世界和宇宙呈现给我们的丰富景象，与此同时，它最重要、最深刻、最有效力的部分却隐藏在现象背后。

4. 中世纪和近代的自然秘密

60 出现于希腊化时期的“自然的秘密”隐喻将在近两千年的时间里支配自然研究、物理学和自然科学。在一项非常有趣的工作中，威廉·埃蒙研究了这个概念在中世纪和近代开端的命运。① 从15到17世纪，这种传统一直保持着：标题暗指自然的秘密或奇迹的作品非常多。这可能是因为一部从阿拉伯文翻译成拉丁文的著作《秘密的秘密》(*Secretum Secretorum*)在整个中世纪极为成功，它曾被错误地归于亚里士多德。尽管如此，所有名为“自然的秘密”或“自然的奇迹”的著作都提出了医学的、炼金术的或魔法的秘诀。

这些文献在一种从古代特别是公元前2世纪就已发展起来的悠久传统中占有一席之地，它提出了一种科学，目标是“发现自然事物的秘密和神奇力量，也就是它们的 *phuseis*，它们的隐秘特性和性质，以及从三个领域的这种 *phuseis* 中发源的同感与反感之间的关系。从此以后，人、动物、植物和石头(包括金属)被认为仅仅是神秘力量的承载者，因此负责治愈人的一切痛苦和

① W. Eamon, *Science and the Secrets of Nature. Books of Secrets in Medieval and Early Modern Culture*, Princeton, 1994.

疾病，确保人获得财富、幸福、荣誉和神奇的力量”。[①] 这一传统尤其表现为对奇迹（*mirabilia*）或异乎寻常的奇特自然现象的收集。我们主要是从后来的作者如老普林尼的摘录或暗示中知道这些文献的，同情和反感在其中发挥着重要作用，它们似乎可以追溯到门德斯的波洛斯（Bolos de Mendès，约公元前 200 年）。

威廉·埃蒙在同一著作中表明，科学在 17、18 世纪蓬勃发展时，在这个意义上作为隐秘科学和魔法之继承者的近代科学，为自己指定的目标正是揭示自然的秘密。作为哲学物理学以及古代和中世纪伪科学所致力的目标，自然的秘密将成为新的物理学、数学和力学的目标。例如，弗朗西斯·培根宣称，只有通过实验的拷问，自然才会揭示她的秘密。[②] 帕斯卡说：“自然的秘密隐藏着。……让我们得以理解自然的实验不断增多；由于它们是仅有的物理学原理，结果会成比例地增多。”[③]我们还可以引用伽桑狄（Gassendi）的话，他把那些无法直接观察到但与某些可观察现象相联系的东西称为“被自然隐藏起来的东西”（*res natura occultae*），[④]从而延续了西塞罗的表述。[⑤]

---

① A.-J. Festugière, *La Révélation d'Hermès Trismégiste*, t. I, Paris, 1950 (réimpr. 1990), p. 196.

② 见第九章。

③ B. Pascal, *Fragment d'un Traité du vide*, dans Pascal, *Pensées et opuscules*, éd. L. Brunschvicg, Paris, 1974, p. 78.

④ P. Gassendi, *Syntagma*, I, 68 b, 引自 W. Detel, *Scientia rerum natura occultarum. Methodologische Studien zur Physik Pierre Gassendis*, Berlin, 1978, p. 65, n. 78。

⑤ 见中译本第 37 页注释 2。

直到 19 世纪,这则隐喻才逐渐停止使用,而在同一时间,神圣创造者的概念淡出了科学话语。我们后面会看到,它在哲学家和艺术家那里让位于世界的、存在的或生存的神秘这一观念。

第三部分

“自然爱隐藏”

第四章　赫拉克利特的箴言和寓意解释

1. 神学物理学

在讨论古代人和现代人如何揭示和发现自然秘密之前，我们不妨考察一下赫拉克利特那句著名箴言在古代的演变情况。 65

过了 5 个世纪，赫拉克利特这句箴言(它是本书的主要主题之一)在引用时才被明确归于赫拉克利特。前面我已经提到，*phusis* 概念的演变和“自然秘密”隐喻的出现使哲学家们认为，赫拉克利特这句箴言的意思是“自然爱隐藏自己”。由于“自然的秘密”隐喻在这次重现时流传非常广，我们也许会料想，这句箴言会被用来说明人在认识自然现象和构建哲学的“物理”部分时所经历的困难，但事实并非如此。当亚历山大的菲洛(Philon d’Alexandrie)在公元 1 世纪初，波菲利(Porphyry)、背教者尤里安(Julien)和特米斯提奥斯(Thémistius)在公元 3、4 世纪引用这

66 句话时，虽然它的主词是“自然”，但这句话总是被用于神性的东西、众神或关于众神的讲述，即神学。例如，背教者尤里安在这种语境下谈到了神秘的和传授秘法的神学。

这一事实可以作如下解释：虽然“神学”一词会使我们想到与宗教教义或神圣文本有关的形而上学思考，但对希腊人而言却完全不是这样。“神学”的意思是“关于众神的讲述”，这种最初的用法可见于荷马、赫西俄德和俄耳甫斯等诗人的作品。这些诗人利用流传下来的宗教描述和神话（有时来自近东）来讲述众神的谱系，通过把自然现象人格化而给出一种关于事物创生（*phusis*）的原始解释。例如，天（乌拉诺斯）通过洒下的雨水使大地（盖娅）受孕。①

因此，如果物理学（*physiologia*）或“关于自然的讲述”与神学（*theologia*）或“关于众神的讲述”是密切相关的，我们不应感到惊讶。比如公元 1 世纪的柏拉图主义哲学家普鲁塔克（Plutarque）说：②

> 在古人那里，无论是希腊人还是野蛮人，物理学（*physiologia*）都是一种被包裹在神话之中的关于自然的讲述，或

---

① 见 P. Hadot, *La Citadelle intérieure*, Paris, 1992, p. 158—159，所引欧里庇得斯，见 Euripides, *Tragoediae*, t. Ill, éd. A. Nauck, Leipzig, 1912, fragm. 890, p. 249.

② 在 Eusèbe de Césarée, *La Préparation évangélique*, III, 1, 1, t. II, éd. É. des Places, trad. G. Favrelle, Paris, 1976, SC n° 228, p. 141 中，可以很方便地找到这段文本。

者是一种往往被谜和隐秘含义所掩盖的、与奥秘有关的神学，对于众人来说，说出来的要比未说的更加晦涩难解，①未说的要比说出来的更成问题：当我们考虑俄耳甫斯的诗歌以及埃及人和弗里吉亚人的(Phrygian)讲述时，这是很明显的。然而，秘密的入会仪式和宗教仪式中象征性的东西尤其揭示了古人的思想。②

67

因此，仪式和神话包含着关于自然主题的隐秘教诲。这种(与异教有关的)诗化神学与哲学反思的相遇是一个有争议的话题。那些所谓的“物理学家”(*phusikoi*)批评了对众神的神话描述，关于世界的创生，他们给出了一种纯粹物质的解释。克塞诺芬尼(Xénophane)和阿那克萨哥拉等哲学家公然指责诗

---

① 在希腊文本中，É. des Places 正确地接受了 R. Reitzenstein, *Poimandres*, Leipzig, 1904, p.164 的改动，即把 *saphestera* 改成了〈*a*〉*saphestera*(O. Kern, *Orphicorum Fragmenta*, Berlin, 2e éd., 1963, p.316 以及 K. Mras, *Eusebius Werke*, t. VIII, 1, Berlin, 1954, p.106 接受了此改动)，但他将此译为“更加清晰”，而接受的改动应当译为“更加晦涩难解”。

② 这段文本见 J. Pépin, *Mythe et allégorie*, Paris, 1958, p.184; O. Casel, *De philosophorum graecorum silentio mystico* (Religionsgeschichtliche Versuche und Vorarbeiten, XVI, 2), Giessen, 1919, p.88—93; J. G. Griffiths, “Allegory in Greece and Egypt”, *Journal of Egyptian Archaeology*, 53(1967), p.79—102; F. Wehrli, *Zur Geschichte der allegorischen Deutung Homers im Altertum*, Leipzig, 1927; F. Buffière, *Les mythes d'Homère et la pensée grecque*, Paris, 1956; 另见 A. Le Boulluec, “L'allégorie chez les stoïciens”, *Poétique*, 23(1975), p.301—321。这是一篇非常重要的文献，它将斯多亚派的寓言重新置于斯多亚派的语言理论之中。

化神学。公元前5世纪,在智者派的影响下出现了一场名副其实的启蒙运动(Aufklärung),当时众神的存在性遭到质疑,被认为仅仅是一种诗意的虚构或社会习俗。因此,柏拉图主义和斯多亚主义传统的哲学家们逐渐发展出一种双重真理原则。一方面,诗歌和宗教传统原封未动,因为它们对人有益,是儿童教育和城邦官方宗教的基础。另一方面,这些哲学家认为,过去的诗人们以一种神秘或隐秘的方式讲授了隐藏在神话面纱之下的整个自然科学,它就是柏拉图主义的或斯多亚派的科学。通过巧妙的"寓意解释"(exégèse allégorique, *allegorein* 意为让别人理解与说出来的话不同的东西),可以发现隐藏在文本背后的哲学含义。正如埃米尔·布雷耶(Émile Bréhier)所指出的,随着思想的发展,当传统形式必须与新观念协调起来时,这种方法的必要性就被感觉到了。[①] 早在公元前6世纪,这种现象便已出现在荷马的一位评注者雷吉乌姆的特阿根尼斯(Théagène de Rhégium)的著作中,不幸的是,他的著作仅仅通过后人的引述才为人所知,但他似乎提出了一种对荷马史诗的寓意解释,这种解释是物理的(众神的争斗变成了元素的争斗)和道德的,也许是为了回应克塞诺芬尼对荷马神话的尖锐批评。公元前4世纪,著名的德尔维尼纸草(papyrus de Derveni)对一首俄耳甫斯诗歌提出了一种寓意解释,它试图在所评注的文本中发现一种物理性的隐秘教诲。这里,

① É. Bréhier, *Chrysippe et l'ancien stoïcisme*, Paris, 1951, p. 201.

俄耳甫斯诗歌中的宙斯被等同于气，这让人想起了阿波罗尼亚的第欧根尼（Diogène d'Apollonie）。[①] 柏拉图的弟子色诺克拉底（Xénocrate）给诸元素起了神圣的名称，[②]甚至连亚里士多德也对荷马的金链作了寓意解释，以说明他本人的原动者（Premier Moteur）理论。[③]

不过，主要是斯多亚派把这种方法系统地运用于其物理学的神学部分。例如，他们把雅典娜从宙斯的头中诞生这一神话解释为他们理论的一种功能，根据这种理论，思想器官位于胸部：由于雅典娜被等同于思想，据说她是从宙斯的胸部孕育，从头部产生的，因为思想表现于说话的声音。[④] 此外，在他们看来，萨摩斯的一幅画上所描绘的赫拉口吮宙斯的生殖器，反映了物质是如何接受种子理性（raisons séminales）以组织世界的。[⑤]于是，为了展示由哲学原理导出的或者受前苏格拉底哲学家启发的物理学说，斯多亚派试图给它们穿上从荷马和赫西俄德的文本中借来的神话外衣。谈到他们的解释方法时，西塞罗很好

69

① 关于此纸草，见 W. Burkert, "La genèse des choses et des mots. Le papyrus de Derveni entre Anaxagore et Cratyle", *Études philosophiques*, 25 (1970), p.443—455; p. Boyancé, "Remarques sur le papyrus de Derveni", *Revue des études grecques*, 87(1974), p.91—110; *Le papyrus de Derveni*, Paris, 2003, F. Jourdan 翻译并注释。

② Xénocrate. fragm. 15 Heinze.

③ Aristote, *Mouvement des animaux*, 4, 699 b ss.

④ *SVF*. t. II. § 910.

⑤ *SVF*, t. II, § 1074 = Origène, *Contre Celse*, IV, 48, éd. et trad. M. Borret, Paris, 1968, SC n° 136, p.309.

地表述了所有寓意解释其实固有的东西——这也适用于现代的文本解释方法。他写道：

> 克吕西波(Chrysippe)声称改编了俄耳甫斯、赫西俄德和荷马的神话故事，使这些对斯多亚派理论一无所知的古代诗人变成了斯多亚派。①

于是，凭借巧妙的安排，就可以从数个世纪之前的文本中找到"现代"学说，这最终导致了宗教传统的理性化。正如在西塞罗的对话《论神的本性》(*De la nature des dieux*)中，科塔(Cotta)对斯多亚派巴尔布斯(Balbus)说：

> 当你如此费力地解释这些神话传说时，……你承认，事实与人们相信的样子非常不同：他们所谓的神是自然过程[*rerum naturas*]，而不是那些神。②

斯多亚派当然接受这个结论，而且会回答说，唯一的神就是自然。在他们看来，神话中的众神仅仅是同一个神也就是自然的不同表现。与运用寓意解释的其他哲学家不同，斯多亚派并不满足于把众神等同于物理元素，但他们的确认为，这些神仅仅

① Cicéron, *De la nature des dieux*, I, 15, 41.

② *Ibid*., III, 24. 63.

是同一种力量所具有的一系列形态。在这方面,我引用第欧根尼·拉尔修的总结: 70

> 神……是万物之父,既是在一般意义上,又是在他那渗透一切的特殊部分的意义上。他那特殊部分因其各种力量而被冠以许多名称。的确,他被称为迪亚(*Dia*),因为万物都因[*dia*]他而存在;被称为宙斯,因为他是生命的原因,或渗透一切生命;被称为雅典娜,因为其支配性部分延伸至以太;被称为赫拉,因为他延伸至气;被称为赫菲斯托斯(Héphaïstos),因为他延伸至产生事物的火;被称为波塞冬,因为他延伸至湿的东西;被称为德墨忒耳(Déméter),因为他延伸至大地。[①]

斯多亚派有一种动态的自然观。给他们以启发的生物学范例是种子,种子按照预定程序发育成一个有机体。在其膨胀阶段,包含原始种子的原始力相继具有即将构成宇宙的诸元素的各种形式;然后这种力再度集中,于是宇宙被毁灭,只剩下这种力;然后它再度展开,产生相同的宇宙,如此反复直到永恒。为了描述这一过程,寓意解释把宙斯的行动说成是宙斯先变成雅典娜,然后变成赫拉,等等。因此,宇宙是周期性的,即舒张和收缩的无限反复。更确切地说,自然是膨胀阶

---

① Diogène Laërce, VII. 147.

71 段的神。塞内卡说,自然,即创造和毁灭的过程,在每个周期结束时停止下来(*cessante natura*),此时宙斯集中于他自身。[①]最终,这些神圣的名称只是为了对宇宙的各个阶段给出一种人格化的定义,由此可以看到,斯多亚主义学说在最古老的传统中已经有所勾勒。然而与此同时,就像对普通人那样,这些神话的字面含义仍然有效,因为哲学家知道它有一种隐秘的哲学含义。

因此,至少在斯多亚主义传统中,或许也在柏拉图主义传统中,我们可以看出物理学的两个方面。首先是真正意义上的物理学,它致力于研究物体的结构、运动和自然现象的原因。但还有一部分物理学必须谈及神,因为神话传统和宗教联系自然现象来安置神。这是一种"神学的"物理学,它运用寓意解释,因此是哲学中最高贵的部分。对此,克里安提斯(Cléanthe)和克吕西波甚至谈及神秘的入会仪式(initiation mystérique)。[②] 此外,我们必须区分"神学"一词的三种主要含义:这个词既可以指古代神谱或宗教文本,也可以指对神话的寓意解释,还可以指柏拉图、亚里士多德或新柏拉图主义者所提出的关于第一原理的理论。

因此,从公元 1 世纪到 4 世纪,在那些引用赫拉克利特箴言的人看来,隐藏的自然就是神圣的自然,无论是一般意义上的神

---

① Sénèque, *Lettres à Lucilius*, 9, 16.

② *SVF*, t. I, § 538; t. II, § 42 et 1008.

还是在自然中存在的神。例如，地理学家斯特拉波(Strabon)在谈及以弗所的那些神秘仪式时说，“这些秘仪秘密和神秘地赞美神，因为它们模仿神的本性，后者超出了我们的感官”，此时他肯定是在暗示这句箴言。[①] 72

在我看来，虽然没有明确的文本证据，但很可能是斯多亚派第一次将赫拉克利特的“隐藏的自然”与包裹在神话之中并且通过寓意来揭示的神这样联系起来。

2. 亚历山大的菲洛

对赫拉克利特箴言的第一次明确引用出自一个在希腊传统中相当边缘的作者：亚历山大的犹太人菲洛。要不是基督教作家对他感兴趣，把他当作恢复希腊哲学和希伯来圣经寓意解释的典范，他的工作可能会被彻底遗忘。他对希腊文《圣经》的评注为我们保存了关于希腊哲学的大量宝贵信息，无论是柏拉图主义的还是斯多亚派的，他是通过自己所受的教育以及他之前的犹太评注家传统而了解这些哲学的。如果说菲洛大量使用寓意方法，那是为了从《圣经》人物或他们的行动中找到希腊哲学概念的暗示。 73 例如，他从《创世记》中提到的伊甸园的四条河流看出了斯多亚派的四种基本美德。[②] 但菲洛并没有发明把寓意

---

① Strabon, *Géographie*, X, 3, 9, Paris, 1971, p.68，文本由 F. Lasserre 译校。

② Philon, *Legum Allegoriae*, I. § 63—68, à propos de Genèse, 2, 10—14.

解释应用于《圣经》文本。他经常提到前人——他所谓的物理学家(*phusikoi*),即《圣经》的那些犹太评注家——在圣经故事与自然现象之间建立了一种对应,因此受到了斯多亚派寓意法的影响。①

事实上,赫拉克利特那句话在菲洛著作中出现的语境是相当模糊的。希腊文本已经丢失,但我们还有它的一个亚美尼亚文译本。在评注《圣经》经文"耶和华在玛默勒的橡树那里,向亚伯拉罕显现出来"时,②据说菲洛写道:

> 字面含义我很清楚。然而,只有树包含一种寓意,它必须通过迦勒底的语言用"玛默勒"(Mambré)一词来解释。根据赫拉克利特的说法,树是我们的本性,我们的本性爱掩饰和隐藏自己。③

显然,赫拉克利特从没有说树是我们的本性,也没有说我们的本性爱隐藏自己。从希腊文译成亚美尼亚文时必定有一个翻译错误。在希腊文本中,提到赫拉克利特无疑是为了证明有必要使用寓意方法,其思路是:"我们必须解释玛默勒的橡树是什

---

① R. Goulet, *La philosophie de Moïse. Essai de reconstitution d'un commentaire philosophique préphilonien du Pentateuque*, Paris, 1987.

② Genèse. 18, 1—2.

③ Philon, *Quaestiones in Genesim*, IV, 1, p.144—145. 我并没有引用这段译文,而是给出了一个更贴近于拉丁文本的版本,虽然它是从亚美尼亚文译出的。

么意思，因为按照赫拉克利特的说法，‘自然[或本性]爱隐藏’。”事实上，正是“玛默勒”一词将成为寓意解释的主题，因为菲洛说，从词源上讲它的意思是“来自视觉的东西”，因此指观看。我们还可以认为，这段文本意指神的本性爱掩饰自己，这里它以人的形式隐藏起来。 74

菲洛的这一文本之所以有趣，是因为它提到了赫拉克利特的名字，但提到那则箴言的其他文本要清楚得多。在评注《创世记》2:6 的“有泉从地上涌出”时，菲洛写道：

> 那些不了解寓意、不了解爱隐藏的自然的人，将这条河与埃及的河相比较。①

而菲洛则认为，与斯多亚派的学说相一致，这口泉代表着支配我们灵魂的部分：它像泉水一样注入五种感觉能力。那些不知道赫拉克利特箴言的人寻求字面解释：如果《圣经》说到一口“泉”，那它必定是指一条河流的诞生。而像菲洛一样知道“自然爱隐藏”的人，却试图发现《圣经》文本所意指的“别的东西”。在其评注中，菲洛进而提出了暗示泉的主题的一切事物，比如美德之泉，再不然就是生命之源，也就是神。因此在菲洛看来，通过寻找文本所指明的物理实在——比如在我们的文本中是泉——与可以在比喻意义上设想成源泉的精神实在之间的类比，赫拉 75

① Philon, *De fuga*, § 178—179.

克利特的箴言促使我们把具有启发性和教育意义的各种思考追溯到《圣经》文本。[1]

词源也有启发性。神把“亚伯兰”的名字改成了“亚伯拉罕”，[2]菲洛说，这种名称变化是“总爱隐藏的自然”的象征。菲洛的解释是这样的，他说“亚伯兰”的意思是“站起身来的父亲”，而“亚伯拉罕”的意思是“声音的父亲”。经由博学的论证，他断言，从“亚伯兰”到“亚伯拉罕”的改变对应着一个人的转变，他从研究自然过渡到施展智慧，或从物理学转到伦理学。

这里，我能感觉到读者的不耐烦；他想必会自言自语：这个揭开面纱最终意味着发现神圣文本隐秘含义的自然究竟是什么呢？我的回答是，首先，菲洛并不像斯多亚派那样旨在对最终指宇宙过程的众神名称进行解释，而是要对《圣经》给出的历史事实或律法规定进行解释。我们必须发现隐藏在这些表述背后的正确含义，因为在菲洛那里，*phusis* 很可能与 *aletheia* 同义；也就是说，自然与真理密切相关。象征两者的是《圣经》中提到的同一个东西：泉。谈到《圣经》中的泉时，菲洛暗示了知识的表层与深处之间的对立：

> 泉是知识的象征；因为知识的本性并不在表层，而在深处。它不会展露在光天化日之下，而是喜欢隐藏在秘密中，找到它很不容易，需要经历很大的困难。[3]

76

① 此箴言也引自 *De mutatione nominum*, § 60.

② *Ibid.*, § 60—76.

③ Philon, *De somniis*, I, § 6.

虽然主题是知识的**本性**,但我们这里显然可以看出对赫拉克利特箴言的暗示。不过我们也面对着一次有趣的邂逅,它将在赫拉克利特的箴言与德谟克利特的一句格言之间数次重复。根据基督教作家拉克坦修(Lactance)的说法,德谟克利特的格言是指,真理隐藏在井中:"德谟克利特证实,真理跌入了一口深井。"[1]德谟克利特说:

> 我们对现实一无所知,因为真理在一个深渊之中。[2]

菲洛很可能想到了这种隐藏在深处的真理。[3] 他之前的西塞罗在谈到新学园派的哲学家时,已经比较了这两种说法。新学园派的哲学家们提出了一种纯粹怀疑性的哲学,有人反驳说,按照新学园派的思维方式,没有任何东西是确定的,新学园派则回应道:

> 我们能怎么办呢? 这是我们的错吗? 需要指责的是自然,正如德谟克利特所说,她已将真理完全隐藏在深渊中。[4]

---

① Lactance, *Institutions divines*, III, 28, 14. 对于现代人(弗洛里昂[Florian]、伏尔泰),见"Puits", *Le Grand Robert*. 另见 G. de Maupassant,引自 Jean Salem, *Démocrite*, Paris, 1996, p.161, n. 1.

② Démocrite, fragm. 117, Dumont, p.873.

③ 一种类似的表述可见于 *Oracles chaldaïques*, fragm. 183 des Places: "Le vrai(*atrekes*)est dans le profond." 见 F. W. Cremer, *Die chaldäischen Orakel und Jamblich de mysteriis*, Meisenheim am Glan, 1959, p.56, n. 152.

④ Cicéron, *Lucullus*, 10, 32.

77

西塞罗似乎是说，赫拉克利特的自然已将德谟克利特的真理隐藏在深渊中。然而，西塞罗和菲洛让我们感兴趣的是，从这个角度看，自然与真理具有一种同一性。两者都是隐藏的，都很难发现。

在《自然问题》(*Question naturelles*)的结尾，塞内卡敦促我们全身心地致力于发现这个自然和这种真理：

> 只有克服极大困难，我们才能到达这个存储真理的深渊。但我们只在表面用缺乏活力的手来寻求这种真理。①

事实上，表示真理的希腊词 *aletheia* 往往是指本体论意义上的"实在"，而不是指现实与思想相一致意义上的"真理"。*phusis* 也可以有同样的含义。

菲洛常用 *phusis* 来指产生事物的自然，或者自然的一般进程，或者某个事物的本性，或者斯多亚意义上植物固有的生命。在谈到对《圣经》的解释时，菲洛把 *phusis* 一词理解为必须通过寓意来发现隐藏在文本文字背后的无形而神圣的实在和真理。② 例如，亚伯拉罕、以撒和雅各这三个族长名暗示"一种不

---

① Sénèque, *Questions naturelles*, VII, 32, 4. 亦见 *Des bienfaits*, VII, 1. 5: "Enveloppée, la vérité est cachée dans l'abîme. "在亚里士多德的《劝导篇》(*Protreptique*)中，自然和真理已经紧密联系在一起，见 I. Düring, "Aristotle on ultimate principles from nature and reality", *Aristotle and Plato in the Mid-Fourth Century*, Göteborg, 1960, p. 35—55.

② 关于这个问题，见 R. Goulet, *La philosophie de Moïse*, p. 36—37, 544—545.

太明显、远远高于感觉对象的实在[*phusis*]”,①因为在菲洛看来,这些人物对应于构成美德的三要素:天生的性情、理论教诲和实际训练。他明确表示:

> [《圣经》中]所说的东西并不能只做字面上的明显解释,而是似乎暗示一种众人更难知晓的实在[*phusis*],那些把理智列于感觉之上、能够看清楚的人可以认识它。②

78

在这里,我们几乎可以把 *phusis* 译为与文本文字相反的“含义”。“实在”是真正的“含义”。我们发现,拉丁语有一种类似的转变,*res* 一词的意思是“事物”或“实在”,在某些语境下可以意指一个词的真正含义。③ 尽管如此,从寓意解释的角度来看,*phusis* 对应于一种概念内容和无形的实在。通过把 *sômata* 或物体与 *pragmata*(在他那里,这个词指的是无形的实在)相对立,菲洛认为只有“那些能够脱离物体及其明显性来思考理智实在[*pragmata*]的人”才能理解寓意。④ 可以认为,在菲洛看来,“自

---

① Philon, *De Abrahamo*, § 52.

② *Ibid.*, § 200.

③ 例如,Marius Victorinus, *Adversus Arium*, II, 3, 49, trad. P. Hadot, dans *Traités théologiques sur la Trinité*, t. I, Paris, 1960, SC n° 68, p. 404—405.

④ Philon, *De Abrahamo*, § 236. 关于菲洛所说的 *pragma* 的含义,见 P. Hadot, “Sur divers sens du mot *pragma* dans la tradition philosophique grecque”, *Concepts et catégories dans la pensée antique*, éd. p. Aubenque, Paris, 1980, p. 309—320, 特别是 p. 311—312(重印于 P. Hadot, *Études de philosophie ancienne*, Paris, 1998, p. 61—76, 特别是 p. 64)。

然”之所以爱隐藏,是因为它无法企及,处于从精神实在到神圣实在的广大无形领域,凡人很难理解。

因此,菲洛的寓意非常不同于斯多亚派的寓意。斯多亚派的寓意揭示出神话对应于有形实在,即活的和有生命的东西,而菲洛的寓意在《圣经》中发现的却是无形的实在。因此,这种寓意受到了柏拉图主义的启发,预示着新柏拉图主义者的寓意。我还要补充一点,在阅读神圣文本时从感性上升到理智的思想运动是一种精神修炼,基督徒读《圣经》时也要试着去实践。

第五章 "自然爱包裹自己"：神话形式和有形形态

从公元3世纪末开始，赫拉克利特的箴言将被数次引用。 79
普罗提诺的学生波菲利(Porphyry)用它来证明柏拉图的《蒂迈欧篇》使用神话是正当的，并以一种看似悖谬但从波菲利的角度来看完全可以理解的方式为异教仪式做出了辩护。皇帝尤里安和哲学家特米斯提奥斯也用赫拉克利特的箴言来为异教辩护。

1. 柏拉图《蒂迈欧篇》的神话物理学和伊壁鸠鲁的批评

在《蒂迈欧篇》中，柏拉图提出了一种"可能的"(vraisemblable)从而是不确定的物理学，特别是，它与一个工匠神的神话形象有关。伊壁鸠鲁和伊壁鸠鲁主义者都强烈反对像这样把神话用于自然科学：在他们看来，这既与神的威严不相容，因为它设想了一个神来创造和组织世界，也与科学的确定性不相容，即灵魂只有通过研究物理学(physiologia)才能找到安宁。 80

在这方面，波菲利讲述了伊壁鸠鲁的弟子科洛特斯(Colotès)对柏拉图主义者的批评。[①] 科洛特斯指责柏拉图毫不犹豫地以神话故事的形式给出了属于物理科学的阐述。科洛特斯说，阐述科学真理的人绝不能诉诸谎言的技巧。柏拉图本人难道没有在《理想国》中批评诗人的神话虚构，批评那些引起死亡恐惧的神话传说吗？然而，结束这篇对话并且讲述了灵魂死后漫游的厄尔(Er)神话，难道不是容易引起同样的恐惧吗？如果有人声称，神话是意象派的表达方式，既适合单纯的人，又能为圣贤们提供思想材料，那么我们可以回答说，普通人并不理解它们，圣贤也不需要它们。因此，神话是危险而无用的。这里我们看到了伊壁鸠鲁发起的对哲学使用神话的批判，这种批判既针对柏拉图的《蒂迈欧篇》，又针对斯多亚派的寓意解释，并且一般地针对这样一种观念，即对传统神话或虚构神话的寓意解释有助于物理科学。[②]

2. 由于自然是一种较低的实在，所以她爱包裹自己

波菲利对科洛特斯反对意见的回答非常有意思：它揭示了

---

① 波菲利对柏拉图《理想国》的评注已经佚失，但是通过比较 Macrobe, *Commentaire au Songe de Scipion*, I, 2, 3—21(éd. et trad. M. Armisen-Marchetti, Paris, 2001，见正文注释）以及 Proclus, *Commentaire sur la République*, éd. W. Kroll, t. II, p.105, 23—107, 14; trad. A.-J. Festugière, t. III. p.47—50(见注释)，可以大致还原这段话的内容。

② A.-J. Festugière, *Épicure et ses dieux*, Paris, 1946 (reimpr. coll. Quadrige), p.102—103.

柏拉图主义者是如何以一种特定的柏拉图主义自然观的名义为《蒂迈欧篇》的"神话"物理学作辩护的。 81

首先,柏拉图从未混淆哲学与神话思想。波菲利申明,柏拉图主义者认为,一方面,哲学并不接受*所有*神话;另一方面,并非*所有*哲学都接受神话。换句话说,波菲利提出了两种划分,一种是对神话的划分,另一种是对哲学的划分,以表明哲学只有一个部分——即上一章讨论的"神学物理学"——接受一种神话阐释,只有一类神话——即"传说叙事"——与这部分哲学相容。

哲学不接受总是代表虚假叙述的任何神话或寓言。有些虚假叙述只是为了好听而被虚构出来,比如喜剧或小说,还有一些虚假叙述则可能有一定的启迪作用。[①] 显然,哲学将拒绝接受第一种神话。

在第二种神话中,我们可以区分所谓严格意义上的寓言(比如伊索寓言)和传说叙事。严格意义上的寓言不仅有一种假想的和虚假的形式,而且故事本身就是一派谎言。因此,它们被排除在哲学领域之外。而传说叙事则讲出了虚构的面纱之下某种真实的东西,比如赫西俄德和俄耳甫斯讲述的关于众神的谱系和行动的故事,还有神秘仪式,或者所谓的毕达哥拉斯警句(*akousmata*)。于是,波菲利在这里把神谱、宗教仪式和毕达哥拉斯 82

---

① 马克罗比乌斯著作中对神话的区分虽然未被普罗克洛斯提及,但我认为是波菲利建立的(特别是因为它提到了毕达哥拉斯警句和赫西俄德与俄耳甫斯的神谱)。如果马克罗比乌斯提到了佩特洛尼乌斯(Petronius)和阿普列尤斯(Apuleius),那是因为他相对于自己的知识来源保持着一定的独立性。

警句联系在一起。这些警句是已经变得无法理解的古老禁忌,比如“不要迈过秤”,“不要吃心脏”,“不要坐在容器上”。[1] 长期以来,它们一直是寓意解释的对象,新柏拉图主义者把这些寓意解释接受下来作为自己的解释。一般来说,如果波菲利申明,被他汇集在“传说叙事”这一称谓下的所有神话讲述了虚构面纱之下的真理,那么这正是因为可以对它们作一种寓意解释,隐藏在神话中的真理能被识别出来。

然而,我们必须再次做出区分:一些神话讲述不体面的东西,与神性不相配的东西,比如克罗诺斯(Kronos)对乌拉诺斯(Ouranos)的阉割,或者宙斯的通奸,而另一些神话则利用体面的虚构。哲学只能接受后一类神话。

此外,哲学所能接受的这些神话不是被所有哲学使用,而是只被神学的较低部分使用,这部分神学讨论的是与自然有某种关系的神灵。在波菲利看来,较高的神学涉及一直处于理智世界中的善、理智和灵魂,而较低的神学则涉及世界的灵魂和自然:

83

> 然而,我们必须知道,并非所讲述的一切神话故事哲学家都能接受,即使这些故事是被允许的。只有谈到灵魂,谈到气和以太的力量或其他神灵时,他们才习惯于使

---

① 见 Porphyre, *Vie de Pythagore*, § 42, trad. É. des Places, Paris, 1982, CUF, p.55.

用这些神话故事。然而，当他们的讲述上升到最高的神（他是太一……，是善，是第一因），或者上升到理智（它包含着事物的原初形式，……而且是从最高的神那里产生和发展出来的）时，他们并不触及任何神话的东西，但如果他们试图谓述这些超越言语和人类思想的实在，他们就会求助于类比和比较。因此，如果柏拉图想谈论善，他并不敢说善是什么，因为他只知道一件事，即人不可能认识善本身。但他发现，有形实在中与善最相似的是太阳。因此，通过使用太阳的类比，通过他的讲述，他开辟了一条道路使他朝着不可理解的事物上升。

这就是为什么古人没有为最高的神塑任何雕像的原因，尽管它使古人设立了其他神灵，因为最高的神和他所创造的理智是超越于自然的，就像超越于灵魂一样——也就是说，当禁止引入任何神话的东西时。[①]

---

① 这些文本见 Macrobe, *Commentaire au Songe de Scipion*, I, 2, 3—21 Armisen-Marchetti。如前所述，波菲利对柏拉图《理想国》的评注虽然已经佚失，但是通过比较 Macrobe, *Commentaire au Songe de Scipion*, I, 2, 3—21 和 Proclus, *Commentaire sur la République*, t. II, p.105, 23—107, 14 Kroll; t. III, p.47—50 Festugière，可以大致还原这段话的内容。波菲利根据哲学的各个分支（*Vie de Plotin*, § 24 ss.）将普罗提诺的《九章集》（*Ennéades*）划分成伦理学（*Enn*. I）；讨论世界的物理学（*Enn*. II et III）；讨论灵魂即世界灵魂和个体灵魂的物理学（*Enn*. IV）；最后是较高的神学，讨论处于理智世界中的善、理智和灵魂（*Enn*. V-VI）。根据马克罗比乌斯的文本，较低的神学讨论的是世界灵魂和个体灵魂，即《九章集》第四卷中的本体论层次。

波菲利说，哲学家绝不能以神话的方式而只能以类比的方式来谈及最高的本原，此时他与自己的老师普罗提诺发生了分歧。普罗提诺在太一、理智和灵魂之间，在乌拉诺斯、克罗诺斯和宙斯这三个神之间毫不犹豫地建立了一种对应。① 根据波菲利的说法，神话仅仅始于灵魂：

84

> 但是当我们不得不与其他神和灵魂打交道时……，哲学家转向神话故事既非无用，也不是为了讨好耳朵，而是因为他们知道，**自然不愿把她自己赤裸裸地暴露在所有人面前**。② 因为通过隐藏在事物的外衣和包裹之下，她不让人类粗糙的感官知道她的存在。同样，她希望圣贤们只在神话叙事的面纱之下来讨论她的奥秘。③

如果把普罗克洛斯的证词考虑进去，那么波菲利在提到那句著名箴言时，似乎的确引用了赫拉克利特的名字。这里表达了《蒂迈欧篇》乃至整个柏拉图主义的精神。在对话中，柏拉图公开宣称他将不去讲万物的"本原"，因为他选择使用的讲述方

---

① 见 P. Hadot, "Ouranos, Kronos and Zeus in Plotinus' Treatise against the Gnostics", *Neoplatonism and Early Christian Thought. Essays in Honour of A. H. Armstrong*, Londres, 1981, p. 124—137. 见 Plotin, *Traité* 31(V, 8), 13.

② 指赫拉克利特的箴言。

③ Macrobe, *Commentaire au Songe de Scipion*, I, 2, 13—17(也见 Proclus, *Commentaire sur la République*, trad. A.-J. Festugière, t. III, p. 50 中的类似段落)。

式——可能的讲述和神话——不允许讨论本原,而是适用于这个世界以及世界之内的东西。[①] 对柏拉图和波菲利而言,实在和神是同一的。然而,实在和神有两个层面,是两门不同学科的主题:一是最高的神的领域,它是完全无形的,是神学的主题;二是与物体有关的较低神灵的领域,即世界灵魂以及与物理现象、星体、气和以太的力量有关的其他神灵;所有这些事物都是"神学物理学"的主题。事实上,只有当讨论的主题是灵魂时,神话叙述才会在柏拉图那里出现。[②]

85 所有的神都很难知晓,但原因各有不同。最高的神之所以是隐藏的,恰恰是因为他没有被可感形态或物质形态所遮盖。他就像太阳一样,过多的光芒使我们失明。按照传统神学的方法,只有通过比较和否定才能谈论他。而较低的神灵之所以是隐藏的,是因为神灵的灵魂在朝物质下降时,接受了越来越多和越来越厚的物体。他们是隐藏的,是因为他们被包裹在可见形态之中。与这种物体的包裹相对应的必定是某种话语的包裹,即包裹在虚假的神话虚构中,寓意解释能使我们从中识别出真理的内容,同样,可感形态使我们看到,虚假的物质背后有一种看不见的力量赋予它们生气。因此,相比于菲洛给出的解释,赫拉克利特的箴言彻底改变了含义。对菲洛而言,"自然爱隐藏"的意思是:隐藏在《圣经》文字中的无形的神圣实在因其力量和

① Platon, *Timée*, 48 c.

② J. Mittelstrass, *Die Rettung der Phänomene*, Berlin, 1962, p.129.

超越性而无法被我们认识，但我们可以通过寓意解释来移除覆盖它的面纱。而对波菲利而言，这句箴言的意思是：自然因其弱点而无法被我们认识。它被迫将自己包裹在可感形态之中。因此，为了言说自然，我们只能使用神话语言，或者用神像来描述它，或者通过宗教仪式来模仿它的活动。真正哲学家的任务是

86 通过寓意解释法来破译这些暗示自然的神秘符号，但不得把它们的含义透露给无知的大众。

可感物的产生构成了自然的遮掩。因此，与斯多亚派的情况相比，自然领域在范围上已经大大缩小。对斯多亚派而言，自然就等于神，它既是万物的原始种子，又是这颗种子的展开。于是，自然等于整个实在，既是理性的又是有形的。而对新柏拉图主义者而言，自然仅仅是实在的较低部分，是包裹在有形的可见形态之中的一种无形的不可见力量。① 似乎可以肯定，波菲利把所有以某种方式与物体相联系的力量——世界灵魂，星体的神性灵魂，魔鬼、人类、动物、植物和矿物的灵魂——称为“自然”，而普罗克洛斯则把低于理性灵魂的灵魂称为“自然”。与自然领域的这种缩小相对应的是物理学领域的缩小。对斯多亚派而言，物理学是神学：它的对象是神性的东西，也就是万物的普遍理性，以及存在于万物之中的特殊的理性本原，它使用单一的方法。而对波菲利而言，更高的神学与物理神学在范围上存在

① 见 Proclus, *Commentaire sur le Timée*, trad. A.-J. Festugiére, t. I, p.35—40 对自然的定义。

着根本差异，更高的神学涉及的是理型或与物体相分离的东西，而物理神学涉及的则是赋予物体生气的力量。然而，这种物理神学可以说是严格意义上的万物有灵论，因为这里引起自然现象的原因是神灵、魔鬼、动物或植物的灵魂。

87

因此，我们绝不能把斯多亚派的寓意法与波菲利的寓意法混淆起来。斯多亚派的方法是除去他们所谓的神话神学（或者关于众神的神话叙事）的神话色彩。通过寓意，我们发现众神是一些自然过程或有形的力量，所有神话都只不过是想象出来的关于宇宙过程历史的故事，这里的宇宙过程指的是普纽玛（*pneuma*）或原始的炽热呼吸的转化。而波菲利则指责斯多亚派哲学家开瑞蒙（Chérémon）把神话解释为仅仅指物理实在，而从不指无形的、有生命的本质。① 我们在物质实在背后发现了化身为某个实在（无论是元素还是星星）的无形的力量或神性。对斯多亚派而言，物理现象以某种严格决定的方式展开；我们对它无法做任何改变，而只能同意它。然而，如果按照波菲利的说法，我们在可感现象背后看到了灵魂和隐秘的力量，我们就可能去召唤它们，用魔法对其产生影响。②

---

① *Lettre à Anébon*, 12，希腊文本和意大利文翻译见 Porfirio, *Lettera ad Anebo*, a cura di A. R. Sodano, Naples, 1958, p.25, 1—2. 见 J. Pépin, *Mythe et allégorie*, p.465.

② 关于斯多亚主义寓意法和新柏拉图主义寓意法的差异，见 W. Bernard, "Zwei verschiedene Methoden der Allegorese in der Antike", *Wolfenbütteler Forschungen*, Bd. 75, *Die Allegorese des antiken Mythos*, éd. Par H.-J. Horn et H. Walter, Wiesbaden, 1997, p.63—83.

还要补充一点,在波菲利看来,自然将自己包裹在有形形态之中(正因如此,她才能被感觉的眼睛看到,而不能被灵魂的眼睛看),此外,使我们能够对她进行言说的神话形象似乎也清楚地显示了她,然而事实上却隐藏了她的真正本质。只有通过寓意解释,揭示神话的隐秘意义,才能发现自然的无形本质。

88 波菲利认为他能够表明,自然只能以神话的方式来讨论,从而证明柏拉图的《蒂迈欧篇》是正当的。然而事实上,他对神话的构想与柏拉图有所不同。对柏拉图而言,《蒂迈欧篇》的神话是一位模仿神匠创世的哲学家的诗意虚构。而对波菲利而言,神话是一种讲述众神故事的传统叙事,从中可以发现对于神圣的、不可见的、赋予自然以生气的无形力量的暗示。正如我会多次讲到的,这种对柏拉图的所谓辩护其实是为这位"异教天才"所作的一首颂歌。

第六章　卡里普索或“蒙着飘拂面纱的想象”

1. 自然的低劣性

新柏拉图主义运动为赫拉克利特的箴言提供了一种新的含义。“自然爱隐藏”变成了“自然爱包裹自己”。然而，她通过包裹自己来隐藏并不是因为她的卓越，而是因为她的弱点和低劣。自然对应于赋予可感世界以生气的无形力量。这些力量固然是神灵或魔鬼，但它们需要把自己包裹在可见形态之中。此外，正如波菲利所说，这就是为什么对应于不可见力量的、赋予广大自然领域以生气的低等神需要用雕像来代表的原因。[1] 他们想要保住自己的秘密，希望其存在性只有通过他们自己选择的传统雕刻形式才能被感觉到。因此，由于自然是一种等级较低的力 89

① Macrobe, *Commentaire au Songe de Scipion*, I, 2, 20, p. 9 Armisen-Marchetti. 另见本书第七章。

量，所以她注定要把自己包裹在有形形态之中。而人的灵魂只
90 能感知这种较低力量的外衣，也就是说，一方面是她那有形的和可感的外观，另一方面则是其传统的神话形象，只有用寓意解释发现此神话形象的含义，然后认识到它是一种无形的力量，人的灵魂才能发现她的本性。不过，正如我所指出的，这种揭示是留给那些真正的哲学家的，只有他们才有权看到除去面纱的自然。

自然的这种外衣或面纱是朝着越来越具有物质性的有形实体的一种下降。必须从世界灵魂和个人灵魂在新柏拉图主义实在观中的位置来理解它。起初，世界灵魂和个人灵魂都属于理型领域，与生命的理型相联系。理型在神的心智之中，它们本身是特殊的心智。这些理型-心智存在于彼此之中，思考自己，也思考心智。[①] 无论是一般的新柏拉图主义者还是波菲利本人，都没有解释清楚为什么世界灵魂和个人灵魂需要把自己包裹在身体之中。由于理智活动的减少，它们不再能够产生理型-心智，而只能产生可感的物质形态。无论如何，我们可以说，趋向于包裹自己是与存在者从太一的逐渐堕落相联系的。例如，普罗提诺已经在最高本原即太一之后的下一层次上描述了这种堕落。从太一中流溢出一种可能的存在，或一种理智物质，它往回
91 转向太一时就变成了心智。心智在构成自身的过程中做出了一项大胆的行动；它既是对自身存在性的获得，又是相对于原初统

① 见 Plotin, *Traité* 38(VI, 7), 8—14, trad. P. Hadot, Paris, 1988(另见序言)。

一性的一种弱化。同样，世界灵魂和个人灵魂希望属于它们自己，赢得其自主性。它们已经变得不同于心智，并且远离心智，为的是把它们自己的形象或反映投射于物质。

2. 自然的外衣和想象

因此，根据波菲利的说法，灵魂会穿上一个符合其灵性倾向或理智等级的身体。[①] 它先是给自己增加一个由以太这种最微细的物质元素所构成的初始身体。波菲利还谈到了一种"普纽玛"的身体，也就是由普纽玛或呼吸所构成的身体。[②] 这个初始身体对应于灵魂远离纯粹灵性的第一层堕落。[③] 想象（*phantasia*）是一面镜子，灵魂可以从中看到自己的形象以及它此前沉思的永恒理型的形象。[④] 想象不仅蕴含着灵魂的诞生，也蕴含着

---

① Porphyre, *Sententiae*, § 29, éd. E. Lamberz, Leipzig 1975, p. 19.

② 详见我的另一部著作，它能帮助我们重建波菲利关于想象中的身体的理论：*Porphyre et Victorinus*, Paris, 1968, t. I, p. 187, 197 n. 7, et 332 n. 8。早在1913年，J. Bidez, *Vie de Porphyre*, Gand, 1913(réimpr. Hildesheim, 1964), p. 89, n. 1 就已经概述过它的纲要。另见 I. Hadot, *Le problème du néoplatonisme alexandrin*, Paris, 1984, p. 100—101. 波菲利 *Sententiae* 的第 29 章明确指出，以太身体对应着理性灵魂，太阳身体对应着想象。然而，西尼修斯受到波菲利的启发，断言想象是灵魂的第一身体。我们目前只需承认，想象被定义为灵魂的身体。

③ Synésius, *Traité des Songes*, 5, texte grec et trad. italienne, Sinesio di Cirene, *I sogni*, introduzione, traduzione e comment di D. Susanetti, Bari, 1992, p. 53.

④ A. Sheppard, "The Mirror of Imagination. The Influence of *Timaeus* 70 e ff.", *Ancient Approaches to Plato's "Timaeus"*, *Bulletin of Institute of the Classical Studies*, *Supplement* 78—2003 (University of London, Institute of Classical Studies), p. 203—212 表明，这种意象乃是基于 *Timée* 71 e。

空间、体积、距离的诞生，蕴含着各个部分彼此之间的外在性，从而也蕴含着灵魂的外衣。[①]

穿着第一个身体的灵魂继续下降，给它所想象的明亮身体不断添加来自星界物质的新的外衣，与此对应的是它下降穿过行星天球，理智能力受到贬抑。这些不同的外衣将会变得越来越粗糙，直至达到可见的尘世身体。

92

灵魂的正常生命或原始生命是无形的和灵性的。然而，随着灵魂穿起这些不同的外衣，其理智活动性的纯净度逐渐减少。它需要形象。在波菲利看来，由于这个缘故，灵魂在下降穿过天球的过程中相继穿上这些外衣无异于多次死亡：

> 它放弃其完美的无形性时，并非一下子给自己的身体穿上泥浆，而是逐渐穿上的：它变得越来越低劣，越来越远离其单纯的绝对纯净；随着其星界身体陆续收到越来越多的东西，它变得肿胀起来。事实上，在位于恒星天球下方的每一个天球中，它都会穿上一件以太外衣，从而为它与这件黏土衣服融合起来做好了一步步准备。它穿越多少天球就会死亡多少次，就这样达到了在地球上被称为生命的状态。[②]

---

① 关于普罗克洛斯，见 A. Charles, “L’imagination miroir de l’âme selon Proclus”, *Le néoplatonisme*, Colloque international du CNRS, 1969, Paris, CNRS, 1971, p.241—251.

② Macrobe, *Commentaire au Songe de Scipion*, I, 11, 11—12, p.65 Armisen-Marchetti；事实上，这里马克罗比乌斯谈的是柏拉图主义者的共同看法，因此也是波菲利的看法，见 Porphyre, *Sententiae*, § 29。

通过一种意想不到的迂回，我们这里再次遇到了赫拉克利特箴言中 *kruptesthai*（“隐藏自己”）的古代含义：被包裹或掩盖起来就是死亡。[1] 自然的面纱再次成了死亡的面纱。

奥林匹奥多罗斯（Olympiodore，公元 6 世纪）写道：

> 在认识的秩序中，灵魂的第一层外衣是想象。因此，奥德修斯需要被称为“生命之草”的植物、赫尔墨斯以及正确的理性从卡里普索（Calypso）那里逃出去，卡里普索就是想象，是理性的障碍，如同云是太阳的障碍。因为想象是一种面纱[*kalumma*]，所以有人会说“蒙着飘拂面纱的想象”。[2]

93

因此，象征死亡的卡里普索——从词源上讲意为“隐藏起来的她”或“蒙着面纱的她”——成了想象的象征，所以最后对于新柏拉图主义者来说成了自然的象征。她之所以是想象，是因为想象是一种外衣或面纱。

我们可以顺便提及，该文本提供了一个把寓意解释运用于

---

① 见本书第一章。

② 希腊文本见 L. G. Westerink, *The Greek Commentaries on Plato's Phaedo*, vol. I, Olympiodoros, Amsterdam, 1976, 6, 2, p.96. Westerink 认为“蒙着飘拂面纱的想象”这种说法可能来自一个犬儒主义者（犬儒派克拉底[Cratès le Cynique]）或皮留的泰门（Timon de Phlionthe）。无论如何，他指出了一种可能与 Porphyre, *Sententiae*, §40, p.48, 7 Lamberz 非常类似的说法，将想象与面纱（*kalumma*）联系在了一起。关于神话与人类想象之间的联系，见 Olympiodore, *In Gorgiam*, Leipzig, 1970, P.237. 14 et p.239, 19 Westerink.

物理学的例子：作为卡里普索的囚犯，奥德修斯是包裹在想象这一精微身体之中的灵魂。为了获救，他需要以“生命之草”——即理性——为象征的赫尔墨斯。[①]

在阐述爱包裹自己的自然时，波菲利把他本人定位于堕落灵魂的层次。人的灵魂堕落到这一层次时，就无法直接和直观地认识最高的神或自然，因为后者只能通过想象中的否定或比较来认识，如果不以神话作为迂回，灵魂便无法把握这一无形实在：

> 通过隐藏在事物的衣服和外衣下面，自然不让人类粗糙的感官知晓她；同样，她也希望圣贤们只在神话叙事的面纱之下讨论她的秘密。[②]

正如罗伯特·克莱因(Robert Klein)所表明的，以西尼修斯(Synésius)的《论梦》(*Traité des Songes*)为中介，这种把想象作为灵魂身体的学说将在文艺复兴开始时产生巨大影响，特别是影响了马西里奥·菲奇诺和乔尔达诺·布鲁诺(Giordano Bruno)。[③]

94

---

① 见本书第二章。实际上，在 *Odyssée*, V, 43 ss.，赫尔墨斯或者说理性的确帮助了卡里普索的囚犯奥德修斯，但在这里，他并没有使用旨在抵抗喀耳刻咒语的“生命之草”。

② Macrobe, *Commentaire au Songe de Scipion*, I, 2, 17, p.8 Armisen-Marchetti.

③ “L'imagination comme vêtement de l'âme chez Marsile Ficin et Giordano Bruno”, R. Klein, *La forme et l'intelligible*, Paris. 1970, p.65—88.

3. 自然的端庄

和秘密一样，对神话的解释仍须留给精英。在这方面，波菲利讲述了哲学家努梅尼奥斯(Numénius)的故事，据说他通过理性的解释，揭开了厄琉西斯秘仪(mystères d' Éleusis)[①]的面纱。[②] 他梦见厄琉西斯的女神德墨忒耳和科莱(Koré)——写成拉丁文就是刻瑞斯(Cérès)和普洛塞耳皮娜(Proserpine)——在出卖自己的肉体，她们打扮得像妓女，站在一所妓院门前。他在梦中问她们为什么做出这种可耻之事，她们回答说，由于他的缘故，她们被迫离开了其端庄的圣所，被不加区分地交给所有路人。这个故事肯定意味着，在哲学家眼中，厄琉西斯秘仪的秘密包含着关于自然的秘密教诲。[③] 因此，只有智者才能知晓在自然中运作的无形力量，或许也知道如何掌握它们；但他们必须让民众满足于神话的字面含义。俗人以为雕像是可见的神，但圣贤却知道它们象征着不可见的神性力量。

---

① 古希腊的厄琉西斯秘仪是为献祭两位女神——德墨忒耳和科莱而在厄琉西斯城举行的仪式，其仪式对外秘而不宣，否则将以死刑作为惩罚。秘仪由雅典城邦控制，反映了古希腊人丰产的渴望。它既是雅典城邦宗教的重要部分，又是一个个人自愿参加的崇拜仪式。——译注

② Macrobe, *Commentaire au Songe de Scipion*, I, 2, 18—19, p.9 Armisen-Marchetti.

③ Jamblique. *Vie de Pythagore*, 17, § 75. introd., trad, et notes par L. Brisson et A.-Ph. Segonds, Paris, 1996, p.43 提到了禁止泄露厄琉西斯秘仪的禁令。

在注释马克罗比乌斯(Macrobe)关于《西庇阿之梦》(*Le Songe de Scipion*)的评注时,12 世纪的基督教哲学家孔什的威廉(Guillaume de Conches)认为努梅尼奥斯的解释是纯粹物理的:厄琉西斯的女神德墨忒耳和科莱仅仅是地球和月亮,而不再是

95 女神。[1] 事实上,波菲利并没有告诉我们努梅尼奥斯的解释是什么,但可以料想,他认为厄琉西斯的女神是无形的力量,而不是物质实在。

更有趣的是中世纪的一个不知名作者在 12 世纪末或 13 世纪初对努梅尼奥斯故事的利用,因为它使我们回到了赫拉克利特的主题,即自然爱隐藏。[2] 这位作者讲述了一个诗人的梦,说这位诗人贸然走进了自然的密室,并将其透露给了公众。他在森林中行走,野兽的嚎叫使其惊恐不已。此时他看到一幢孤零零的房子,屋内有一个裸体女孩的剪影。他请求庇护。但女孩回答说:"离我远点,休得破坏我的端庄。你为什么像妓女一样对待我?"随后诗人醒来,懂得了不能向所有人暴露一切,对于自然要求我们隐藏的东西,我们只能向极少数重要的人透露。这首诗是一个很好的例子,表明波菲利-马克罗比乌斯关于自然包裹和隐藏自己的理论在中世纪仍然很流行。只有把自然遮盖起来,也就是说,只有用神话的形式,才能言说自然。智者不会把

---

① 孔什的威廉的文本见 P. Dronke, *Fabula. Explorations into the Uses of Myth in Mediaeval Platonism*, Leyde-Cologne, 1974, p. 75.

② F. J. E. Raby, "Nuda Natura and Twelfth Century Cosmology", *Speculum*, 43(1968), p. 72—77.

神话的含义揭示给俗人，也不会扯下自然的衣服和形态。俗人只会看到事物有形的可感形态，圣贤却能通过解释神话而知晓，这些形态乃是神性的无形力量的外衣和显现，而他却可以看到这些力量赤裸裸的样子，也就是看到其无形状态。

此外，努梅尼奥斯的梦和那位无名诗人的梦使我们瞥见了我们正在研究的传统的一个维度，我们可以称之为心理学维度：隐藏的自然这一观念唤起了一个可以被揭开面纱的女性形象。当我们研究伊西斯的面纱隐喻时，这一点会变得更加清楚。① 96

4. 裸体和衣服

马奈(Édouard Manet)画的《草地上的午餐》(*Le déjeuner sur l'herbe*，1863 年，图 3)是尽人皆知的。这一幕发生在河岸上。两个男人正在与旁边一个女人聊天，从装备看，这两个男人似乎是画家，而那个女人是裸体的，因为她刚刚在沐浴，而另一个女人还在水中。

这个裸女的存在赋予了画面一种耽于声色的感觉。对我们现代人的感受而言，裸体对应着对身体和肉体的颂扬。如果让我们的同时代人观看提香(Titien)的名画《神圣与世俗之爱》(*Amour sacré, amour profane*，1515 年，图 4)，并问他画中的裸女和穿着华丽的女人分别代表什么，他肯定会说，穿着华丽的女人

① 见本书第十九章和第二十二章。

图 3　马奈,《草地上的午餐》(*Le déjeuner sur l'herbe*,1863 年)。

图4 提香，《神圣与世俗之爱》（*Amour sacré, amour profane*，1515年）。

代表神圣的爱。但欧文·帕诺夫斯基(Erwin Panofsky)[①]和埃德加·温德(Edgar Wind)[②]已经清楚地表明,实际情况恰恰相反。文艺复兴时期的画家因菲奇诺而知道了新柏拉图主义学说,对他们而言,衣服象征着身体,而裸体则象征着与身体和衣服相分离的无形力量。在波提切利(Botticelli)的名画《维纳斯的诞生》(*La naissance de Vénus*)的中心处,裸体的维纳斯从海上升起,从她那里我们可以看出脱离了身体的天界的阿佛洛狄忒(l'Aphrodite Céleste),这与柏拉图和普罗提诺所作的区分是一致的;而在波提切利的《春》(*Printemps*)的中心处是穿戴整齐的维纳斯,从她那里我们可以看出世俗的阿佛洛狄忒(l'Aphrodite Vulgaire),她最终对应于包裹在可感形态之中的自然。[③] 马奈的《草地上的午餐》和提香的《乡间音乐会》(*Concert champêtre*,图5,以前曾被认为是乔尔乔内的作品)在题材上显然很类似,后者也描绘了两个裸女和音乐家们在一起。提香的裸女是仙女,她们之所以裸体,是因为艺术家想要强调一个事实:她们是无形的神性力量,优越于周围的人。

97

在15世纪,自然被描绘成一个裸体的女人,以象征其简单性和超越性,或许也是为了暗示自然向沉思它的人揭示自己。[④]

---

① E. Panofsky. *Essais d'iconologie*, p. 223—233.

② E. Wind, *Mystères païens de la Renaissance*, Paris, 1992. p. 157—166.

③ E. Panofsky, *La Renaissance et ses avant-courriers dans l'art d'Occident*, Paris, 1976, p. 194—195.

④ 见 W. Kemp, *Natura. Ikonographische Studien zur Geschichte und Verbreitung einer Allegorie*, Diss. Tübingen, 1973, p. 19.

图 5　提香,《乡间音乐会》(*Concert champêtre*,约 1510—1511 年)。

5. 自然过程和想象过程

通过在想象与较低的灵魂力量或自然之间建立一种密切联系，波菲利不得不认为，根据想象这一生理过程，我们可以思考巨匠造物主是如何创造可感世界的。波菲利明确肯定了这一点，他试图表明，巨匠造物主仅凭存在就能创造世界。想象不必借助于工具或机械，仅凭内视（vision intérieur）就能产生可见物。波菲利说，某种无形的、非空间的东西是可见宇宙的成因，我们对此不必感到惊讶，因为人的想象凭借自身就能在身体内部立刻产生结果：

98

> 一个人想象某种不雅的行为时会羞愧脸红。他有了危险的想法时，会面带恐惧，脸色发青。虽然这些情绪发生在身体中，但其原因却是内视，内视不用滑轮也不用杠杆，仅凭存在就能起作用。①

在某种意义上可以说，这里波菲利将一种魔法的作用即"仅凭存在"，与"滑轮和杠杆"这种机械作用对立起来。普罗提诺已经用同样的对立来定义自然的行动方式：

---

① 引自 Proclus, *Commentaire sur le Timée*, éd. E. Diehl, t. I, p. 395, 10, traduit par A.-J. Festugière, Proclus, *Commentaire sur le Timée*, t. II, p. 265.

> 我们在谈到自然的生产方式时，必须把使用杠杆的观念置于一旁。什么样的推力或杠杆能够产生各种不同的颜色和形体呢？①

波菲利还以那些被称为魔鬼的低于自然的力量的活动为例，他们能够复制想象中与之相连的空气外衣上的东西的形态。② 他们也可以产生幻觉。

在“自然魔法”传统的影响下，关于想象作用的这些观念在文艺复兴时期和浪漫主义时期产生了很大反响。③ 简而言之，在整个传统中，无论是蒙田（Montaigne）、帕拉塞尔苏斯（Paracelsus）、布鲁诺、雅各布·波墨（Jacob Boehme），还是像诺瓦利斯（Novalis）、巴德（Baader）④这样的德国浪漫派，都认为想象具有一种魔法的力量，只要有形象出现，想象就能起作用，这与机械

99

---

① Plotin, *Ennéades*, III, 8 [30], 2, 3—6.

② Porphyre, *Sur l'animation de l'embryon*, p. 42, 6 ss. Kalbfleisch, trad. par A.-J. Festugière, *La Révélation d'Hermès Trismégiste*, t. II, p. 277.

③ A. Faivre, "L'imagination créatrice (fonction magique et fonction mythique de l'image)", *Revue d'Allemagne*, 13(1981), p. 355—390 对这一传统作了有趣的考察。

④ 见 Montaigne, "De la force de l'imagination", *Essais*, livre I, chap, xxi; 关于帕拉塞尔苏斯，见 A. Koyré, *Mystiques, spirituels et alchimistes du XVIe siècle allemand*, Paris, 1955, p. 58; 关于布鲁诺，见 R. Klein, "L'imagination comme vêtement de l'âme chez Marsile Ficin et Giordano Bruno", p. 74 ss.; 关于波墨，见 A. Koyré, *La philosophie de Jacob Boehme*, Paris, 1929 (2e éd. 1978), p. 263; 关于诺瓦利斯和巴德尔，见 A. Faivre, "L'imagination créatrice", p. 375—382.

定律相反。[1] 它所产生的图像具有一种准存在性,并且趋向于存在,无论它们是由人的想象产生出来的,还是由造物主的想象产生出来的。想象已经在某种意义上使事物变成实在的了。

在这个传统中,从中世纪一直到浪漫主义时期,人们认为思想和想象中有一种无形的力量,能够产生可见的结果。正如罗吉尔·培根(Roger Bacon)遵循阿维森纳(Avicenna)在13世纪所说:"自然服从灵魂的想法。"[2]

这些表述在浪漫主义时期仍然大量存在,我只举一例:[3]歌德在小说《亲和力》(*Les affinités électives*)中描述的一次通奸。在妻子夏绿蒂(Charlotte)怀中,爱德华(Édouard)想到的是奥狄莉(Odile);而在丈夫爱德华怀中,夏绿蒂想到的是上尉;他们的孩子则与两个不在场的人类似。[4]

在波菲利那里,想象作为灵魂的身体,以及由此引出的神话知识,还有《迦勒底神谕》(*Oracles chaldaïques*)所规定的魔法实践,都是为了拯救这个星界身体,使之摆脱添加上去的一层层越来越不纯净的外衣,后者表现了灵魂的贬抑和低劣。因此,在新柏拉图主义者看来,与想象密切联系在一起的自然乃是引诱和迷惑灵魂的各种幻景之所。这些幻景是自然的魔法,是各种形

---

① Novalis, *Le brouillon général*, Paris, 2000, § 826, p.215:"想象是……一种超越机械的力量。"

② R. Bacon, *Opus tertium*, éd. Brewer, Londres, 1859, p.95—96.

③ A. Faivre, "L'imagination créatrice".

④ Goethe, *Les affinités électives*, dans Goethe, *Romans*, Paris, Bibliothèque de la Pléiade, 1954, I, 11, et II, 11, p.219 et 337.

态及其引起的爱所施的魔咒。[1] 而在近代，尤其是自波墨以来，想象逐渐失去了其低劣性，最后成了一种源于上帝本身的创造性力量。[2] 100

就这样，在西方思想中，波菲利在自然、神话和想象之间建立起的密切联系为一个巨大的思想领域开辟了道路，我将在本书中继续对它进行考察。

① 见本书第十章。

② 见 A. Koyré, *La philosophie de Jacob Boehme*, p. 214, 218, 481.

第七章　异教的守护者

1. 自然、神灵和传统崇拜仪式

101　　努梅尼奥斯梦见厄琉西斯[1]的女神们在出卖自己的肉体，因为他从哲学上解释了她们的秘仪。讲述了努梅尼奥斯的故事之后，马克罗比乌斯继续引用波菲利：

> 这表明众神在多大程度上总是倾向于按照古人对大众讲述的神话来被认识和尊崇，认为自己有形象和雕像（但他们与这些形态绝对格格不入），有年纪（但他们并没有年龄的增减），有神圣的衣服和装饰（但他们并没有身体）。[2]

---

① 见本书第六章。

② Macrobe, *Commentaire au Songe de Scipion*, I, 2, 20, p.9 Armisen-Marchetti.

这一叙事中出现了一个新的要素：与各种自然力量相对应的神灵坚持按照当地的传统崇拜仪式来尊崇自己。这意味着，一方面，哲学家在谈及自然时，必须保留传统上与自然的元素和力量相关联的神灵的名字，另一方面，如果像基督徒那样放弃传统崇拜仪式，那就意味着禁止自己认识自然。传统宗教是形象中的物理学(physique en image)，这些形象是在神话和神像中展示给人的。它是神灵在人类起源时所揭示的一种神话物理学，只有智者通过寓意解释才能理解其含义。 102

初看起来，这种观念可能显得荒谬不羁。希腊的宗教仪式与自然认识有何关系？我们如何能够设想，同时以生命形态、神像和宗教仪式包裹自己的自然是同一个自然？然而，我们经过思考就会发现，由于各种宗教给神灵赋予了人、动物或植物的形态，所以古代哲学家有理由怀疑，体现在自然的可感形态和神灵雕像之中的是否是同一种无形的力量。此外，现代博物学家已经发现，生命形态有一种炫耀性，动物王国中也存在着仪式和典礼。因此，现代哲学家可以承认，自然物的某些行为与宗教仪式之间存在着某种关系。我们也可以设想人类的仪式与自然的仪式之间存在着一种连续性。我们难道不是能够设想，一切可被视为传统的、人工的和任意的东西——仪式、神话、小说、艺术、诗歌、宗教——均已预先写在自然的生命形态及其行为的创生过程之中了吗？因此，人类的创造性想象会延伸自然创造形态的能力。 103

让我们回到波菲利。通过引用赫拉克利特的箴言“自然爱隐藏”,他不仅希望表明关于自然的讲述必须是神话,而且希望证明,与正在开始积聚力量的基督教相反,传统的多神论以及整个古代文明连同其庙宇、雕像、悲剧和诗歌都是正当的。

如果构成自然的无形的神性力量都隐藏在可见形态下面,那么它们也隐藏在传统崇拜仪式和秘密下面。不仅如此,波菲利似乎把宗教仪式的神秘性与魔鬼所固有的掩饰联系起来。自然之所以隐藏,是因为构成自然的神灵的灵魂和魔鬼的灵魂需要有形的存在,因此必须首先以一种神话方式来认识。魔鬼本身就爱隐藏,宗教仪式的象征意义与魔鬼的这种特性是对应的:

> 通过某些虚构的特异景象,统治自然的魔鬼向清醒或沉睡的我们显示其异禀:他们可以给出模糊难解的神谕,用彼物表明此物,借助于有形的相似物使无形的东西显现,通过相应的形象引起其他事物。这些步骤给入会仪式补充了神圣的仪式和神秘的戏剧,这些戏剧通过其秘密和不可知的一面对初入会者的灵魂产生作用。[1]

在扬布里柯(Jamblique)那里,魔鬼显示为对自然的秘密心

---

① Proclus, *Commentaire sur la République*, t. I, p. 107, 8 Kroll; t. III, p. 50 Festugière. 正如 Festugière 在 p. 49, n. 3 表明的那样,这段话源自普罗克洛斯。

怀嫉妒的看护者——这些秘密隐藏在无法言说的秘密中，比如伊西斯的秘密或阿比多斯(Abydos)[①]的秘密，因为他说，宇宙的组织从一开始就包含在这些秘密中： 104

> 地界的魔鬼无法容忍那保藏宇宙的东西(我指这样一个事实，即不可言说的事物总是隐藏着的，神灵那不可言说的本质总有一份相反的命运)不是这样，或者被泄露出去。[②]

于是，"那保藏宇宙的东西"指的是自然的秘密不能揭开示人。因此在魔法中，通过发出威胁，比如威胁要透露伊西斯的秘密或揭示阿比多斯的秘密，可以恐吓魔鬼，使之就范。[③]

2. 为异教和宽容辩护：特米斯修斯和西马库斯(Symmaque)

于是，赫拉克利特的箴言也被用来为异教辩护。这种辩护是含糊不清的：一方面，它旨在维护对祖先神的崇拜，但另一方

① 关于阿比多斯的秘密，见 É. des Places 的评注(见之后的注释)，p.186，n. 2。根据古埃及传统，奥西里斯的尸体埋葬在上埃及的阿比多斯城。

② Jamblique, *Les mystères d'Égypte*, VI, 7, éd. et trad. É. des Places modifiée, Paris, 1966, CUF, p.248, 11 ss. (文本边码)。

③ 见 F. W. Cremer, *Die chaldäischen Orakel und Jamblich De mysteriis*, p.13, n. 49, F. W. Cremer 认为这些观念受到了《迦勒底神谕》的影响。

面，神灵隐藏在生命形态、神话和仪式之中，它从这种遮掩中看出了自然的一种诡计，即渴望以美丽的可感形态和可爱的神话故事来取悦人类的感官。和自然本身一样，对神灵的崇拜毫无疑问是宇宙秩序的一部分，但是在哲学家看来，它的级别较低。即使服从当地的习俗，哲学家也宁愿做最高的神的祭司，最高的神既没有雕像，也没有神话。[1]

105

波菲利之后半个世纪，为了给异教作辩护，柏拉图主义哲学家和异教徒特米斯修斯同样引用了赫拉克利特的箴言。值得注意的是，364 年 1 月 1 日，时值身为基督徒的皇帝约维安(Jovien)就任执政官之际，特米斯修斯在君士坦丁堡发表演讲时做了这一引用，[2]借此机会为宗教宽容做了辩护。他巧妙地称赞皇帝尊重上帝的律法，使每一个人的灵魂都有权选择自己的道路来表达虔敬。[3] 特米斯修斯说，虽然目标只有一个，但通向目标的路径各有不同。荷马不是说“每一个人都供奉给一个不同的神”吗？[4] 他继续说：

---

① Porphyre, *De l'abstinence des animaux*, II, 49, trad. J. Bouffartigue et M. Patillon, Paris, 1979, CUF, p. 114.

② 讲演的大部分译文可见：G. Dagron, “L'Empire romain d'Occident au IVe siècle et les traditions politiques de l'hellénisme. Le témoignage de Thémistios”, *Travaux et Mémoires*, Centre de recherches d'histoire et civilisation byzantines, t. 3, Paris, 1968, p. 168—172(p. 170).

③ Thémistius, *À Jovien, à l'occasion de son consulat*, 69 b 3, éd. Dindorf, 1832(réimpr. Hildesheim, 1961), p. 82, 10. 也见 *Discours sur les religions*, *ibid.*, 159 b, p. 194.

④ Homère, *Iliade*, II, 400.

根据赫拉克利特的说法,**自然爱隐藏**。而在她之前的自然的创造者,我们最为尊敬和赞叹的巨匠造物主,也是如此,因为我们所能获得的关于他的知识并不容易,也不是一目了然的:我们不可能毫无困难地获得这种知识,也不能一蹴而就。①

这里,特米斯修斯把两个古代权威结合在了一起:赫拉克利特与柏拉图。柏拉图曾经说,发现宇宙的作者和父亲是一项伟大的壮举,一个人如果发现了他,是不可能把他透露给所有人的。② 不仅自然及其低等的神灵隐藏了起来,而且造就它们的巨匠造物主自己也隐藏了起来。因此,在宗教领域是不可能获得确定性的:人类尊崇神的所有努力都有同等的价值。几年后的 384 年,这一辩护主题将被用在拉丁西方,当时异教徒长官西马库斯反对皇帝决定把胜利女神祭坛(l'autel de la Victoire)从罗马元老院大厅移出去: 106

我们沉思同样的星星,所有人共有一片天,周围是同一个世界。每一个人沿何种智慧之路寻求真理有什么要紧?单凭一条道路无法企及这样一个伟大的奥秘。③

---

① 这一众所周知的表述见 Platon, *Le sophiste*, 226 a,其中引用了"无法一蹴而就",意指必须为此竭尽全力。

② Platon, *Timée*, 28 c.

③ 拉丁文本见 Prudence, *Psychomachie*, *Contre Symmaque*, trad. Lavarenne, Paris, 1963, p. 110(*Relatio Symmachi*, § 10).

这段令人赞叹的文字可能也受到了赫拉克利特箴言的启发，在这个声称拥护宗教纷争的第三个千年开始之际，应当用金色的字母将它镌刻在教堂、犹太会堂、清真寺和庙宇中。

超越的神想要的正是这种多元的宗教形式和智慧途径。和普罗提诺一样，特米斯修斯也认为，正是因为有多个特殊的神，我们才瞥见了最高的神的超越性。①

特米斯修斯的辩护和波菲利的辩护之间有某种差异。对波菲利而言，自然及其低等的神灵希望以传统的神话形式和希腊罗马的宗教仪式来得到尊崇，这是他们已经选定并且给古代圣贤规定好的。而根据特米斯修斯的说法，神灵无论高低，对于各种途径都没有偏爱，他们同意通过不同路径来得到尊崇。

3.“秘仪术”(télestique)：皇帝尤里安

107 两年前，也就是公元 362 年，尤里安皇帝也曾引用赫拉克利特的箴言，不过是本着一种完全不同的精神：

> 自然爱隐藏，她不能容忍关于神灵本质的秘密被不纯洁的耳朵赤裸裸地听到。②

---

① Plotin, *Ennéades*, II, 9 [33], 9, 35.

② Julien, *Contre Héracleios*, 11, 216 b-d, p. 59 Rochefort.

我们清楚地看到，这里引用赫拉克利特的箴言是为了给异教辩护。这句引文的结尾表明了这位皇帝所说的"自然爱隐藏"的意思。对尤里安而言，它意味着必须以一种神秘的、谜一般的象征方式来言说神灵，从而使神灵的本质不被"赤裸裸地"表达出来。这些赤裸裸的话不能让不纯洁的耳朵听到，只有那些得到净化的人才有权通过寓意解释来发现神话和仪式的深刻含义。这里我们再次看到了波菲利所讲述的努梅尼奥斯之梦的教益。

和波菲利一样，尤里安也想知道神话叙事适合于哲学的哪一个分支。但和波菲利不同，他明确指出，作为哲学的"科学"部分，无论是物理学、逻辑还是数学，都不允许使用神话。只有伦理学以及神学的秘仪(télestique)部分和神秘部分才能以各自的方式使用神话叙事。[①]

尤里安所说的神学的秘仪部分和神秘部分是什么意思呢？这两个形容词很可能是同义词，因为稍后，在援引扬布里柯的支持时，尤里安将"秘仪术"与创立了最神圣的入会仪式(即厄琉西斯秘仪)的俄耳甫斯(Orphée)联系了起来。[②] 这些秘密中有启示(*legomena*)、仪式(*drômena*)、典礼和戏剧作品。事实上，"秘仪术"一词的含义并不明确，因为在《太阳神的赞诗》(*Sur Hélios-Roi*)中，尤里安使用这个词时提到了一种关于太阳在宇宙中位

108

① 另见 Proclus, *Commentaire sur la République*, t. I, p. 81, 12 Kroll; t. I, p. 97—98 Festugière; et t. I, p. 84, 26 Kroll; t. I, p. 101 Festugière.

② Julien, *Contre Héracleios*, 12, 217c, p. 60 Rochefort.

置的理论，他将这种理论归于《迦勒底神谕》，同时补充说，“那些肯定这些理论的人说，他们是从神灵或魔鬼那里得到这些理论的”，因此是通过神的启示得到的。[①] 这个词还可以指仪式或典礼，[②]要么是传统宗教的那些仪式或典礼(这似乎清楚地出现在亚历山大的希罗克洛斯[Hiéroclès d'Alexandrie]的著作中，他受到扬布里柯的影响，认为秘仪术包括与当地神灵有关的所有仪式)，[③]要么是俄耳甫斯的秘密和诗歌或者《迦勒底神谕》的那些仪式或典礼。然而，如果我们把尤里安的文本继续读下去就会看到，他说的是魔法符号和象征的“无法言说性和未知性”，[④]由于与神灵之间有亲和力，这些符号和象征能够“照顾灵魂和身体，招来神灵”；[⑤]换句话说，他说的是神灵的显现。正如皮埃尔・布瓦扬塞(Pierre Boyancé)所表明的，[⑥]这意味着秘仪术与利用符号和象征密切相关，比如图画、字母和符号公式，它们被

---

① Julien, *Discours sur Hélios-Roi*, 28, 148 a-b, p. 124 Lacombrade.

② 见 Platon, *Phèdre*, 265 b，其中将秘仪与狄奥尼索斯联系起来。

③ 见 I. Hadot, "Die Stellung des neuplatonikers Simplikios zum Verhältnis der Philosophie zu Religion und Theurgie", *Metaphysik und Religion*, Akten des internationalen Kongresses vom 13—17 März 2001 in Würzburg, éd. par Th. Kobusch et M. Erler, Munich-Leipzig, 2002, p. 325，引用了 Hiéroclès, *Commentaire des Vers d'Or*, XXVI, 26, p. 118, 10 Köhler. 在 Mario Meunier 的译本(Hiéroclès, *Commentaire sur les Vers d'Or des pythagoriciens*, Paris, 1979, p. 330)中，“télestique”被代之以“initiatique ”。

④ 见 H. Lewy, *Chaldaean Oracles and Theurgy*, Paris, 1978, p. 252—254.

⑤ Julien, *Contre Héracleios*, 11, 216 c, p. 61 Rochefort; 见 Hermias, *Commentaire sur le Phèdre*, p. 87, 6 Couvreur.

⑥ P. Boyancé, "Théurgie et télestique néoplatoniciennes", *Revue de l'histoire des religions*, 147(1955), p. 189—209.

置于神像内部或外部，确保神灵存在于这些雕像之中。[1] 因此在普罗克洛斯那里，秘仪术与赋予雕像以生气密切相关。[2]

这些都是柏拉图主义的传统概念。人们认为，厄琉西斯秘仪、一般的崇拜仪式、雕像形态以及雕像上的装饰和符号都是圣贤们在远古时期结合宇宙选定的。[3] 这种柏拉图主义观念首先出现在瓦罗(Varron)那里，他断言，古代圣贤选择了神灵的雕像形态和他们的属性，当我们用身体的眼睛来沉思他们时，可以看到世界灵魂及其组成部分，即真正的神灵。稍后，比如在普罗提诺那里，我们看到了这样一种观念，即昔日的圣贤希望享有神灵的存在，他们在沉思万物的本性时，看到世界灵魂可能无处不在。万物只要造出某个对象，经由同感(sympathie)而接收世界灵魂的一部分，就很容易接收世界灵魂。在这里，特殊的神灵再次显示为世界灵魂的流溢，神灵的雕像确保了神灵的存在，只要雕像中有某种东西与世界灵魂是同感的。[4] 波菲利的文本提到了赫拉克利特所说的自然的隐藏，在他的文本中，神灵与世界灵魂是密切相关的，传统宗教是形象中的物理学。

---

① 见 Proclus, *Commentaire sur le Timée*, t. I, p. 273, 10 Diehl; t. II, p. 117 Festugière. 关于这一主题，见 I. Hadot, "Die Stellung des neuplatonikers Simplikios", p. 327.

② 见 C. Van Liefferinge, *La théurgie. Des* Oracles chaldaïques *à Proclus*, Liège, 1999, p. 268.

③ P. Boyancé, "Théurgie et télestique néoplatoniciennes" 认为这是一种俄耳甫斯传统。

④ Varron, dans Augustin, *La Cité de Dieu*, VII, 5; Plotin, *Ennéades*, IV, 3 [27], 11.

在新柏拉图主义看来，这些做法和祖先的仪式是为了净化灵魂的载体，即它的不同外衣或身体，以使灵魂能够朝着神灵和最高的神上升。[1] 尤里安有意不去明确定义这种“秘仪的和神秘的”神学，但我们可以猜想，他的这一表述指的是一套同时涉及灵魂和身体的程序：前者在于对神话作一种教诲性的解释，后者在于举行传统的和神秘的仪式。因此，一方面，灵魂的星界身体会得到净化，另一方面，灵魂会朝着最高的本原上升。尤里安写道，神话当中显得悖谬和荒谬的东西

> 不会使我们安宁，直到在神灵的指导下，光明似乎导入了或者更确切地说是完善了我们的理智以及我们内部那种高于理智的东西：对太一－善的那一点点分有，它未经分割地拥有一切，由于太一－善——高于一切物质并与物质相分离的超越性的东西——的存在而汇集在祂之中的灵魂的那种圆满(plérôma)。[2]

此时我们可能会认为尤里安暗示了最后这一点。在这里，尤里安似乎肯定想到了一种神的光照，它会导致与最高本原的合一。

因此，根据晚期新柏拉图主义者的说法，秘仪术神学首先包

---

① 关于这一主题，见 Hiéroclès(*Commentaire sur les Vers d'Or*, XXVI, 7, 21 et 24, p.113—117 Köhler), I. Hadot 翻译并注释，载 Simplicius, *Commentaire sur le Manuel d'Épictète*, Paris, 2001, introduction, p. CLII-CLVI.

② Julien, *Contre Héracleios*, 12, 217 d, p.61 Rochefort.

括一种神话讲述和宗教仪式，这些宗教仪式是俗人可以理解的，而且会以一种无法解释的方式把他们与神的存在至少是较低神灵的存在联系起来。[①] 然而在哲学家看来，通过寓意解释来阐明的这些符号公式和动作使他能够达到更高的神灵。

波菲利认为，只有哲学，也就是灵性努力，而不是神话或仪式，才能使我们实现与超越的神的合一。尤里安明确接受扬布里柯的学说，认为人的灵魂过深地沦落到物质之中，以致无法凭借自己的力量实现这一最高目标。它需要神的帮助，也就是神话的启示，以及由神灵所规定的仪式和祭祀。因此，就像尤里安和之后的普罗克洛斯一样，我们在扬布里柯及其门徒那里看到了神话地位的提升。神话不再被降格为神学的较低部分，就像在波菲利那里一样，而是可见于神学的较高部分，以领悟最高的秘密。[②]

111

新柏拉图主义者想保护传统宗教不受基督教的侵袭，因为他们真诚地相信，对神灵的崇拜与保存宇宙的世界灵魂的行动密切相关。于是，他们使赫拉克利特的箴言成为一种代表异教徒反应的口号。尼采说，基督教是一种民众的柏拉图主义。[③] 对于新柏拉图主义者而言，异教的神话和仪式也是一种民众的柏拉图主义，或者更确切地说，是一种隐秘的物理学。

---

① Proclus, *Commentaire sur la République*, t. II, p. 108, 18 Kroll; t. III, p. 51 Festugière.

② *Ibid.*, t. I, p. 82 Kroll; t. I, p. 98 Festugière.

③ Nietzsche, *Par-delà bien et mal*, Préface, NRF t. VII, p. 18.

第八章 “希腊的众神”

1. 基督教世界中的异教神话:中世纪

112 可以说,新柏拉图主义者确保异教在基督教世界幸存了几个世纪,这里的异教不是作为一种宗教,而是作为一种诗意的神圣语言,使这个世界能够谈论自然。也许有人会说,这只是一种语言,而且从根本上说,众神只是隐喻罢了。然而,隐喻永远也不是清白无辜的,它是一整套形象、感受和内在性情的载体,对思想有一种无意识的影响。前面我曾讨论过马克罗比乌斯对《西庇阿之梦》(*Le Songe de Scipion*)的评注,其中包含有波菲利的柏拉图《理想国》评注中一段话的译文。由于马克罗比乌斯的评注影响广泛,关于自然、神话和诗歌之间联系的波菲利主题给西方思想留下了深刻印记。[1] 令人惊讶的是,在整个基督教时

① 见本书第四至第六章。

代，异教神话在很大程度上为绘画、雕塑、戏剧、诗歌、歌剧甚至哲学提供了主题和题材。这里我并不试图重写让·塞兹内克(Jean Seznec)的卓越著作《古代众神的幸存》(*La survivance des dieux antiques*)，[①]而只是指出马克罗比乌斯的评注中波菲利那段话的影响。这段话在中世纪非常流行，尤其体现在所谓的12世纪文艺复兴时期沙特尔学校(l'école de Chartres)的柏拉图主义者那里。这些哲学家回到了对古代作者的经院解释：他们诠释了柏拉图的《蒂迈欧篇》，马克罗比乌斯对西庇阿之梦的评注，以及波埃修(Boèce)的《哲学的慰藉》(*Consolation de philosophie*)。他们和马克罗比乌斯一样，主张为了言说自然，就必须使用神话，也就是传统的异教神话。他们经常把这些神话称为"衣服"(*integumenta*)、"外衣"或"包裹"(*involucra*)。[②] 例如，贝尔纳·西尔维斯特(Bernard Silvester)在12世纪中叶写的关于马提亚努斯·卡佩拉(Martianus Capella)的评注中提到了马克罗比乌斯：

113

正如马克罗比乌斯所表明的，神话的衣服[*integumen-*

① J. Seznec, *La survivance des dieux antiques. Essai sur le rôle de la tradition mythologique dans l'humanisme et dans l'art de la Renaissance*, Londres, 1940(nouvelle éd., Paris, 1980). 见 E. Garin, *Moyen Âge et Renaissance*, Paris, 1969, p. 56—73 的评论。

② M.-D. Chenu, "La notion *d'involucrum*: le mythe selon les théologiens médiévaux", *Archives d'histoire doctrinale et littéraire du Moyen Âge*, 22(1955), p. 75—79. 也见 P. Dronke, *Fabula*, p. 56, n. 2.

ta]在哲学阐释中并非处处被接受。只有讨论的主题是位于天界或空气中的灵魂或力量时,它才能找到自己的位置。①

于是,异教神话被用来描述物理现象。沙特尔学校的哲学家孔什的威廉根据柏拉图的说法,②认为法厄同(Phaéthon)的故事指的是占星学和气象学的现象。法厄同是太阳神的儿子,因为不知道如何驾驶父亲的马车而把地球上的所有东西都点着了,后被父亲的闪电击中身亡。孔什的威廉是这样解释这个故事的:过多的热摧毁了地球上的所有东西,最终热量耗尽,气候重又变得温和。③ 在讨论孔什的威廉的主题时,还应提到他对塞墨勒(Sémélé)神话的解释。④ 塞墨勒要朱庇特将所有的辉煌神力显示给她。朱庇特展示了他的闪电,塞墨勒在火焰中死去,而她所怀的孩子巴克斯(Bacchus,酒神)得到了拯救。这意味着,夏天闪电和雷落在地上,穿透空气的中介,使一切东西干涸,但不能阻止葡萄树生长和酿出葡萄酒。显然,这样的解释很难

114

---

① B. Silvestre, *Commentaire sur Martianus Capella*, publié par É. Jeauneau, *Lectio Philosophorum. Recherches sur l'école de Chartres*, Amsterdam, 1973, p.40. 也见同上书,É. Jeauneau, le chapitre "L'usage de la notion d'*integumentum* à travers les gloses de Guillaume de Conches", p. 127—192. 见 Abélard, *Introductio in Theologiam*, I, 19, PL 178, col. 1021—1023.

② Platon, *Timée*, 22 c.

③ É. Jeauneau, "L'usage de la notion d'*integumentum*", p.155.

④ *Ibid.*, p.152.

使自然知识有很大进步。但我们注意到两点：一方面，基督教著作继续提到异教神话，另一方面，作为一种与自然有关的教诲，它以物理的方式得到解释。

此外，贝尔纳·西尔维斯特用“衣服”(*integumenta*)一词来指旨在解释自然现象的神话，就像柏拉图的《蒂迈欧篇》那样(神话揭示了隐藏在传说故事背后的真正含义)，而不是专属于解释《圣经》文本的寓言(*allegoria*)(寓言用真实的历史叙事揭示了一种新的含义)。我们在但丁那里再次看到了这种区别。① 它对应于上帝所写的两本书之间的对立，即《圣经》和自然。只有使用寓意解释，两者才能得到解释。就《圣经》而言，寓意解释涉及的是《圣经》文本，就自然而言，寓意解释涉及的是神话。② 我们要记得，这个自然在中世纪被设想成一种力量，它从属于上帝，但享有一定的自治性。 115

有趣的是，孔什的威廉非常了解波菲利的神话观所蕴含的双重真理论。他写道：

> 只有智慧的人才能通过对神话的解释来知晓众神的秘密。至于俗人和愚蠢的人，则必须对此一无所知，因为如果

---

① J. Pépin, *La tradition de l'allégorie*, Paris, 1987, p.278.

② 关于这些隐喻，见 E.R. Curtius, *Littérature européenne et Moyen Âge latin*, trad. J. Bréjoux, Paris, 1986, chapitre 16, § 7. 也见 H. Blumenberg, *Die Lesbarkeit der Welt*, chap. VII, “Gottes Bücher stimmen überein”, Francfort, 1981, p.68—85.

俗人[*rusticus*]知道，刻瑞斯仅仅是地球使庄稼生长和增多的精神力量，巴克斯仅仅是地球使葡萄树生长的自然力量，这些人就可能因为不再惧怕被视为神的巴克斯或刻瑞斯而做出可耻的行为。①

2. 文艺复兴时期

我们在文艺复兴时期也遇到了波菲利的神话理论，比如波利齐亚诺(Politien)“称赞用神话和谜的神秘形式来传播哲学知识，……从而使厄琉西斯的女神们的宗教秘密不被亵渎”。② 类似的想法也出现在皮科·德拉·米兰多拉(Pic de La Mirandole)的著作中，他还认为基督教的秘密与异教的秘密之间有一种隐藏的和谐。③ 和在中世纪一样，神话是诗意的物理学。不过在中世纪，神话中的神仅仅是与物质实在相对应的名称或隐喻。而在文艺复兴时期，神却是给宇宙赋予生气的无形力量的名称或隐喻，因此他们有一种准人格性。于是我们看到了异教的一种更新，不过这是一种新柏拉图主义的异教，我曾经说过，④它其实是一种

116

① 拉丁文本见 P. Dronke, *Fabula*, p. 74—75.

② E. Wind, *Mystères païens de la Renaissance*, p. 179, n. 51.

③ *Ibid.*, p. 29—37.

④ *Histoire des religions*, t. II, Encyclopédie de la Pléiade, Paris, 1972 (réimpr. 2001), p. 96 (repris dans P. Hadot, *Études de philosophie ancienne*, p. 357).

“等级化的一神教”，单一的神力弥漫于其中，并以等级化的较低形式传播，在整个自然中起作用——因此，这种异教可以与基督教很好地共存。15 世纪上半叶，斯巴达附近的密斯特拉(Mistra)出现了这种异教的复兴。在那里，盖弥斯托斯·普勒托(Gémiste Pléthon)和皇帝尤里安一样提出了新柏拉图主义异教的一套完整纲领，特别是再次延续了新柏拉图主义的法术和秘仪术。[①] 比如 15 世纪的菲奇诺将科学最初迈出的没有把握的步伐与对古代神话的寓意解释联系起来。[②] 现在，神不仅是诗意的象征，而且也是组织世界的力量，世界本身就是按照一种诗意的秩序来安排的。正如欧金尼奥·加林(Eugenio Garin)所正确指出的，在诗人那里，诗歌成了“对神化身为自然的颂歌。……古代神灵变成了赋予宇宙以生气的力量，这种转变使歌曲和散文有了一种不同寻常的‘宗教’意味”。[③]

不仅如此，我们看到 16 世纪出现了一些神话手册，收集了对异教神话的寓意解释(不仅有道德的，还有物理的)以及众神的形象，比如吉拉迪(Giraldi)的《众神的历史》(*Histoire des dieux*，1548)，纳塔莱·孔蒂(Natale Conti)的《神话集》(*La mythologie*，1551)以及温琴佐·卡尔塔利(Vincenzo Cartari)的《众

---

① 见 F. Masai, *Pléthon et le platonisme de Mistra*, Paris, 1956. 关于普勒托和《迦勒底神谕》，见 B. Tambrun Krasker, *Oracles chaldaïques, recension de Gémiste Pléthon*, Athènes-Paris-Bruxelles, 1995.

② A. Chastel, *Marsile Ficin et l'art*, Paris, 1954, p. 136—156.

③ E. Garin, *Moyen Âge et Renaissance*, p. 68.

神的形象》(*Les images des dieux*, 1556)。特别是,纳塔莱·孔蒂继续沿用 *integumentum* 一词在中世纪的用法,正如让·塞兹内克指出的,他认为"从最早的时代以来,埃及思想家和希腊思想家都有意把科学和哲学的伟大真理掩藏在神话的面纱之下,以使其免受俗人的亵渎。……神话收集者的任务是重新发现其原有的内容"。①

17世纪初,隐藏在异教神学中的自然教诲观念仍然很盛行,即使是近代科学的理论家弗朗西斯·培根,也在《论古人的智慧》(*De la sagesse des anciens*)中大量使用了纳塔莱·孔蒂的手册。② 在培根那里,除了道德解释,我们还看到一种使物理现象与神话人物对应起来的寓意解释:乌拉诺斯、克罗诺斯和宙斯之间的统治权之争代表世界的诞生;厄洛斯(Éros)是原始物质,潘(Pan)是自然,普洛塞耳皮娜是地球的创造性能量,普罗透斯(Protée)则是形态多样的物质。

异教的神灵也继续出现在各种艺术中,比如赞美太阳王的凡尔赛宫的雕像所表达的观念,再现神话场景的娱乐以及音乐中的嬉游曲,这一传统可以追溯到古代。

从16世纪到18世纪,以神灵、女神、山林仙女和水泽仙女的形态表现出来的自然现象的拟人化将对人们的自然感受产生强大影响,仅法国就可举出从皮埃尔·德·龙萨(Pierre de Ron-

---

① J. Seznec, *La survivance des dieux antiques*, p. 222.

② 关于这一主题,见 Ch. W. Lemmi, *The Classical Deities in Bacon. A Study in Mythological Symbolism*, Baltimore, 1933.

sard)到安德烈·谢尼埃(André Chénier)的一系列人物。

3. 席勒的"希腊的众神"

随着精确科学的兴起,17 世纪开始了自然的机械化运动, 118 这种运动渐渐得到强化。在 18 世纪末的 1788 年,即法国大革命前一年,席勒在《希腊的众神》一诗中从自然知觉的演变角度对古代众神的离去发出了凄美的悲叹。① 这里我只能引用其中几节,并给出简短的评论,这首诗从根本上见证了工业时代开始时自然知觉的转变。

被神力赋予生气的自然这一神话在现代世界中不复存在,这是诗的前三节悲叹的主题。在古代,由于自然被认为富有情感,从而具有灵魂,所以自然有一种"更高的高贵性",然而从那时起,她的所有情感和意识都被逐渐剥夺。那时,一切都被包裹在"诗歌的迷人外衣"之下:

一

当你们还在统治美丽的世界,

---

① 这段译文引自 R. d'Harcourt, Schiller, *Poèmes philosophiques*, Paris, 1954. [中译文引自钱春绮译本,并略作改动。——译注]另见一篇有趣的文章:W. Theiler, "Der Mythos und die Götter Griechenlands", Mélanges W. Wili, *Horizonte der Humanitas*, Berne, 1960, p. 15—36(repris dans W. Theiler; *Untersuchungen zur antiken Literatur*, Berlin, 1970, p. 130—147),它从 W. Otto 神话理论的角度研究了席勒的诗歌。

还在领着那一代幸福的人，
使用那种欢乐的轻便的引带，
神话世界中美丽的天神！
那时还受人崇拜，那样荣耀，
跟现在相比，却有多大的变化！
那时，还用花环给你祭庙，
啊，维纳斯阿玛土西亚。[①]

二

119 那时，还有诗歌的迷人外衣
裹住一切真实，显得美好，
那时，万物都注满充沛的生气，
从来没有灵魂的，也有了灵魂。[②]
人们把自然拥抱在爱的怀中，
给自然赋予一种高贵的意义，
万物在方家们的慧眼之中，
都显示出神的痕迹。

---

① 阿玛土西亚是塞浦路斯岛南岸的一座城市，那里有一座维纳斯的庙宇。W. Theiler, "Der Mythos und die Götter Griechenlands", p.34, n. 59 正确地认为，席勒在 Ovide, *Amour*, III, 15, 15: *Culte puer puerique parens Amathusia culti* ("可爱的孩子[即丘比特]，还有你，阿玛土西亚的女神，这个孩子的母亲")中找到了这位维纳斯。

② 灵魂被赋予了没有灵魂的东西。

三

现代学者解释，太阳不过是
没有生命的火球，在那儿旋转，
那时却说是日神赫利俄斯，
驾着黄金的马车，沉静威严。
曾有个树精在那棵树上居住，
曾有些山精住满这些山头，
曾有可爱的水神，放倒水壶，
倾注银沫飞溅的泉流。[①]

以下三节对异教崇拜和与众神为伴的古代生活做了一种田园牧歌式的描写。诗的最后悲叹了自然无法改变的机械化：

十二

美丽的世界，而今安在？大自然
美好的盛世，重回到我们当中！
可叹，只有在诗歌仙境里面，
还寻到你那神奇莫测的仙踪。
大地悲恸自己的一片荒凉，
我的眼前看不见一位神灵，

---

① 在 *Taille de l'homme*, Paris, 1935, p. 34—44 这本书中，C.-F. Ramuz 在一次登山途中召来了众泉流女神，仿佛能够亲眼目睹她们一样。

120　唉，那种温暖的生气勃勃的形象，
只留下了幻影缥缈。

十三

那一切花朵都已落英缤纷，
受到一阵阵可怕的北风洗劫；
为了要抬高一位唯一的神，
这个多神世界只得消灭。
我望着星空，我在伤心地找你，
啊，塞勒涅，[1]再不见你的面影，
我在树林里，我在水上唤你，
却听不到任何回音！

十四

被剥夺了神道的这个大自然，
不复知道她所赐予的欢欣，
不再沉迷于自己的妙相庄严，
不再认识支配自己的精神，
对我们的幸福不感到高兴，
甚至不关心艺术家的荣誉，
就像滴答的摆钟，死气沉沉，

---

① 即月亮。

屈从铁一般的规律。

十五

为了获得焕然一新的明天，

她在今天挖好自己的坟墓，

岁月总是上上下下地旋转，

绕着一个永远同样的心轴。

众神悠闲地回到诗歌世界，

尘世的凡人不再需要他们，

世人已长大，不再靠神的引带，

可以自己保持平衡。

121

正如威利·泰勒(Willy Theiler)所表明的，在第十五节的最后几行，席勒暗示了柏拉图的《政治家篇》神话(272e—274a)：有时世界的舵手引导着宇宙之船，在另一些时候，他们放弃了船舵，世界各处的神灵也放弃了曾经委托给他们照看的世界区域。① 那时世界只能自行其是，根据自身的运动来引导自己，在逐步堕落的过程中，它发生灾难和混乱的危险加剧，直到众神同意再次引导它。

十六

他们回去了，他们也同时带回

① W. Theiler, "Der Mythos und die Götter Griechenlands", p. 27.

一切至美，一切崇高伟大，
一切生命的音响，一切色彩，
只把没有灵魂的言语留下。
他们获救了，摆脱时间的潮流，
在品都斯[①]山顶上面飘荡；
要在诗歌之中永垂不朽，
必须在人世间灭亡！

席勒暗示，如果自然已经失去了神性，那么这是因为使现代科学得以发展的基督教。从此以后，太阳只是一个火热的球体，自然则仅仅是一个时钟。

我们可以正确地说，基督教为机械论自然观的发展以及自然的去神圣化做出了贡献。早在公元4世纪，波菲利之后不久，皈依基督教的弗米库斯·马特努斯(Firmicus Maternus)就已经批判了异教徒所提出的神话世界观。他问，为什么要发明阿提斯(Attis)的神话和它对种植与收获的眼泪和叹息呢？那只不过是些徒劳的仪式罢了，并不能保证丰收。农民们都知道，田间劳作才是对自然的真实解释，也是心智健全的人在整个一年里做出的真正牺牲。这便是神所追求的简单性，神遵照季节的法则来收获季节的果实。弗米库斯·马特努斯让太阳说："我之所是就是我看起来的样子；我不想让你们想象不同于我实际情况的

122

① 一座神山，诗歌之地。

任何东西。”[①]在弗米库斯看来,太阳只不过是一个炽热的球体。从基督教创世论者的角度来看,自然是由一个迥异于她并且超越于她的工匠创造出来的。作为神的作品,她不再是神性的。神不再存在于自然之中。这一意象只能支持科学家来研究自然现象的机械特征(席勒主要想到了牛顿)。当机械钟在13世纪末被发明出来之后,人们便依照这种测量工具来构想自然的运作。1377年,尼古拉·奥雷姆(Nicholas Oresme)在《论天和世界》(*Traité du Ciel et du monde*)中把天的运动描述成一个时钟的运动,该时钟是神创造出来的,根据力学定律不断运行。[②] 这则隐喻将会持续数百年,因此席勒才会就自然谈及死气沉沉的摆钟。此外,席勒的诗颇有敌意地影射了基督教:可怕的北风,相对于其他所有神抬高唯一的神(耶稣),令人惊骇的骷髅出现在垂死者床前(第九节)。这首诗的第一稿敌意更强,以致激起了民愤。[③]

123

此外,席勒不仅谴责科学家们把太阳描述成一个火球,而且谴责人类在日常生活中已经失去了对现实世界的诗意和审美的感受能力。

---

① Firmicus Maternus, *De l'erreur des religions païennes*, III 2; VIII, 1, éd. R. Turcan, Paris, 1982, p.82—83 et 96—97.

② 引自 H. Blumenberg, *Paradigmen zu einer Metaphorologie*, 2e éd., Francfort, 1999, p.104—105。

③ 见 J. Bernauer, "*Schöne Welt, wo bist du?*" *Über das Verhältnis von Lyrik und Poetik bei Schiller*, Philologische Studien und Quellen, Heft 138, Berlin, 1995, p.105—117.

我认为这首诗可以从对一个理想希腊的不实幻想来解释。从温克尔曼到席勒、荷尔德林和歌德，再到斯特凡·格奥尔格(Stefan George)和瓦尔特·奥托(Walter Otto)，这个理想中的希腊吸引着一代代德国作家。他们着迷于希腊艺术和雕像静默的美，憧憬一个充满宁静、节日、身体崇拜和灵魂和谐的世界。克劳斯·施耐德(Klaus Schneider)在其《沉默众神》(*Die schweigenden Götter*)一书中已经正确地评论了这种描述。①

席勒的诗以一句乐观的话结束：存在于神话中的自然之诗已经远去，但诗活在理想之中。

让人想起希腊众神不再统治西方人感情的并非只有席勒一人。19世纪初，诺瓦利斯在《夜颂》(*Hymnes à la nuit*)中，荷尔德林在《饼与酒》(Pain et vin)中，以及20世纪初里尔克在《致俄耳甫斯的十四行诗》(*Les sonnets à Orphée*)中(I, 24)，都宣布了希腊众神的离去。"带来美好人生众神已回归天宇"，我们的世界陷入了黑暗。② 对荷尔德林来说，基督是众神中的最后一位，他宣布，其他神灵及其带给人类的"美好人生"还会回来。事实上，

---

① Kl. Schneider, *Die schweigenden Götter*, Hildesheim, 1966, notamment p. 1—12 et 100—103. 也见 K. Borinski, *Die Antike in Poetik und Kunsttheorie*, t. II. Leipzig, 1924(réimpr. Darmstadt, 1965), p. 199—318("Antiker Naturidealismus in Deutschland bis Herder"); E. M. Butler, *The Tyranny of Greece over Germany*, Londres, 1935. 我在给 E. Bertram, *Nietzsche. Essai de mythologie*, Paris, 1990, p. 30 写的导言中提到了这些问题。

② F. Hölderlin, "Pain et vin", strophe 8, Hölderlin, *Poèmes*, trad. G. Bianquis, Paris, 1943.

席勒对《政治家篇》中众神的暗示(他们放弃船舵只是为了把它再次拿起)或许也蕴含着这种回归的希望,但这种想法尚未表达出来。 124

实际上,荷尔德林和后来的里尔克都见证了人与自然之间关系的彻底改变。到了18世纪中叶,对自然的感受与诗意的多神教之间的联系已经开始瓦解,卢梭认为,人类可以通过融入宇宙而重新发现与自然的合一。[①] 荷尔德林在《恩培多克勒》(*Empédocle*)的第一稿中明确宣布,这种诗意的多神教已经终结,"古代众神的名称"遭到遗忘,一种处理自然的不同进路出现了,用荷尔德林的话说,那就是让"世间生活把自己抓住",摆脱神话的面纱,用一种新的、天真的感觉来感受自然的存在:

> 因此,不要怕!你的遗产,你的财富,
> 从父辈口中听来的故事和教益,
> 法律和习俗,古代众神的名字,
> 勇敢地忘记它们,抬起你的眼睛,
> 如新生儿一般,凝望神性的自然。[②]

"与所有生命合一,充满喜悦地忘却自己,回到自然万物。"[③]

---

① 见本书第二十一章。

② F. Hölderlin, *La mort d'Empédocle*, Hölderlin, *Œuvres*, publiées sous la direction de Ph. Jaccottet, Paris, Bibliothèque de la Pléiade, 1967, p. 522.

③ F. Hölderlin, *Hypérion*, *ibid.*, p. 137.

荷尔德林在《许佩里翁》(*Hypérion*)中对其卢梭式的狂喜做了这样的表达。最终,荷尔德林也见证了这种出现于歌德和谢林时代的自然感受的改变,稍后我会讨论。在19世纪初,自然的面纱和秘密这一隐喻一直在逐渐淡化,直至让位于在一个被揭开面纱的自然面前所感到的惊异,用歌德的话来说,自然从此以后"在光天化日之下依然充满神秘",是赤裸存在的神秘。对自然的泛神论感受取代了对传统诗歌的多神论描述,正如我还会多次指出的,这个自然使人充满了神圣的颤栗。[1]

125

① 见本书第二十一章。

第四部分

揭示自然的秘密

第九章　普罗米修斯和俄耳甫斯

1. 物理学作为揭示自然的秘密

讲述了整个古代对赫拉克利特的箴言“自然爱隐藏”的接受历史之后，现在我们回到自然的秘密这一主题。如果承认自然向我们隐藏和隐瞒了它的秘密，那么可以采取以下几种态度来对待它。 129

可以径直拒绝一切有关自然的研究。这是苏格拉底的态度，尤以被一些历史学家称为怀疑论的中期柏拉图学园派的阿尔克西劳(Arcésilas)为代表。用西塞罗的话说：

> 苏格拉底第一次使哲学背离了曾被自然本身隐藏和包裹起来的、此前的哲学家所关注的东西，让它回到了人的生活层面。①

① Cicéron, *Nouveaux livres académiques*, I, 4, 15. 也见 *Tusculanes*, V, 4, 10.

这等于拒绝讨论超越人类的事物以及对人类不重要的事物,因为超越人类的事物超出了人的研究能力,而人类唯一需要感兴趣的就是如何过一种道德和政治的生活。出于不同的理由,塞内卡、卢梭和尼采都说,如果自然隐藏了某些东西,那么自然就有很好的理由来隐藏它们。① 如果苏格拉底、希俄斯的阿里斯托(Ariston de Chios)和学园派阿尔克西劳等哲学家认为不可能研究自然,那么这就意味着对他们来说,哲学没有"物理学的"部分,因为物理学正是对自然(*phusis*)的研究。这与其他哲学流派不同。

130

此外还可以认为人类能够揭示自然的这些秘密。从这个角度来看,物理学就成了旨在发现自然想对我们隐藏的东西的那部分哲学。这种自然哲学观明确出现在柏拉图主义者阿斯卡隆的安条克(Antiochus d'Ascalon,公元前 2 世纪末到公元前 1 世纪初)的学说中,西塞罗曾在《论学园派》(*Académiques*)中论述过他的学说。② 根据安条克的说法,物理学的主题是"自然和秘密的事物"。

古代哲学家和科学家有若干种研究模型可以使用。这些模型之间的选择取决于如何描述人与自然的关系,即自然与人类活动的关系;还取决于如何感知"自然的秘密"这一意象。

如果感觉自然是敌人,充满了敌意和嫉妒,通过隐藏秘密来

① 见本书第十二章和第二十二章。

② Cicéron, *Nouveaux livres académiques*, I, 5, 19.

抵抗人类，那么就会出现建立在人类理性和意志基础之上的人的技艺与自然的对立，人类将试图用技术来肯定自己对自然的操纵力、统治和权利。 131

如果反过来，人类认为自己是自然的一部分，因为技艺已经存在于自然之中，那么就不会再有自然与技艺之间的对立；恰恰相反，人的技艺，尤其是其审美方面，在某种意义上将是自然的延伸，自然与人之间也不会再有任何支配关系。自然的遮掩将不再是一种必须克服的抵抗，而会被视为一种可以逐渐向人类传授的奥秘。

2. 审问程序

如果按照敌对的对立关系来定位自己，那么揭示自然秘密的模式可以说就是审问。站在隐藏秘密的被告人面前，法官必须努力让他招供。无论在古代还是在当今世界，迫使招供的方法已经被法律、习俗或国家利益预见到了，那就是“拷问”，这种方法自得于已经取得的进步。早在公元前 5 世纪末，希波克拉底派著作《论医术》(*De l'Art*)的作者无疑已经想到了这种审问模式，他宣称，必须迫使自然交出她向我们隐藏的东西：

> 当自然拒不交出迹象[即临床症状]时，我们可以凭借医术去寻找制约手段让自然放手，虽然自然遭到侵犯，但不会受到损伤；随后被释放时，她便会向熟悉医术的人透露应 132

当做什么。[1]

施以强迫,但"不会受到损伤",因为医生的首要责任就是不造成伤害。据说现代实验科学的奠基人弗朗西斯·培根"对自然过程进行审问,就像审问民事或刑事事件那样"。[2] 诚然,培根在描述现代实验科学程序时使用了"强迫"、"约束"甚至是"拷问"这样的词:

> 用实验进行拷问要比在自然进程中更容易发现自然的秘密。[3]

然而,由这段希波克拉底文本可以看出,这种审问模式及其蕴含的理性角色观念,在培根之前已经存在了一千年。事实上,这种审问模式假定人的理性最终具有一种随意处置自然的能力,《圣经》的启示可以确证这一点,因为《创世记》中的神在创造亚当和夏娃之后说:

---

① Hippocrate, *De l'art*, XII, 3, p. 240 Jouanna, 以及 J. Jouanna 的出色注释; 见 Th. Gomperz, *Die Apologie der Heilkunst*, Vienne, 1890, p. 140.

② J. Liebig, "Francis Bacon von Verulam und die Geschichte der Naturwissenschaften" (1863), repris dans J. Liebig, *Reden und Abhandlungen*, Leipzig, 1874, p. 233,引自 H. Blumenberg, *La légitimité des Temps modernes*, Paris, 1999, p. 439。

③ F. Bacon, *Novum Organum*, I, § 98, trad. M. Malherbe et J.-M. Pousseur, Paris, 1986.

> 要生养众多，遍满地面，治理这地。也要管理海里的鱼，空中的鸟，和地上各样行动的活物。①

于是，培根在17世纪初宣布："让人类恢复其统治自然的权利，这种权利是神慷慨赐予人的。"②这种理性能力使人有权使用一切手段来审问自然，如果它拒绝吐露秘密的话。 133

到了18世纪末，同样的审问隐喻可见于康德《纯粹理性批判》第二版的序言。在他看来，由于培根、伽利略、托里切利(Torricelli)和施塔尔(Stahl)的工作，物理学懂得了必须"迫使自然回答它的问题"，从那一刻起，物理学便开始取得巨大进展。在对待自然的时候，理性绝不能表现得

> 像一个学生，被动地听老师讲，而要像一个被任命的法官，强迫证人回答他所提出的问题。③

居维叶(Cuvier)的著名表述延续了同样的隐喻：

> 观察者倾听自然，实验者审问自然，迫使其显露出来。④

---

① Genèse, 1, 28.

② F. Bacon, *Novum Organum*, I, § 129.

③ Kant, *Critique de la raison pure*, trad. Tremesaygues et Pacaud, Paris (1re éd. 1944), p. 17.

④ 引自H. Blumenberg, *Paradigmen zu einer Metaphorologie*, p. 45，没有注明出处。

甚至当培根说“只有服从自然，才能支配自然”，①从而似乎是在敦促科学家们服从自然时，我们也不禁会像欧金尼奥·加林一样想起普劳图斯（Plaute）的喜剧，即在培根看来，“人是一个狡猾的仆人，他研究主人的习惯，为的是能对主人为所欲为”。②

这里，强迫变成了诡计，而表示“诡计”的希腊词正是 *méchané*。对希腊人来说，力学最早是作为一种欺骗自然的技术而出现的，特别是凭借人造工具或“机械”（秤、绞盘、杠杆、滑轮、楔子、螺旋、齿轮）产生似乎违反自然的运动，迫使自然完成它本身无法做到的事情，比如制造战争机器或自动机。

134

除了实验和力学，第三种强迫形式是魔法。和力学一样，魔术的目的也是在自然中产生似乎不自然的运动，至少古代魔法看起来像是对支配自然现象的不可见的神灵或魔鬼施加的一种约束技巧。

3. 沉思的物理学

这种物理学利用各种技术，人为地改变对事物的感知，然而与此不同，还有一种物理学仅限于所谓的朴素感知，只用推理、想象和艺术话语或活动来思考自然。主要是这种哲学物理学——柏拉图的《蒂迈欧篇》、亚里士多德、伊壁鸠鲁派、斯多亚

① F. Bacon, *Novum Organum*, I, § 129.

② E. Garin, *Moyen Âge et Renaissance*, p. 145.

派以及托勒密等天文学家的哲学物理学——在近代和浪漫主义时期变成了自然哲学。诗歌也试图重现世界的创生。最后，绘画也显示为参透自然之谜的一种手段。

从这种角度来看，我们可以仿照罗伯特·勒诺布勒(Robert Lenoble)谈及一种"沉思的物理学"(physique de contemplation)，它是无私欲的研究，而不是一种"功利的物理学"(physique d'utilisation)，后者旨在通过技术程序夺取自然的秘密，为功利目的服务。① 135

4. 普罗米修斯与俄耳甫斯

我把第一种态度——希望通过诡计和强迫来发现自然的秘密或神的秘密——置于普罗米修斯的庇护之下。② 普罗米修斯是提坦巨人伊阿珀托斯(Japet)的儿子，据赫西俄德说，普罗米修斯从众神那里盗取了火种，以改善人类的生活，而根据埃斯库罗斯和柏拉图的说法，他给人类带来了技术和文明。③ 在近代科

---

① R. Lenoble, *Histoire de l'idée de nature*, Paris, 1969, p.121.

② 关于普罗米修斯神话的历史，见 O. Raggio, "The Myth of Prometheus. Its Survival and Metamorphoses up to Eighteenth Century", *Journal of Warburg and Courtauld Institutes*, 1958, p.44—62; J. Duchemin, *Prométhée. Le mythe et ses origines*, Paris, 1974; R. Trousson, *Le thème de Prométhée dans la littérature européenne*, Genève, 1964, 2 vol., 2e éd., 1978. R. Lenoble, *Histoire de l'idée de nature*, p.120 将卢克莱修对自然的态度归于"普罗米修斯"，我认为这是错误的，见本书第十二章。

③ Eschyle, *Prométhée enchaîné*, vers 445—506; Platon, *Protagoras*, 320—322.

学开端处的弗朗西斯·培根的著作中，普罗米修斯将成为实验科学的奠基者。[1] 普罗米修斯式的人要求拥有统治自然的权利，在基督教时代，正如我们已经看到的，《创世记》的故事确认人类拥有这种权利。宙斯想把火和自然力量的秘密留给自己，普罗米修斯却想把它从宙斯那里夺走，《圣经》中的神则使人成为“自然的主人和拥有者”。[2] 从这个角度来看，罗伯特·勒诺布勒说得不错：“普罗米修斯在17世纪成了神的助理官员。”[3]

我把另一种对待自然的态度归于俄耳甫斯，正如法国诗人皮埃尔·德·龙萨所说：

> 神圣的火温暖着我的心，
> 我比以往任何时候都更希望，
> 追随俄耳甫斯的脚步，
> 发现自然和天界的秘密。[4]

136 当龙萨把俄耳甫斯与发现自然的秘密联系在一起时，他无疑想到了被俄耳甫斯庇护的神谱诗，这些诗歌讲述了众神和世

---

① R. Trousson, *Le thème de Prométhée*, p. 115.

② Descartes, *Discours de la méthode*, VI, § 62, Descartes, *Œuvres philosophiques*, éd. F. Alquié, t. I, Paris, 1963, GF, p. 634.

③ R. Lenoble, *Histoire de l'idée de nature*, p. 323.

④ P. de Ronsard, “Hymne à l'Éternité. À Madame Marguerite, sœur du Roi”; 这段文本也可以在下述文献中找到：Ronsard, *Œuvres complètes*, t. VIII, *Les Hymnes* (1555—1556), éd. par P. Laumonier, Paris, 1936, p. 246.

界的谱系，从而讲述了事物的诞生(*phusis*)。他可能也希望暗示俄耳甫斯的那种诱惑力，根据传说，俄耳甫斯的歌声和琴声能使万物陶醉。因此，俄耳甫斯参透自然的秘密不是通过强迫，而是通过旋律、节奏与和谐。普罗米修斯态度的灵感来自于大胆、无穷的好奇心、权力意志和追求实用，而俄耳甫斯态度的灵感则来自于在神秘面前的敬畏和无私欲。里尔克在谈到俄耳甫斯时说：

> 正如你教导他，歌唱不是贪婪，
> 不是追求一件最终会得到的东西；
> 歌唱就是存在。[1]

例如，和在塞内卡那里一样，俄耳甫斯态度仿照厄琉西斯秘仪来描述自然的秘密，也就是说，把自然的秘密看成一种逐步揭示(révélation progressive)的对象。[2] 的确，厄琉西斯秘仪似乎与俄耳甫斯传统密切相关。[3] 用尼采的话说，这种态度试图尊重"自然的端庄"。[4]

正如卡罗·金兹堡(Carlo Ginzburg)所表明的，到了现代，

---

① R. M. Rilke, *Les sonnets à Orphée*, I, 3(trad. Angelloz，译文稍作了修改)。

② 见本书第十四章。

③ 见 F. Graf, *Eleusis und die orphische Dichtung Athens in vorhellenisticher Zeit*, Berlin, 1974.

④ Nietzsche, *Le gai savoir*，第二版前言，NRF, t. V, p. 27.

特别是 17、18 世纪，我们可以在寓意画册(Lives d'emblèmes)中找到这两种态度。[①] 例如，书中把普罗米修斯态度描绘成一个人在时间父亲的帮助下登山，[②]或者“敢于知道!”(*Sapere aude*)这样一则座右铭，[③]意在赞扬探索者的冒险精神和科学好奇心。根据康德的说法，这则座右铭就是启蒙的精神，或启蒙运动的精神。[④] 而俄耳甫斯态度，或至少是一种批判普罗米修斯精神的态度，则表现为描绘伊卡洛斯(Icare)的坠落的寓意画，其警句是“*Altum sapere periculosam*”。为了表达这句话在历史和哲学语境所蕴含的所有含义，可以将它不严格地翻译成：“追求过分高远的抱负是危险的。”[⑤]普罗米修斯遭秃鹰啃咬以及伊卡洛斯坠海证明了富有冒险精神的好奇心的危险。

我把普罗米修斯态度与俄耳甫斯态度对立起来，并不是要把一种好的态度与一种坏的态度对立起来。我只是想通过希腊神话使人们注意到体现在人与自然的关系中的两种导向——这两种导向同等重要，并不一定相互排斥，而且往往见于同一个人。例如，我认为柏拉图的《蒂迈欧篇》是俄耳甫斯态度的一个

① C. Ginzburg, “High and Low: The Theme of Forbidden Knowledge in the Sixteenth and Seventeenth Centuries”, *Past and Present*, 73(1976), p. 28—41.

② 见本书第十四章。

③ C. Ginzburg, “High and Low”，此座右铭出自 Horace, *Épîtres*, I, 2, 40。

④ F. Venturi, “Was ist Aufklärung? Sapere aude!”, *Rivista storica italiana*, 71(1959), p. 119—130, 以及 *Utopia and Reform in the Enlightenment*, Cambridge, 1971, p. 5—9(引自 C. Ginzburg, “High and Low”, p. 41, n. 47).

⑤ 这也是圣保罗说的“你不可心高气傲”(*Noli altum sapere*, Romains, 11, 20)的意思，这是“不要骄傲”这一座右铭的来源。

典型例子，这首先是因为柏拉图把世界描述成一个以技艺方式因此在某种意义上以力学方式制造出来的东西(这可能会促使人把世界设想为一部机器，把神设想为一位技师)；其次是因为他提出了一种关于自然物创生的数学模型。此外，柏拉图一般来说会毫不犹豫地用力学模型来理解世界的运动，这可见于《理想国》的第十卷和《政治家篇》的宇宙神话。因此，我所区分的这两种态度符合我们与自然的暧昧关系，不能以过于明确的方式分隔开。 138

一方面，自然可以把敌对的一面呈现给我们，面对它我们必须保护自己，自然还表现为必须加以开发利用的为生活所必需的资源。普罗米修斯态度的精神动力——这也是埃斯库罗斯的《普罗米修斯》的精神动力——是渴望帮助人类。在《方法谈》(*Discours de la méthode*)中，笛卡尔声称，他拒绝隐藏其物理学发现是"为了大众的利益"。[1] 然而，受利益驱动的技术和工业化的盲目发展危及了我们与自然的关系以及自然本身。

另一方面，自然既是令我们着迷的奇观(尽管它会使我们恐惧)，又是我们周围的一个过程。尊重自然的俄耳甫斯态度试图保持对自然的活生生的感知；然而在与普罗米修斯态度完全对立的一个极端处，俄耳甫斯态度往往公开主张一种原始主义，这也并非没有危险。

正如我还会多次指出的那样，同一个人对自然同时或先后

---

① Descartes, *Discours de la méthode*, VI, § 61, p. 634 Alquié.

可以有若干种明显矛盾的态度。科学家在做实验时，尽管有哥白尼革命，他的身体仍然把地球感知为一个固定不动的基底，他也许还会分心去看太阳“落山”。俄耳甫斯态度和普罗米修斯态度可以很好地相互继承、共存甚至合并。但从根本上说，它们仍然是完全对立的。

139

第五部分

普罗米修斯态度:通过技术来揭示秘密

第十章　从古代到文艺复兴时期的力学和魔法

1. 普罗米修斯态度

普罗米修斯态度产生了巨大影响，它试图用技术手段夺取自然的"秘密"，以便统治和利用自然，由此产生了现代文明以及全球范围的科技扩张。本书当然无意于描述这一过于宏大的现象，而只想说明自然奥秘的隐喻在普罗米修斯态度的历史表现中所起的作用。 143

在古代，普罗米修斯态度表现为三种形式：力学、魔法以及初步的实验方法。这三种活动都试图获得自然在非正常进程下的结果，如果不遵照这些技艺进行操作，就无法理解这些结果的原因。在中世纪晚期和近代早期，这三种活动相互趋近和影响，各自发生了深刻转变，产生了实验科学。于是，现代世界的座右铭不仅是"知识就是力量"，而且也是"通过实验制造出来的力量就是知识"。 144

2. 古代力学

“力学”(mécanique)一词含有“诡计”——最终含有“强迫”——之意,因为 *méchané* 意为“诡计”。《力学问题》(*Problemata mechanica*)(一部佚名著作,可能于公元前 3 世纪末或公元前 2 世纪初在亚里士多德学派中得到阐述)的导言非常清楚地指出了这一点:

> 合乎自然但我们不知其原因的现象会使人好奇,为了人的利益、通过技艺违反自然地产生的现象也是如此。
>
> 在许多情况下,自然产生的结果不合人的利益;因为自然总是单纯以同一方式运作,而对我们有用的东西却以多种方式变化。
>
> 因此,当我们必须产生一种违反自然的结果时,我们会因为困难而不知所措,故而必须借助于技艺。因此之故,我们把帮助我们应对这些困难的那部分技艺称为力学技艺。正如诗人安提丰(Antiphon)所说,“被自然战胜的事物,我们凭借技艺来掌控”。①
>
> 我们遇到小的控制大的、轻的移动重的以及诸如此类

① Antiphon le Tragique(公元前 5 世纪末至公元前 4 世纪初),见 B. Snell, *Tragicorum Graecorum Fragmenta*, t. I, Göttingen, 1971, fragm. 4, p. 195—196.

的各种情况时，就称之为力学问题(*mechanica*)。它们与物理学问题(即关于自然的问题)既不完全相同，也并非完全分离，而是在数学思辨和物理思辨方面有某种共同之处，因为要用数学来表明现象“如何”发生，用自然研究来表明现象“与何物相关”。①

145

请记住这里的四个基本要点：首先，应从人与自然的斗争这一视角来考察力学，悲剧作家安提丰的话清楚地表明了这一点。技术使我们对自然重新占据上风；其次，力学旨在服务于人的实际利益，减轻人的痛苦。但必须承认，它也旨在满足人特别是君主和富人的强烈情感：仇恨、傲慢以及对感官享受和奢华的嗜好；第三，力学是一种通过人造工具(即各种机械，能够产生似乎违反自然的结果)对自然施行诡计的技艺。因此，应在“自然”与“技艺”(*techné*)的对立这一视角下来考察“力学”概念，这里应把“技艺”理解成一种与自然相对立的人类技巧；最后，力学与数学密切相关，数学能够确定**如何**产生某种给定的结果。

尽管力学似乎与自然相对立，但是用公元前3世纪的拜占庭的菲洛(Philo de Byzantium)的话说，力学建立在自然的定律或逻各斯(*logoi*)的基础之上。换句话说，力学依赖于自然中内

---

① 据我所知，*Problèmes mécaniques* 尚无现代译本。一个校勘版见 Aristotele, *MHXANIKA*, M. E. Bottechia, Padoue, 1982. 也见 Pappos d'Alexandrie, *Collection mathématique*, VII, 1—2, cité en traduction par G. E. R. Lloyd, *Une histoire de la science grecque*, Paris, 1990, p. 282—283.

146 在的"理性",并最终依赖于自然的数学性质(特别是圆的性质)和物理性质(重量、力),以获得似乎与自然进程相反的结果:提升巨大的重量或者将物体投掷到很远的地方。[①] 从这种角度来看,自然的秘密其实是可以从自然过程中搜集到的未知资源。我们在弗朗西斯·培根那里再次看到了这种观念,他说:"只有服从自然,才能支配自然。"[②]

古代晚期的辛普里丘(Simplicius)清楚地认识到了物理学与力学之间的密切关联,他写道:

> 物理学对生活中的事物很有用处,它为医学和力学提供了原理,并为其他技术提供帮助,因为它们各自都需要研究其基本材料的性质和差异。[③]

辛普里丘无疑是指,一个人若与金属或木材等给定的材料打交道,就必须知道材料的物理性质。

技术发展在整个古代从未间断,从最早的希腊哲学家,经由毕达哥拉斯学派,特别是塔兰托的阿基塔斯(Archytas de Tarente)这位哲学家、科学家、技师和政治家,到希腊化时期和罗马

① B. Gille, *Les mécaniciens grecs. La naissance de la technologie*, Paris, 1980, p.222 援引了 *Belopoiika* ("Les machines de jet") de Philon de Byzance(IV, 77, 15).

② 见本书第九章。

③ Simplicius, *Commentaire sur la Physique*, t. I, p.4, 8 Diels.

时期达到了顶点。说起阿基米德的机械发明,普鲁塔克将这门技艺追溯到塔兰托的阿基塔斯以及柏拉图的同时代人欧多克斯(Eudoxe),因为他们制造了仪器来解决几何学问题。[①] 无论如何,制造战争机器的想法很早就出现了,但是建造隧道、沟渠和防御工事以及用仪器来进行天文地理观测也出现得很早。古代工程师知道如何利用蒸汽和压缩空气,比如发明抽气泵和压力泵。[②] 他们也知道如何制造自动机,后者主要是为了使神像富有生气,令信徒感到惊讶。[③]

147

主要是在希腊化时期的亚历山大里亚,更精确地说是在公元前 4 世纪末,在托勒密王朝那些开明君主的影响下,技术和力学得以蓬勃发展,特别是在亚历山大里亚的图书馆和缪斯宫(Mousaion)的组织构架内。由国家资助的"缪斯宫"是献给缪斯诸神的,是一个非常活跃的研究中心,一大批学者聚集在这里。[④]

这种力学知识不仅是经验技能,而且也是理论反思的主题,是一种以公理形式表现出来的科学系统化的开端,是大数学家们的工作。我们至今仍然拥有希腊化时期和罗马时期的一些力学论著,比如叙拉古的阿基米德、亚历山大里亚的希罗(Héron

---

① Plutarque, *Vie de Marcellus*, XIV, 9.

② B. Gille, *Les mécaniciens grecs*, p. 86.

③ 见 A. Reymond, *Histoire des sciences exactes et naturelles dans l'Antiquité gréco-romaine*, Paris, 1955, p. 98.

④ B. Gille, *Les mécaniciens grecs*, p. 54—82; R. Taton, *La science antique et médiévale*, Paris, 1957, p. 307—311.

d'Alexandrie)、帕普斯(Pappos)和拜占庭的菲洛的著作。[1] 在《古希腊力学家》(*Les mécaniciens grecs*)这部出色的著作中,贝特朗·吉勒(Bertrand Gille)批判了那种广泛流传的陈词滥调,即希腊人无法在技术发展上取得进步,他表明,希腊力学家真正使技术得以诞生。[2]

148

的确,哲学家往往都鄙视力学,尤其是柏拉图主义者。柏拉图本人曾经批评数学家、天文学家和哲学家欧多克斯,说他不是把自己限制于抽象推理,而是借助于仪器使几何学问题的解决方案能被感觉所理解。[3] 柏拉图主义者们为这种不信任感补充了一种对体力劳动的鄙视,它隐含在机械制造中。作为一名优秀的柏拉图主义者,普鲁塔克要我们相信,阿基米德虽然发明了水风琴和许多战争机器,并且在罗马人围攻叙拉古时用这些机器有效地与之作战,但他只看重抽象的思辨,认为机械发明不过是"几何学的自娱自乐"罢了。据说叙拉古的国王希伦(Hiéron)对力学有兴趣,他敦促阿基米德发明各种机器以使其技艺为人所知。

而斯多亚派的波西多尼奥斯(Posidonius)则在没有明确提及力学的情况下,援引了人类在各个时代为自己的舒适而发展出来的所有那些技术,比如建筑、制铁、冶金、开采铁矿和铜矿、农业——或者说,像力学那样"与利益相关的"技术。他断言,当

① 参考书目见 B. Gille, *Les mécaniciens grecs*, p.72.

② *Ibid.*, p.170 ss.

③ Plutarque, *Marcellus*, XIV, 10—11.

黄金时代的纯洁道德开始败坏时,智慧的人发明了这些技术。[1]从这种角度看,哲学和智慧本身似乎是技术进步与文明的原动力。这种把贤哲视为发明者和人类恩人的观念是与流行的希腊七贤形象完全符合的。例如,据说米利都的泰勒斯曾经预言过一次日食,还曾把河流改道。于是,智慧被认为是技能或实际知识。 149

我们文明的演进曾被称为“世界的机械化[或力学化]”,它主要是指用数学来认识自然现象。[2] 然而,力学与数学的这种关联其实是从古代力学那里继承下来的。古代力学基于物体的物理性质和数学性质,并把数学方法应用于它们,从而使精确测量成为可能。通过使用圆这样的几何图形所具有的潜能,古代力学“欺骗”了自然,古代工程师的发明预先假定了复杂的数学计算。借用莱布尼茨指称他所谓的机械[或力学]原因时的表述,他们只知道“形状和运动”。[3]

如果承认,近代以来用“形状和运动”对世界所作的机械论解释乃是继承了古代的力学技术,我们也仍然不能忘记,它也继承了纯理论的传统,该传统恰恰提出了一种关于世界的机械论解释,而不涉及发起运动的力或灵魂:我指的是德谟克利特和伊壁鸠鲁的原子论,他们也是用“形状和运动”来解释现象的。宇 150

---

① 见 Sénèque, *Lettres à Lucilius*, 90, 20—25.

② 见 E. J. Dijksterhuis, *Die Mechanisierung des Weltbildes*, Berlin-Heidelberg-New York, 2e éd. 1983, p. 556.

③ Leibniz, *Monadologie*, § 17, éd. É. Boutroux, Paris, 1970.

宙及其无穷多个世界宛如一个巨大的组合玩具游戏。① 这些被称为"原子"的碎片——它们在形态上并不相同,但可以彼此勾连在一起——偶然组合成了物体和世界。可以肯定的是,与之相关的并不是一种功利的物理学,而是一种沉思的物理学,对伊壁鸠鲁而言,其目的首先不是解释世界,而是安抚灵魂。文艺复兴时期和近代的学者们再次着手处理这种原子论假说,使之服务于另一种传统,即古代工程师的力学技艺传统,这些工程师肯定对此表示赞同。

3. 古代魔法

魔法有着与力学相同的目的,那就是夺取自然的秘密,亦即发现使人能够作用于自然的那些隐秘过程,让自然为人的利益服务。②

然而,魔法起初依赖于这样一种信念,即自然现象是由不可见的力量——神灵或魔鬼——所导致的,因此可以通过强迫神灵或魔鬼做某种事情来改变自然现象。通过呼唤神灵或魔鬼的真名,然后举行某些活动和仪式,使用一些被认为与希望约束的不可见力量相一致的动植物,人们就可以作用于神灵或魔鬼。

151

① 我从 J. Salem, *L'atomisme antique*, Paris, 1997, p.9, 11, 222 这部出色作品中借用了这一隐喻。

② 关于魔法实践,见 H. D. Betz, *The Greek Magical Papyri in Translation, Including the Demonic Spells*, Chicago, 1986.

这样一来,神灵就成了魔法师的仆人,因为魔法声称能够支配这种神灵,让它完成想要做的任何事情。

魔法实践古已有之,古代晚期则出现了理论家。据说阿普列尤斯(Apuleé)为了与孀居的普鲁丹提拉(Prudentilla)缔结美好姻缘而施了魔法,面对这一指控,阿普列尤斯在《辩护辞》(*Apologie*)中为自己做出了辩护。他对施魔法的细节显然有详细了解,但对魔法的原理和基础几乎未作哲学反思。① 而圣奥古斯丁在试图解释摩西时代的埃及魔法师如何能够制造出毒蛇时则更进了一步。② 这种魔法操作包括从自然的怀抱中夺取隐藏的东西。他写道,神的创世的所有结果,在各个时代可能出现的所有事物或现象,都潜在地存在于元素的结构之中:“就像女性会怀胎,世界也怀有即将出生的事物的原因。”③自斯多亚派以来,这些隐秘的原因曾被称为“种子理性”,因为它们是事物的种子,而且以一种理性的、有条理的、计划性的方式展开和调动自己。它们以一种退化和潜在的状态包含着将在未来的生命中完全发育的各种器官。自然也因此成了一个巨大的储藏库,隐含着全部种子理性。这里我们看到了自然秘密概念的演变,在斯多亚派种子理性学说的影响下获得了本体论意义。自然的秘密是隐藏在“自然怀抱中”的名副其实的东西,或至少是可能性。圣奥古斯丁说,是神使 152

① A. Abt, *Die Apologie des Apuleius von Madaura und die antike Zauberei*, Giessen, 1908.

② Augustin, *La Trinité*, III, 7, 12—8, 15.

③ *Ibid.*, III, 9, 16.

"种子发展出了它们的数",即它们包含的整个程序,"种子使充满美感的可见形态出现在我们眼前,揭开了覆盖它们的隐藏的无形面纱"。[1] 因此,事物有一种自然发展,这种发展内在于自然,是神的意志。但也可能是外部干预释放了这些力量和它们的程序。魔法操作正是这样一种外部干预:

> 使用外部原因(它们虽然不是自然的,但其使用却与自然相一致)——使秘密隐藏在自然怀抱中的事物突然不受约束,仿佛从外面产生一样,展开从"已经用度量、数和重量安排了万物"的自然那里秘密获得的度量、数和重量[2]:不仅是邪恶的天使,甚至连邪恶的人也能做到这一点。[3]

因此在这里,自然的秘密是隐藏在自然怀抱中的秘密力量,魔鬼(根据奥古斯丁的说法,魔鬼是魔法真正的操作者)能够释放它们。在这方面,我们还记得柏拉图在《会饮篇》(203a1)中已经建立了魔鬼与魔法之间的关系。这种"秘密的自然怀抱"观念将在中世纪盛期的爱留根纳(Jean Scot Érigène)[4]以及文艺复兴

---

① Augustin, *La Cité de Dieu*, XXII, 24, 2.

② Sagesse, 11, 21.

③ Augustin, *La Trinité*, III, 9, 16.

④ 例如,*Commentaire sur l'Évangile de Jean*, IV, 4, 11, trad. É. Jeauneau, Paris, SC n° 180, p.298;见 É. Jeauneau 的注释,其中引用了许多类似的说法。

时期"自然魔法"的拥护者那里再次出现。这一秘密的自然怀抱中隐藏着各种潜能和可能性,由此可以产生出可见的形态或结果。 153

4. 中世纪晚期和文艺复兴时期的自然魔法

从12世纪末到16世纪,拉丁西方涌现出丰富的魔法文献,它们基本上都是从阿拉伯文翻译过来的著作。在中世纪,特别是在晚期阶段以及文艺复兴时期,"自然魔法"的观念逐渐产生。一旦认为这种观念有可能对现象给出一种自然的、几乎是科学的解释,它便流行起来。此前人们一直以为这些现象是魔鬼的工作,只有它们才知晓自然的秘密。自然魔法承认,人类也可以知晓事物的隐秘属性。若想运用隐藏在自然怀抱中的秘密属性,魔鬼的帮助并不是必需的。要使这种运用成为可能,就必须发现星体的影响和动植物的隐秘性质,以及存在于自然界中的同感(sympathies)和反感(antipathies)。

在中世纪,奥弗涅的威廉(Guillaume d'auvergne)于13世纪概述了这种观念,他使自然魔法的实践与医学活动离得更近。罗吉尔·培根在其小册子《论技艺与自然的秘密作品》(*Sur les œuvres secrètes de l'art et de la nature*,1260)中,继续把"魔法"一词留给了魔鬼的魔法,但他使我们认识到,"实验科学",或者"把自然用作一种工具的技艺",可以产生远比魔法更异乎寻常的结果。 154

菲奇诺对自然魔法有明确的表述,他继承了普罗提诺的思想，又对其进行了改造。[①] 普罗提诺已经对魔法提出了一种纯物理的解释。他说，魔法的魅力并不比自然的魔法更令人惊奇，音乐便是后者的一个绝佳例证。[②] 因为第一位魔法师是爱神，她使万物彼此吸引。正是这种普遍同感使一切魔法成为可能。人为的魔法活动似乎引起了事物进程的变化，但这些活动其实只是魔法师在运用发生于世界各处的自然作用和反应罢了。"即使没有人施魔法，"普罗提诺说，"[世界中]也存在着许多有吸引力和魔力的东西。"[③]许多自然过程似乎都是魔法过程，因为它们是超距进行的：例如，将两根琴弦作和谐安置，拨动其中一根弦，另一根弦也会开始振动。[④] 这种直接而自发的魔法就是爱的魔法。园丁们将葡萄树"嫁接"到榆树上：自古以来这便是神圣的表达。[⑤] 然而在嫁接时，园丁们只不过是促进了自然的亲和力或爱，从而在某种程度上将两种植物合并在了一起。[⑥]

---

① 在接下来的讨论中，我引用了拙作"L'Amour magicien", *Revue philosophique*, 1982, p. 283—292 (repris dans M. Ficin, *Commentaire sur le Traité de l'amour ou le Festin de Platon*, publié par S. Matton, Paris, 2001, p. 69—81)。

② Plotin, *Ennéades*, IV, 4 [28], 40, 21.

③ *Ibid.*, 40, 4.

④ *Ibid.*, 41, 3—5.

⑤ Catulle, *Poésies*, 62, 54; Ovide, *Amours*, II, 16, 41: "L'orme aime la vigne, la vigne ne quitterait pas l'orme."

⑥ Monique Alexandre 指出了 Achille Tatius, *Leucippé et Clitophon* (trad. P. Grimal, dans *Romans grecs et latins*, Paris, Bibliothèque de la Pléiade, 1958, p. 891), I, 17 中这段有趣的话："植物彼此相爱，特别是棕榈树最容易坠入爱河。据说棕榈树有雌雄之分。雄棕榈树爱雌棕榈树，如果雌棕榈树种植在一定距离之外，其爱侣就会日趋枯萎。于是园丁明白了树为什么会悲伤；他走(转下页注)

在可感世界中存在，就意味着注定要经受在宇宙各处施加的所有这些遥远的相互影响，因此意味着受到作用。即使是星星，作为宇宙的一部分，也会经受爱和作用——而且是不知不觉的。[1]星星正是这样应允祈祷者的，或者说，星星被所施的魔法“迷住”，不知不觉被吸引到祈祷者无感情的沉思之中。[2] 于是，对普罗提诺来说，普遍的相互作用就是自然魔法：“任何事物，只要与某种东西相关，都会被那种东西迷住，因为与这种事物相关的东西会迷住它并使之移动。”[3]

155

在文艺复兴时期，菲奇诺遵循普罗提诺的说法，延续了爱的魔法师这一主题：

> 魔法的操作是事物之间通过一种自然的亲和力而相互吸引。这个世界的各个部分，就像同一个生命体的各个部分，都取决于同一位造物主，由于共有一种独特本性而彼此相连。由它们共同的亲缘关系产生了一种共同的爱，由这种爱产生了一种共同的吸引。但这是真正的魔法。……于是，磁石吸

(接上页注)到高处，从那里可以看到周围的乡村，注意到树的倾斜方向——因为它总是朝着其爱侣的方向倾斜。发现这一方向之后，他会这样来治愈树的疾病：从雌棕榈树上取下一根枝条，将它嫁接到雄棕榈树的中央，便可使这棵树起死回生，垂死的树木将会恢复活力，在与爱侣结合的喜悦的影响下端正自己的身体。这是植物的婚礼。”

① Plotin, *Ennéades*, IV, 4 [28], 42, 24.

② *Ibid.*, 42, 25—30.

③ *Ibid.*, 43, 16.

引铁，琥珀吸引稻草，硫磺吸引火。太阳使许多花和叶转向它，月亮习惯于吸引水，火星习惯于吸引风，各种草药也把各种各样的动物引向自身。甚至在人类事务中，每一个人也在经受他自己愉悦的吸引。[①] 因此，魔法的作用就是自然的作用，[②]……技艺仅仅是自然的工具。古人把这种技艺归于魔鬼，因为魔鬼知道自然事物之间的关系，知道什么适合于什么，以及如何在缺乏和谐的地方重建事物之间的和谐。……整个自然因为这种相互的爱而被称为"魔法师"。……因此，没有人会怀疑爱是一位魔法师，因为魔法的所有力量都存在于爱，爱的作用是通过魅力、咒语和符咒而实现的。[③]

156　在普罗提诺那里与自然魔法观念相伴随的一丝轻蔑和贬损，在菲奇诺这里已经完全消失。在我看来，魔法观念的这种价值变化有两个原因。首先，普罗提诺之后的新柏拉图主义者，尤其是扬布里柯和普罗克洛斯，都在《迦勒底神谕》的影响下发展出了一种新魔法观。需要强调的是，这种魔法观对应着某些可感事物重新开始服务于灵魂的灵性生活。[④] 于是我们看到，晚

① "*Trahit sua quemque uoluptas*", Virgile, *Bucoliques*, II, 65.

② 这里我们看到了与普罗提诺类似的观念：魔法首先是指所有自然吸引。

③ M. Ficin, *Commentaire sur le Banquet de Platon*, VI, 10, trad. R. Marcel, Paris, 1956, p.219; trad. P. Laurens, Paris, 2002, p.166—168. 我的译文参考了以上两者。

④ 见 Cl. Zintzen, "Die Wertung von Mystik und Magie in der neuplatonischen Philosophie", *Rheinisches Museum für Philologie*, Neue Folge, 108(1965), p.91 ss.

期新柏拉图主义发展出了一种圣礼主义(sacramentalisme):在新柏拉图主义的法术中,某些可感符号或"象征"以及某些物质仪式能使灵魂回归其神圣的起源。在这一过程中,人们承认某些物质实体拥有一种神性的能量,并力图破译普遍同感的密码,以重建从最低等级的实在一直到神的链条。其次,正如欧金尼奥·加林所表明的,从12世纪末开始,拉丁西方对魔法著作的兴趣越来越大,与之相伴随的是内在于一切魔法程序中的朦胧欲望,想要提高人对其同胞和物质的支配力量。①

在认为人类能够支配自然的赫尔墨斯主义影响下,这种趋势在文艺复兴时期被放大。② 正如赫尔墨斯主义著作《阿斯克勒庇俄斯》(*Asclepius*)所说:"人是一个伟大的奇迹。"(*Magnum miraculum est homo*)③菲奇诺正属于这一思潮。对他而言,"爱"、"魔法"和"自然"都有一种全新的含义。毫无疑问,和菲奇诺一样,普罗提诺可能会说,"自然因为事物彼此之间的爱而被称为'魔法师'"。但对他而言,这句话有一种负面含义:它将意味着,由于那种在世界中占主导地位的普遍相互作用以及万物违背自

157

---

① E. Garin, *Moyen Âge et Renaissance*, p. 135 ss.

② 见 P. Zambelli, "Il problema della *magia naturalis* nel Rinascimento", *Rivista di Storia della Filosofia*, 28(1973), p. 271—296. 也见 D. P. Walker, *Spiritual and Demonic Magic from Ficino to Campanella*, Londres, 1958.

③ *Asclepius*, § 6, *Corpus Hermeticum*, t. II, Traités XIII—XVIII, *Asclepius*, éd. A. D. Nock, trad. A.-J. Festugière, Paris, 1945, CUF, p. 301, 18—19; 见 E. Garin, *Moyen Âge et Renaissance*, p. 123, et A. Chastel, *Marsile Ficin et l'art*, Paris, 1954, p. 60—61.

己的意愿而经受的作用，可感世界的事物是自然的囚犯。而对菲奇诺而言，这句话却有一种正面含义：爱是世界的伟大法则，它解释了世界各个部分之间的吸引。① 如果这就是自然魔法的秘密，我们就可以试图认识这些关于普遍吸引的法则，从而把天界力量引入物质对象，尤其是引入与一种超越模型相和谐并且有亲和力的"形状"和"形象"。② 就这样，自然魔法发现可能有一种学说和实践，可以自然而合理地发现并利用所有这些秘密的对应。这种自然魔法之于自然，就如同农业之于地球的自然产物：通过关于同感和亲和力的科学，它激活并且规范着自然过程。③

在三卷《论隐秘哲学》(*De occutta philosophia*, 1533)中，阿格里帕(Agrippa von Nettesheim)收集和综合了数个世纪以来在古代、阿拉伯和中世纪传统中积累起来的所有自然魔法。他认为魔法是最卓越的自然哲学，并将其置于新柏拉图主义的宇宙体系，在其中世界灵魂起着核心作用。④ 魔法之所以可能，是因为这样一个事实：任何事物的物质内部都包含有一种"隐秘的力量"，奥古斯丁已经提到过这种隐秘力量，说它是每一个事物所

158

① A. Chastel, *Marsile Ficin et l'art*, p.118.

② *Ibid.*, p.74, et E.Garin, *Moyen Âge et Renaissance*, p.142.

③ M. Ficin, *Commentaire sur le Banquet*, VI, 10, 82 v, p.220 Marcel: "*Quemadmodum in agricultura, natura segetes parit, ars preparat.*" 见 A. Chastel, *Marsile Ficin et l'art*, p.73.

④ A. Prost, *Les sciences et les arts occultes au XVIe siècle. Corneille Agrippa, sa vie et ses œuvres*, I—II, Paris, 1881—1883.

固有的。只要发现这些隐秘的力量，就可以在从行星到生命体再到金属和石头的各个事物之间建立一系列同感对应，并利用这些同感实现令人惊异的结果。魔法和它所要求的精神修炼使“我们可以在自然之中支配自然”。①

自然魔法观念的这种深刻含义清晰地表现在德拉·波塔(Giambattista della Porta)对其题为“密码学”(*Criptologia*)的未发表作品的概述中：

> 这本书讨论的是埋藏在大自然亲密怀抱中最深的秘密，对此找不到自然的原则或可能的解释，但这并非迷信。

德拉·波塔致力于揭示某些魔法秘诀的魔鬼要素或与之相反的自然要素。在《自然魔法》(*Magia Naturalis*)的两个版本(1558年和1589年)中，用威廉·埃蒙(William Eamon)的话说，德拉·波塔尝试“对神奇的现象给出自然解释”。② 大体说来，他和前人展示了相同的宇宙：这个宇宙被赋予了隐秘的性质，在所有实在层次上都建立了吸引和排斥，对应，同感和反感。

和帕拉塞尔苏斯一样，德拉·波塔认为这些隐秘性质可以通过上帝所意愿的“征象”(signatures)来发现。所谓“征象”是指 159

① Agrippa von Nettesheim, *De occulta philosophia libri tres*, éd. V. Perrone Compagni, Leyde, 1992, p.414. 见 Ch. Nauert, *Agrippa et la pensée de la Renaissance*, Paris, 2002, p.236.

② W. Eamon, *Science and the Secrets of Nature*, p.211.

有生命或无生命的事物外在形态的某些细节,使我们猜测某个事物会对另外某个事物产生影响。德拉·波塔把这种自然魔法看成一门实用科学,能够为了人类的利益而利用自然。在这里,人类的一切活动都各据其位:比如在农业、冶金等领域有无数秘诀被提出来,在冶金领域,他做了一些非常有趣的观察。

自然魔法显示为对自然奇事的一系列观察以及实现惊人的奇特结果的一系列诀窍,因此它属于那种在古代已经非常活跃的"自然的秘密和奇迹"传统,我在前面已经讨论过。① 然而,两者的不同之处在于,自然魔法用新柏拉图主义形而上学来解释在统一而有层次的宇宙中显示出来的对应和序列,同感和反感。

直到德国浪漫主义时代,自然魔法传统依然很活跃。例如1765年,一部名为《自然魔法》的著作在图宾根出版,其合著者包括普罗科普·狄维什(Prokop Divisch)、弗里德里希·克里斯托弗·厄廷格(Friedrich Christoph Oetinger)和戈特洛布·弗里德里希·罗斯勒(Gottlieb Friedrich Rösler)等人,在这部著作中,电现象和磁现象是从自然魔法的角度来解释的。这些思辨对德国浪漫派尤其是弗朗茨·冯·巴德(Franz von Baader)的自然哲学产生了巨大影响。②

---

① 见本书第三章。

② 见 *Lumière et Cosmos*, Cahiers de l'Hermétisme, Paris, 1981, p. 191—306, A. Faivre 的文章,"*Magia naturalis*"和"Ténèbres, Éclair et Lumière chez Franz von Baader"以及 F. C. Oetinger 和 G. F. Rösler 的文章,A. Faivre 的评注。

5. 中世纪和文艺复兴时期的力学和魔法

那种以古代力学而为人所知的数学物理学在中世纪继续得到研究和发展。对力学问题的数学处理清楚地显示于 13 世纪的比如被归于约达努斯(Jordanus Nemerarius)的著作。在这些著作中我们可以看到关于提升重物和杠杆问题的计算。14 世纪的尼古拉·奥雷姆则设想了对物体速度变化的几何表示。 160

与应用这些严格的数学方法相平行,我们也看到从 13 到 15 世纪出现了各种想象、愿望和希望,对技术和力学在未来的繁荣充满信心。事实上,这些想象、愿望和希望与魔法的抱负是一致的。罗吉尔·培根曾经概述过一个“把自然用作工具的技艺”的计划,它将优越于江湖骗子的魔法。[1] 例如,他曾设想过没有桨手的船,人坐在里面像鸟一样扇动翅膀的飞行器,升降重物的机器,可将一千人拉过来的机器,使人在海底行走的机器,没有桥墩的桥梁,巨型的镜子,更好地观看遥远物体或引起光学错觉的装置,引火的凸透镜。[2] 此外还有用来点火和维持火焰的石油,在天空中产生可怕声响的机器,以及可以在磁学领域实现的一切事物。在天文学方面,则可能有绘制天界地图的仪器。最后还有炼金术研究,其目的是制备黄金 161

---

① R. Bacon, *De mirabili potestate artis et naturae*, Paris, Simon Colin, 1542, fol. 37 recto.

② *Ibid.*, fol. 42—45.

和延长生命。

读到所有这些计划,我们可能会认为罗吉尔·培根是想要强迫对待自然的普罗米修斯的真正儿子。我们应当把他看成蓬勃发展的现代技术的先驱者吗?事实上,我们必须把这些想象重新置于其基督教历史观的视角之内。它根本不是现代人的历史观,而是一个中世纪神学家、一位13世纪的方济各会修士和牛津教授的历史观。此外,他还表现出了广博的知识。他不仅是神学家和哲学家,而且也研究数学、天文学和光学。他并非汉斯·布鲁门伯格(Hans Blumenberg)所说的“浮士德式的人物”,[①]而是像埃米尔·布雷耶所说的那样是一个“开明的神政主义者(théocrat)”。[②] 罗吉尔·培根希望使整个世界更快地皈依基督教,敌基督的即将出现正在威胁着世界。所有这些机械发明都是为了护教。在不信教者眼中,这些发明就像真正的神迹,可以帮助他们皈依。他们会说,倘若人的心灵无法理解自然的奇迹和机械技艺的奇迹,那它不是必须服从于它所不理解的神的真理吗?[③] 至于军事发明,则应当服务于基督教对抗敌基督的迫在眉睫的斗争。

162

因此,一旦把这些发明重新置于其世界观和历史观之中,

---

① H. Blumenberg, *La légitimité des Temps modernes*, p.428.

② É. Bréhier, *Histoire de la philosophie*, Paris, 1991, t. I, p.619.

③ R. Bacon, *Opus Maius*, éd. J. H. Bridges, 3 vol., Oxford, 1897—1900, t. II, p.221. 见 R. Carton, *La synthèse doctrinale de R. Bacon*, Paris, 1924, p.94. 也见 E. Garin, *Moyen Âge et Renaissance*, p.23—25 对 R. Bacon 的反思。

我们就会看到,罗吉尔·培根的机械发明计划与现代的心态距离非常遥远。然而重要的是,培根或许想到可以用机器作为证据来护教。这意味着他理解发现"自然秘密"对于心灵和身体的重要性,也就是说,力学在其进一步发展中将会利用自然之中奇迹般的可能性来产生巨大的影响。这里的目标已不单单是沉思世界,而且还要改造世界,让它为人类服务。这种态度并非孤立现象。勒内·塔顿(René Taton)正确地强调,正是从13世纪开始,"一种新人出现了:建筑师或工程师",接着,人们对实际的技术活动越来越有兴趣。在他看来,只有通过经院学者与继承古代力学的技师的密切接触,才能解释静力学、动力学、流体静力学和磁学等"力学"科学为什么从13世纪开始繁荣起来。例如,罗吉尔·培根结识了从事机械技艺的马里古的皮埃尔(Pierre de Maricourt),后者写过一部论磁的著作。[①] 于是我们看到,人们对于技术的力量以及对人类生活的重要性有了越来越多的认识。

这场运动在14、15世纪继续发展,并且在达·芬奇等文艺复兴时期的工程师那里达到了顶峰。达·芬奇的机械发明之所 163

---

① R. Taton, *La science antique et médiévale*, réimpr. Paris, 1994, p. 637—638. 此书的第607页有对马里古的皮埃尔(= Petrus Peregrinus)的 *Epistola de magnete* 的概述,说它写于"1269年,在卢切拉(Lucera)的围墙下面(他可能在那里担任安茹的查理[Charles d'Anjou]的军事工程师)"。Taton 写道,"马里古的皮埃尔认为,整个天球作用于整个磁针。"见 P. Radelet de Grave et D. Speiser, "Le *De magnete* de Pierre de Maricourt", trad. et commentaire dans *Revue d'histoire des sciences*, 1975, p. 193—234.

以著名是有原因的。他的生平和活动更像是一位工程师而不是艺术家。[①] 他设想过一架飞机、一艘潜水艇和一辆突击坦克，还建造了自动机，比如在当时皇家的庆祝活动上多次使用的机器狮子。然而，我们不应夸大他作为近代科学先驱者所起的作用，就像不应夸大培根的作用一样。他的笔记虽然有时才华横溢，但总是片段性的。归根结底，他在解决物理学或力学问题方面的贡献还不够大。[②]

有趣的是，我们在达·芬奇这里看到了一种心智，它将利用自然为人类服务的普罗米修斯渴望与尊重和欣赏自然的“俄耳甫斯”态度统一在了一起。若想制造一个飞行器，他会首先仔细观察，绘制鸟的飞行，以了解其机械运作。[③]

13 到 15 世纪出现的这种发明的好奇心和欲望类似于托勒密王朝统治下在亚历山大里亚蓬勃发展的希腊化精神。两者都反对抽象，都有开明统治者的有利影响，比如美第奇家族，有时甚至是像霍亨斯陶芬王朝的腓特烈二世(Frédéric II de Hohenstaufen)或卡斯蒂利亚的阿方索十世(Alfonse X de Castille)这样极为博学的君主。[④] 无论如何，科学工作和大胆想象在这一时期的发酵以及力学和自然魔法的愿望在这一时期趋于一致，这将为 17 世纪的科学革命创造有利条件。

---

① B. Gille, *Les ingénieurs de la Renaissance*, Paris, 1967, p.126.

② *Ibid.*, p.126—135.

③ E.J. Dijksterhuis, *Die Mechanisierung des Weltbildes*, p.284.

④ R. Taton, *La science antique et médiévale*, p.595 ss.

第十一章　实验科学与自然的机械化

1. 古代和中世纪的实验

我在前面曾经引用过希波克拉底派著作《论医术》的作者于公元前 5 世纪末写的一个文本，它已经认为实验是强迫自然透露所隐藏的东西：　164

> 当自然拒不交出迹象[即临床症状]时，我们可以凭借医术去寻找制约手段让自然放手，虽然自然遭到侵犯，但不会受到损伤；随后被释放时，她便会向熟悉医术的人透露应当做什么。①

正如我指出的，这里我们已经看到，寻求自然的秘密类似于

① Hippocrate, *De l'art*, XII, 3, p. 240 Jouanna.

一种审问的甚至是刑事的起诉，我们在近代早期的弗朗西斯·培根那里再次看到了这种类比。[1] 这一希波克拉底派文本接下

165 来的内容表明，作者旨在谈及医疗，即迫使病人的身体显示出症状，以诊断疾病。显然，这里距离要求用精确测量对假说予以严格验证的现代实验还太远。不过，一直都有初步的实验技术被付诸实践，特别是亚里士多德主义者，如兰萨库斯的斯特拉托(Straton de Lampsaque)关于重量和虚空的实验；[2]还有医生，他们对动物和人(囚徒或死刑犯)进行活体解剖；[3]托勒密做了一些著名的光学实验；[4]还有约翰·菲洛波诺斯(John Philopon)关于自由落体的重量与速度之比的实验。[5] 根据内莉·楚尤普洛斯(Nelly Tsouyopoulos)和米尔科·德拉赞·格麦克(Mirko Drazen Grmek)的说法，公元6世纪的菲洛波诺斯"第一次明确提出假说-演绎法来解决归纳问题"。[6]

我在上一章谈到了方济各会修士罗吉尔·培根，他认为其"实验科学"(*scientia experimentalis*)会超越魔法的奇迹。然而，我们不应因此而把他看成科学和实验方法的发明者。在他那个时

---

① 见本书第九章。

② G. E.R. Lloyd, *Une histoire de la science grecque*, p.193—196.

③ 关于医学实验，见 M. D. Grmek, *Le chaudron de Médée. L'expérimentation sur le vivant dans l'Antiquité*, Paris, 1997.

④ G. E.R. Lloyd, *Une histoire de la science grecque*, p.328—331.

⑤ *Ibid.*, p.359.

⑥ M. D. Grmek, *Le chaudron de Médée*, p.22; N. Tsouyopoulos, "Die induktive Methode und das Induktionsproblem in der griechischen Philosophie", *Zeitschrift für allgemeine Wissenschaftstheorie*, 5(1974), p.94—122.

代和他的作品中，*exerimentum* 一词并非指现代科学家所说的“实验”。这里的 *exerimentum* 首先与抽象的纯理性知识相对立。它其实是一种感觉上或精神上的直接认识或者活生生的体验。通过 *exerimentum*，我们可能会成为“专家”，善于揭示和利用自然的秘密，从而把自然用作一种工具。从根本上说，罗吉尔·培根的实验科学就是自然魔法，与力学密切相关，而且和自然魔法一样，其目的主要是实现异乎寻常的结果，首先是为了引起赞叹和惊讶，罗吉尔·培根认为这将使不信教者皈依。 166

2. 魔法的遗产和力学的遗产

历史学家们认为，弗朗西斯·培根第一次从理论上表述了实验科学的方法和希望。在他看来，试图利用存在于事物之间的同感和反感来操作的自然魔法最终是无用的。① 如果说魔法师“做了些事情，那么这些事情更多是为了引起赞叹和新奇感，而不是为了利益和实用”。它也许会保有某些自然操作，比如在入迷或者心物之间的超距交流这类现象中。他指出，真正的自然魔法尚不存在，从中也推导不出真正的形而上学，因为自然魔法预先假设了对形式的认识。② 其任务将是为人类已有和应当有的所有发明拟定一个详细目录。

---

① F. Bacon, *Novum Organum*, I, § 85, p. 147 Malherbe et Pousseur.

② F. Bacon, *Du progrès et de la promotion des savoirs*, trad. M. Le Dœuff, Paris, 1991, p. 133.

为了表述其发现和支配自然的计划，培根有意无意使用了从魔法或力学的概念世界中借来的表述。于是，就像奥古斯丁描述魔法是如何运作的一样，培根谈到了隐藏在“自然怀抱”中的东西。[①] 他写道：

167

> 有理由希望，自然的怀抱中仍然隐藏着许多有用的秘密，它们与已有的发明毫无相似之处，完全超出了我们的想象。[②]

在其他地方，培根又再次利用了关于魔法技艺和机械技艺具有强迫性的传统说法。他想表明实验对于科学进步的重要性。自古以来，学者们一直只是收集对自然现象的观察。亚里士多德就是这样来撰写《动物志》(*Histoire des animaux*)的。然而，重要的并非对观察进行准确的说明，而是借助于机械技艺所做的实验：

> 正如在公共生活方面，人在遇到麻烦时要比平时更容易发现人的天性及其内心情感的隐秘活动，因此，用[机械]技艺进行拷问要比在自然进程中更容易发现自然的秘密[*occulta*]。[③]

---

① 见本书第十章。

② F. Bacon, *Novum Organum*, I, § 109, p. 165 Malherbe et Pousseur (译文略有改动)。

③ *Ibid.*, I, § 98, p. 159.

于是,这里我们再次遇到了用类似于审问的方式来揭示自然的秘密。[1] 自然是遭到严刑逼供的被告(或女巫?)。

因此,新科学的希望和规划与魔法和力学是一致的:其目标是由自然中隐藏的潜能产生各种有用的奇妙结果。在《新大西岛》(*La nouvelle Atlantide*)中,弗朗西斯·培根设想了一种科学研究中心——"所罗门宫",它分成了各个实验室,致力于解决不同类型的问题。所罗门宫的创始人对其事业的重点规定如下:"我们机构的目标是认识事物的原因及其运行的秘密,扩大人类的知识领域,以实现一切可能的东西。"[2]这是一项集体事业。每一位研究者都有明确的任务,服务于共同的工作。接着,这位创始人列出了各种研究项目。例如,在巨大的地下洞穴中,科学家们试图造出新的人工金属;此外,加入硫酸、硫磺、铁、铜、铅、硝石等矿物,可以制造出喷泉来模仿自然温泉;在巨大的建筑中,另有人在力图掌控雨、雪、雷电等气象;在花园里,人们试图使植物早熟或晚开花,改变果实形态,制造全新的植物;在公园和围场中,有人做各种实验来饲养动物,包括摄入毒药,活体解剖,绝育,改变它们的形态、颜色和大小,创造新品种。弗朗西斯·培根相信自然发生,他认为蛇、蠕虫、昆虫和鱼可以生于腐烂的物质。[3] 卡洛

168

---

① 见本书第九章。

② F. Bacon, *La Nouvelle Atlantide*, trad. M. Le Dœuff, Paris, 1995, p. 119. W. Eamon 在 *Science and the Secrets of Nature* 第九章中讨论了培根计划的整个历史意义。

③ *Ibid.*, p. 119—129.

琳·麦茜特(Carolyn Merchant)正确地将这一计划与德拉·波塔的自然魔法计划相比较,例如,德拉·波塔也希望改变花的颜色,尤其希望用腐烂的物质造出蠕虫、蛇和鱼。[1] 此外,这里列出的项目使我们想起了罗吉尔·培根甚至是达·芬奇所想象的发明。比如这里我们看到了能使远处物体看起来更近或者使近处物体看起来更远,以及放大微小物体的光学仪器;还看到了飞行器、潜水艇和自动机。麦茜特强调,弗朗西斯·培根的计划是对环境和自然本身的操纵,它恰恰是我们目前正在努力实现的计划,不仅对自然而且对人类都可能带来灾难性后果。[2]

169

3.17世纪的机械论革命

在1644年的一封信中,坚定支持对现象进行机械论解释的梅森(Mersenne)神父写道,他的时代"是一场普遍运动的先导。……你如何看待这些革新?它们难道没有使我们预感到世界末日吗?"[3]

在一段引人注目的话中,罗伯特·勒诺布勒描述了那个对人类历史和地球意义不可估量的事件,即所谓的机械论革命,它始于伽利略:

---

① C. Merchant, *The Death of Nature*, San Francisco, 1990, p.182—183.

② *Ibid.*, p.180—186.

③ 1644年3月12日写给Rivet的信,引自R. Lenoble, *Mersenne ou la naissance du mécanisme*, Paris, 1943, p.342.

> 若干年后，自然将会从宇宙女神的地位上跌落下来，沦为一种机器，这种耻辱是闻所未闻的。这一耸人听闻的事件有一个精确时间，那就是1632年。是年，伽利略出版了《关于两大世界体系的对话》，其主要人物在威尼斯兵工厂进行对话。真正的物理学可以从工程师的讨论中显现出来：我们今天不再能够想象这一看似文雅的场景为何如此具有革命性。……工程师已经征服了科学家的尊严，因为制造的技艺已经成为科学的原型。这意味着一种新的知识定义。知识不再是沉思，而是利用，是人在面对自然时的一种新态度：他不再像孩子看母亲一样看她，把她当作仿效的对象，而是想征服她，成为她的主人和拥有者。[1]

170

与罗伯特·勒诺布勒不同，我不会说“人”——即人类——从此以后有了一种对待自然的新态度。这有以下几个原因：首先，一般来说，我们必须非常谨慎地定义某一整个时期的心态。正如我已经说过并且还会指出的，[2]一般来说，“人”——指同一个人——对待自然并没有一种单一的态度：他可以有日常知觉，或者审美知觉，或者科学认识。科学家们很清楚地球是绕太阳转的，但在谈论日落时他们并不去想这一点。其次，现代科学支配自然的态度并不是什么新东西。这种普罗米修斯倾向一直存

---

① R. Lenoble, *Histoire de l'idée de nature*, p.310—312.

② 见本书第九章和第十八章。

171 在于力学和魔法当中;早在《创世记》中,神就已经命令人类统治地球了。应当认为,正是由于弗朗西斯·培根、笛卡尔、伽利略和牛顿的工作,决定性的突破(改变的不是魔法的抱负,而是魔法的方法)才可能取得。这些学者发现了如何以一种决定性的明确方式来推进这一支配自然的计划,即对可感现象中可度量和可量化的东西进行严格分析。

和几乎所有事件一样,这一事件也有多个同时发生的原因。首先有罗伯特·勒诺布勒谈到的工程师的胜利。正如我们已经看到的,它从中世纪晚期和文艺复兴时期就已经在酝酿了;[①]在15、16世纪,由于航海家做出的发现美洲等伟大发现,以及由工匠做出的印刷术等伟大发明,异乎寻常的知识进步加速了这种胜利,手工劳动的价值和尊严由此得以增长。1563年,工匠贝尔纳·帕利西(Bernard Palissy)写了一本书,其标题很好地表述了它的纲领:《使所有法国人都能学会如何增长财富的真正良方以及文盲将能学会一种为所有地球居民所必需的哲学》。[②] 在他看来,哲学不是从书本里学到的,而是通过接触自然学到的。16世纪初,胡安·路易·比维斯(Juan Luis Vives)在其《论科学的传授》(*De Tradendis Disciplinis*, 1531)中,以及拉伯雷在其《巨172 人传》(*Gargantua*, 1533)中,都鼓励学生去参观工匠的工场,观察那些直接接触自然的人的技能和操作过程。

---

① 见本书第十章。

② La Rochelle, 1563, éd. critique par Keith Cameron, Genève, 1988.

仪器制造的进步特别促进了始于16世纪的显微镜制造以及17、18世纪的望远镜制造。他们改变了观察的可能性,但我要指出,一些自然哲学家拒绝使用它们,因为他们担心这些工具可能会妨碍对事物的准确理解。[①]

当时,这种对实用知识的迷恋引发了对于书本知识和权威观点的一种深刻的、几乎普遍的蔑视。从此以后,科学不再依赖关于现象有过什么说法——亚里士多德曾在其博物学著作中收集了大量此类信息——更不依赖于亚里士多德、盖伦或托勒密的说法,而是依赖于所谓的经验,无论是个人的还是集体的,依赖于我们能够制造或构造出什么东西。权威的说法不再是真理。真理是时间之女,也就是说,真理源于人类的集体努力。[②]

目标不再是阅读和解释文本,从古人那里借来知识,而是要在做具体观察和精心设计的实验时让理性起作用。在《方法谈》的结尾,笛卡尔写道,他希望那些使用纯粹的自然理性,亦即思想未被经院学者破坏的人能比只相信旧书本的人更好地判断他的观点。[③]

173

于是,机械论革命与我们所谓的知识的民主化紧密联系在一起。科学不再是少数几个知悉秘密者的特权,就像魔法的情况那样,也不是少数几位学者或大学教授的特权,而是所有人都有权知晓。弗朗西斯·培根在《新工具》中以及笛卡尔在《方法谈》中

---

① 见本书第十二章。

② 见本书第十四章。

③ Descartes, *Discours de la méthode*, VI, § 77, p.649 Alquié.

都认为，他们提出的方法是一种能使所有人获得科学知识的工具。如果我们用手画一个圆，可能有的人画得好些，有的人画得差些，这取决于手的技巧。但如果我们用圆规画圆，它就不再依赖于手的性质。科学方法就是一个能使所有人平等的圆规。①

此外，弗朗西斯·培根在《新大西岛》中已经看到，科学发现并非独自工作的产物，而是科学家之间合作的结果。于是，我们在 17 世纪见证了科学院的蓬勃发展，科学家的工作在那里得到展示和讨论。

在伽利略这里，力学的含义发生了彻底改变。在古代和中世纪，力学是研究人工物的科学，也就是说，力学研究的是迫使自然为人类服务、在某种意义上"违反自然"的人造物体——虽然众所周知，为实现这一目标必须使用自然法则②——然而在伽利略之后，物理学与力学开始被明确等同起来。一方面，力学依赖于对自然法则的运用，另一方面，为了研究自然，伽利略的物理学利用了古代力学用于制造人工物的计算和数学概念。因此，科学家的操作就像工程师，必须重新构造自然机器的齿轮和功能。

174

在《哲学原理》(*Principes de la philosophie*)的"如何才能认识不可感物体的形状、大小和运动"这一章中，笛卡尔清楚地表述了这一过程。他对这个问题的回答如下。首先，他承认物体的最小部

---

① F. Bacon, *Novum Organum*, I, § 61, p. 121 Malherbe et Pousseur. Descartes, *Discours de la méthode*, I, § 3, p. 568 Alquié. J. Mittelstrass, *Die Rettung der Phänomene*, Berlin, 1962, p. 199, n. 314 提到了机械论革命的这个方面。

② 见本书第十章。

分是不可感的，也就是说，它们无法被感官察觉到。我们对物质实在所能形成的清晰分明的观念只有形状、大小和运动。但支配这些概念的规则是几何学和力学的规则。人类所能拥有的一切自然知识都只能由这些规则推导出来。在这项研究中，笛卡尔说，

> 几个人工物的例子给了我极大的帮助；因为我看不出来由工匠制成的机器与单凭自然构成的各个物体之间有任何差异，只不过机器的结果只取决于某些管子、弹簧或其他零件的排列，由于必须与制造者的手相协调，所以这些零件总是很大，其形状和运动可以看到，而引起自然物体结果的管子或弹簧通常太小，我们的感官察觉不到。此外，所有力学规则肯定都属于物理学，所以一切人工物也同样是自然物。例如，当一块钟表通过构成它的齿轮来标记时间时，这与一棵树形成果实同样地自然。于是，正如一个钟表匠端详一块并非他所做的表时，通常可由他看到的零件判断出他看不见的所有其他零件，因此，通过考察自然物的结果和可感部分，我试图认识它们那些感觉不到的部分必定是什么。[1]

175

因此，笛卡尔等机械论者拒绝接受关于人工技艺与自然过程之间的传统区分。在《哲学辞典》(*Dictionnaire philosophique*)

---

[1] Descartes, *Les principes de la philosophie*, IV, § 203, Descartes, *Œuvres philosophiques*, éd. F. Alquié, t. III, Paris, 1973, GF, p. 520.

的"自然"一文中,伏尔泰对这种情况给出了很好的总结:"我可怜的孩子,你要我告诉你真相吗?我已经有了一个不适合我的名字:我被称为**自然**,但我其实是技艺。"

从此以后,被用来构想和解释自然的模型是机器,而不是活的有机体。从这种角度来看,上帝是世界机器的建造者,处于它的外部:那位伟大的工程师、建筑师或钟表匠。这样的表述在17、18世纪屡见不鲜。[①] 于是有伏尔泰的著名台词:

> 这个宇宙让我难堪,我无法想象
> 这样一个钟表会没有钟表匠而存在。[②]

诚然,卢克莱修、卡尔西迪乌斯(Calcidius)和拉克坦修(Lactance)等古代作者,无论是异教的还是基督教的,都曾把自然说成是**机器**。[③] 但这些作者使用这一隐喻只是为了暗示自然美妙的组织。然而在拉克坦修等基督教作家那里,这则隐喻可以为一种机

176

① 例如 J. Kepler, *Mysterium Cosmographicum*, 16 C, trad. A. Segonds, *Le secret du monde*, Pans, 1984, p. 13:上帝像建筑师一样度量万物,见 Segonds 的注释; Leibniz, *Monadologie*, § 87.

② Voltaire, *Les cabales*,同时参见 Voltaire, *Œuvres completes*, éd. M. Beuchot, 1834, t. XTV, vol. III, *Poésies*, p. 261 中伏尔泰本人的评注。

③ Lucrèce, *De la nature*, V, 96; Calcidius, *Commentaire sur le Timée*, § 146 et § 299,拉丁文本见 Plato Latinus, t. IV *Timaeus a Calcidio translatus commentarioque instructus*, éd. J. H. Waszink, Londres-Leyde, 1962, p. 184, 19, et 301, 19. Lactance, *Institutions divines*, IV, 6, 1 指出,上帝是"世界机器的设计者"(*machinator mundi*)。关于机器隐喻,见 H. Blumenberg, *Paradigmen zu einer Metaphorologie*, Francfort, 1998, p. 91—96.

械论宇宙观打开大门。1377年，尼古拉·奥雷姆曾在自己的著作中把自然比作时钟，此时机械论的观点变得愈加清晰。① 1599年，在其伪亚里士多德《力学问题》译本之前的献辞结尾，莫南提勒(Monantheuil)宣称宇宙是上帝的工具，因为它是所有机器中最大、最强和最结构化的，是所有物体的系统(*complexio*)。② 这一隐喻将在梅森和笛卡尔那里拥有其全部的重要性和意义。

鉴于数学与力学古已有之的密切关联，由于开普勒、笛卡尔、伽利略、惠更斯和牛顿的工作，这种作为机械装置的自然形象的一个根本后果是产生了一门数学物理学，它将自己局限于现象的可量化和可测量的材料，旨在提出以方程形式来规范现象的定律。例如在伽利略看来，世界是一本书，除非我们知道书的符号，就不可能理解书的语言，而这些符号正是数学图形。③ 从自然的数学化这一决定性的转折开始，科学开始朝着近代物理学演变。

4. 自然的秘密

科学革命并未结束对自然秘密隐喻的使用，学者们继续诉 177

---

① N. Oresme, *Le livre du Ciel et du Monde*, II, 2, ed. by A. D. Menut and A. J. Denomy, translated with an introduction by A. D. Menut, Madison, Milwaukee and London, 1968, p. 282, ligne 142. 关于钟表隐喻，见 H. Blumenberg, *Paradigmen zu einer Metaphorologie*, p. 103—107.

② H. Monantholius, *Aristotelis Mechanica*, Graece emendata, Latine facta, Paris, 1599, Epistola dedicatoria, fol. a III r.

③ Galilée, *L'essayeur*, trad. C. Chauviré, Paris, 1980, p. 141.

诸它。例如在写于17世纪末的《笛卡尔传》(*Vie de Descartes*)中,阿德里安·巴耶(Adrien Baillet)就梅森神父这样写道:"从未有人比他更急于参透所有自然秘密,使一切科学和艺术臻于完美。"[1]帕斯卡则写道:"自然的秘密是隐而不见的;虽然它总是起作用,但其结果并非总能被发现。"[2]在1672年的《没病找病》(*Le malade imaginaire*)中,莫里哀(Molière)没有使用"秘密"一词,而是让贝拉尔多(Béralde)说:

> 到目前为止,我们机器的运作还很神秘,
> 一点也看不透:
> ……自然把厚厚的面纱置于我们眼前,
> 我们一点也无法知晓。

具有悖论意味的是,虽然在17世纪初即科学革命期间,自然不再被视为活动主体,不再被想象为一个女神,但也正是在这个时候,它以正在揭开面纱的伊西斯形象出现在许多科学著作的卷首插图上。[3]

然而,自然的秘密不再是自然向我们隐藏的超出现象的不可见的隐秘性质、隐藏的力量和未知可能性。凭借显微镜和望远镜,人类第一次看到了未知的物体。自然的秘密终于被揭示,用

① A. Baillet, *Vie de Descartes*, Paris, 1691, t. II, p. 352.
② B. Pascal, *Fragment d'un Traité du vide*, p. 78 Brunschvicg.
③ 见本书第十九章。

开普勒的话说,人成了“上帝作品的主人”。[1] 借助于显微镜进行研究的先驱之一安东·凡·列文虎克(Anton van Leeuwenhoek)[2]在《被揭示的自然秘密》(*Arcana Naturae detecta*)一书中发表了他的观察结果。[3] 例如,这些“自然秘密”包括他在研究工作中描述的东西:微动物(animalcules),现在要么被称为“纤毛虫类”(infusoires),要么是血球、细菌或精子。所有这些发现都为生物学提出了全新的问题。自然秘密还包括不平的月球地面、银河系的恒星、伽利略借助望远镜发现的木星卫星,以及太阳黑子。

自然的秘密是隐藏在现象背后的运作机制,人们希望凭借扩展感官能力的仪器来发现这些机制。最重要的是,通过实验和数学计算,人们可以提出支配物质运动的方程,从而使构成世界这个大机器的机械所造成的结果得以再现。[4]

5. 基督教对机械论的启发

17 世纪机械论革命的基督教特征是怎么强调都不为过的。首先,机械论革命所特有的统治自然的计划(它与古代异教也并非

---

① J. Kepler, *De macula in sole observata*,引自 H. Blumenberg, *La légitimité des Temps modernes*, p.430, n. 2.

② 见 J. Rostand, *Esquisse d'une histoire de la biologie*, Paris, 1945, p.9—21 讨论列文虎克的那一章。

③ *Arcana Naturae detecta*, ab A. van Leeuwenhoek, Delphis Batavorum, H. Crooneveld, 1695.

④ 见 W. Eamon, *Science and the Secrets of Nature*, p.296—297.

格格不入)重复了神对亚当和夏娃的劝勉:“征服地球。”我们已经

179 看到,弗朗西斯·培根认为科学的任务在于赋予人以统治自然的权利,这种权利是神允许人得到的。由于原罪,人已经失去了其天真状态和对自然的支配力量。宗教可以弥补前一种损失,科学则可以弥补后一种损失。[①] 笛卡尔则将科学与学校中讲授的思辨哲学相对立,并提出一种实践哲学,该哲学知道火和其他元素以及我们周围物体的力量和作用,能使我们成为“自然的主人和拥有者”。他认为,为了人类的利益,他有义务使自己的物理学为人所知。[②]

世界机器的形象完美地对应于基督教关于造物主的观念,这个神完全超越于他的作品。此外,“他按照度量、数和重量来安排万物”,这段《圣经》经文仿佛是在促请科学家只把数学要素当成本质性的。[③] 圣奥古斯丁曾经引用这段经文来支持柏拉图的宇宙观,柏拉图说“神利用数来创造地球”。[④] 在这里,奥古斯丁重复了普鲁塔克的断言:“根据柏拉图的说法,神从未停止做几何学。”[⑤]在 17、18 世纪,神也被设想为一位几何学家[⑥]和数学家;[⑦]

---

① F. Bacon, *Novum Organum*, II, § 52, p. 334 Malherbe et Pousseur.

② Descartes, *Discours de la méthode*, VI, § 61, p. 634 Alquié.

③ Sagesse, 11, 21.

④ Augustin, *La Cité de Dieu*, XII, 19.

⑤ Plutarque, *Propos de table*, VII, 2, 1,718 b—c.

⑥ 例如,伏尔泰在讽刺作品 *Les cabales*, p. 262 的注释中谈到了“永恒的几何学家”:“被柏拉图称为永恒的几何学家的人。”

⑦ 见 Leibniz, *De rerum originatione radicali*, dans *Die philosophischen Schriften von Gottfried Wilhelm Leibniz*, éd. C. I. Gerhardt, t. VII, Berlin, 1890, p. 304:“神圣的数学在事物的彻底产生[*originatione*]中起作用。”

特别是在17世纪，培根、梅森、笛卡尔和帕斯卡等科学家都感到，他们的机械论世界观与宗教信仰之间有一种深刻的和谐。

不过，我并不认同罗伯特·勒诺布勒的乐观态度，他将18世纪与17世纪进行对比，说18世纪盛行着一种由宗教与科学的对立所引起的内疚感，而17世纪则提供了“与上帝达成和平一致的人类发展”的“非常罕见的例子”。[①] 根据他的说法，17世纪重新发现了13世纪的情感平衡，“那时科学与宗教携手并进”。要想看出这种描述的错误，我们只需回想起宗教裁判所对伽利略的定罪以及由此导致的对科学研究的影响。比如笛卡尔强调自己的理论是假说性的，犹豫是否发表他的《论世界》。[②] 应当说，17世纪的科学家也许在科学活动中受到了基督教信念的鼓舞，但并未受到声称代表宗教的教会当局的支持。

180

6. 神的秘密

这些科学家发现了一种避免谴责的方式，那就是诉诸神的全能和绝对自由的神学学说。这一学说在中世纪晚期得到了发展，以赞美上帝的超越性，并且继续被广泛接受。为了理解这一神学学说在当时的重要性，我们必须回到前面笛卡尔引用的那段文本。[③] 机械论解释在于试图定义世界机器的特定部分是如

① R. Lenoble, *Histoire de l'idee de nature*, p. 323.

② 见下一节关于神学唯意志论的讨论。

③ 见上文。

何运作的，以解释它们为何会这样向我们显现，但我们并不知道
181 它们实际上是否是按照我们重构的方式进行运作的。因此，机械论解释是假说性的。它假定了某种功能（尽可能用数学比例来定义），以解释我们看到的现象。然而，其实际运作有可能完全不同，还可以设想另外的假说。笛卡尔说得很清楚：正如一个钟表匠可以造出看起来相同但机制不同的两块表，上帝也可以创造出看起来相同但运作机制不同的世界："上帝有无穷多种方式可以使世间万物显示成现在这个样子，而人的心灵不可能知道他从这些方式中选取了哪一种来创造万物。"①

因此，笛卡尔声称只是描述了一种理想的和可能的现象世界。即使现象实际上是按照不同过程发生的，它们也仍然可以根据业已定义的机制再现出来，正如笛卡尔所指出的，这种机制可以被用于医学和其他技艺。② 重要的不是知道究竟是什么引起了给定结果，因为我们不可能知道这一点，而是这一结果是否可以再现。

顺便指出，这里我们可以看到从古代继承下来的两种方法论原则，后面我还会讨论：一是有可能对同一现象提出多种解
182 释；二是在每一种情况下必须选择一种与现象相一致的解释，或所谓的"拯救现象"（*sôzein ta phainómena*）。③

让我们回到那条神学原理。它出现在拉丁文版的《哲学

---

① Descartes, *Les principes de la philosophie*, IV, § 204, p. 521 Alquié.

② *Ibid*.

③ 见本书第十三章。

原理》中，笛卡尔宣称，根据他所提出的机械论解释，我们最终只能拥有一种“盖然确定性”，也就是“一种足以进行生活的确定性”，但如果从神的全能的角度来看，它仍然是不确定的。①

正如理查德·古莱(Richard Goulet)所指出的，犹太人和基督教的整个信仰中都蕴含着这种神的全能学说，公元 2 世纪的医生盖伦和公元 4 世纪的波菲利都很清楚这一点。② 盖伦反对摩西的神创论学说，认为有一些事物根据本性就是不可能的，神不会着手去做。③ 而在波菲利看来，基督教关于复活的教义，或者上帝消灭他所创造的世界的观念，都蕴含着上帝全能的彻底随意性：

> 有人会回答说：“神可以做任何事情。”但这不是真的。神不可能做一切事情。他不会让荷马不是诗人，不会让特

---

① Descartes, *Principia Philosophiae*, IV, § 205, Ch. Adam et P. Tannery, *Œuvres de Descartes*, Paris, rééd. 1964, t. VIII, 1, p.327: “*certa moraliter, hoc est quantum sufficit ad usum vitae, quamvis, si ad absolutam Dei potentiam referantur, sint incerta.*”

② 古莱跟我讲过他编译的 Macarios de Magnésie 的 *Monogénès* 中的一些非常有价值的信息，这是一部基督教作品，当时还未出版。借助这部著作，我们可以部分重构波菲利反基督教的论述。

③ Galien, *De usu partium*, XI, 1—4, 希腊文本和拉丁文译文见 Galien, *Opera omnia*, éd. C. G. Kühn, Leipzig, 1821—1833, rééd. Hildesheim, 1964—1965, t. III. p.905—906. Véronique Boudon, “Galien et le sacré”, *Bulletin de l'Association Guillaume Budé*, décembre 1988, p.334 将这一文本置于盖伦对神的态度的语境中。

洛伊不被摧毁，也不会让 2 加 2 等于 100 而不等于 4。①

然而，根据神学的唯意志论，如果 2 加 2 等于 4，那是因为上帝愿意如此。并没有什么可理解的必然性强加于上帝的绝对能力：

183

> 和所有其他造物一样，你所谓永恒的数学真理已由上帝确立，完全依赖于他。事实上，说这些真理独立于上帝，是说上帝是一个朱庇特（Jupiter）或萨图恩（Saturne），是让他服从于冥河和命运。②

上帝已经确立了这些真理，"就像一位国王在其王国中确立了法律"，笛卡尔在 1630 年 4 月 15 日写给梅森神父的信中这样说。上帝具有完全的自由，这一学说有两个后果。首先，现象，或者显现给我们的东西，有可能是经由不同于我们数学重建的过程根据力学定律产生的。我们绝不能认为科学能够知晓真正

---

① Macarios de Magnésie, *Monogénès*, IV, 24, 5 et Didyme l'Aveugle, *Commentaire sur Job*, X, 3(papyrus de Toura), éd. U. et D. Hagedom et L. Koenen, Bonn, 1968, p. 280. 见 fragm. 94 du recueil de A. von Hamack, *Porphyrios' Contra Christianos*, Abhandlungen der Königlichen Preussischen Akademie der Wissenschaften, Philosophisch—Historische Klasse, Berlin, 1916. 古莱指出，同样的学说已经存在于 Pline l'Ancien, *Histoire naturelle*, II, 27："他不能使 2 乘以 10 不等于 20。"

② Descartes, *Œuvres philosophiques*, t. I, p. 259—260 Alquié.

的、绝对确定的原因。结果是,我们可以对自然现象进行观察和测量,但不可能真正知道其原因。17 世纪的科学家们在神学中找到了充分的理由不再忧虑现象的目的性和本质,他们只要能够确定这些现象是如何根据力学定律发生的就足够了。也许正是出于这种考虑,梅森神父写道:“我们只看到了自然的外皮和表面,而不能探入它。”①

此外——这里我们回到了对宗教裁判所的恐惧这一主题——17 世纪的科学家们在这种神学的唯意志论学说中找到了一种方法来避免教会当局的谴责。通过断言“上帝有无穷多种方式可以使世间万物显示成现在这个样子,而人的心灵不可能知道他从这些方式中选取了哪一种来创造万物”,笛卡尔是在暗示,他只能提出一种可能的合理解释,事物的实际发生过程并不一定像他试图表明的那样。② 而这正是伽利略曾经拒绝承认的。正如爱德华·扬·戴克斯特霍伊斯(Eduard Jan Dijksterhuis)正确指出的,贝拉闵主教的确曾经建议伽利略满足于断言,如果接受地球绕太阳运转,认为这仅仅是一个假说,并因此承认不可能绝对断定事物实际上就是那样发生的,我们就可以在数学上更好地解释表观运动。③ 184

① M. Mersenne, *Questions théologiques*, Paris, 1634, p. 11,引自 R. Lenoble, *Mersenne ou la naissance du mécanisme*, p. 357. 见本书第二十章。

② 见本章前文。

③ E. J. Dijksterhuis, *Die Mechanisierung des Weltbildes*, IV, § 162, p. 429. 关于这种态度,见本书第十三章。

这种完全自由的创世意志也使我们回到了古代的神的秘密学说。塞内卡说过：

> 这些假说是真的吗？只有诸神知道，他们拥有关于真理的知识。而我们只可能探究这些领域，借助于猜测而在这些隐藏的事物方面取得进展，我们无疑失去了发现的确定性，但并未失去所有希望。①

然而，自由而全能的基督教上帝所隐藏的秘密要更加无法参透。因为斯多亚派的神自己就是理性，他是理性的必然，选择了最好的世界，并且通过永恒轮回无尽地重复它；而这个"全能的"上帝却是完全自由的，他从无穷多种可能性中选择了一种来创造世界，在这个世界中，理性的必然性本身就是上帝的自由创造。因此，理性的必然性依赖于一种从根本上说完全随意的选择。②

185

7."隐退的技师"

宗教与科学之间这种相当脆弱的和谐好景并不长，因为

---

① Sénèque, *Questions naturelles*, *Des comètes*, VII, 29, 3.

② Evelyn Fox Keller, "Secrets of God, Nature and Life", *History of the Human Science*, 3(1990), p. 229—230 非常有趣地表明，在16、17世纪，体现秘密领域的自然和生命的秘密被认为是女性的，与被视为男性的神的秘密相对。

我方才所讲的对机械论的宗教辩护包含有对自己的否定，很快就会失去意义。首先，对上帝存而不论也可以对现象的机制进行很好的研究。最终，在机械论体系中，上帝的角色仅限于给出第一推动，使世界机器开始运转。因此帕斯卡批评笛卡尔说：

> 我不能原谅笛卡尔；他在整个哲学中都想摆脱上帝行事，但无法避免让上帝给世界一个初始的推动；在这之后，他就不再需要上帝了。①

也有人说，在牛顿的体系中，上帝类似于一个"隐退的技师"，他不再有任何理由进行干预。② 因此，上帝逐渐成为一个无用的假说。据说拿破仑曾经问拉普拉斯上帝在其世界体系中扮演何种角色，拉普拉斯答道："陛下，我不需要这个假说。"③ 186

与机械论自然观密切相关的神学唯意志论中也包含着自我毁灭的种子。本来是打算通过肯定上帝意志的绝对自由来赞扬上帝的超越性，但正如莱布尼茨在与克拉克就牛顿物理学进行论战时所指出的，④机械论者所接受的绝对意志体系与绝对偶

---

① B. Pascal, *Pensées*, § 77, p. 360 Brunschvicg.

② E. J. Dijksterhuis, *Die Mechanisierung des Weltbildes*, IV, § 330, p. 549.

③ 引自 A. Koyré, *Du monde clos à l'univers infini*, Paris, 1973, p. 336 对这一演变做了有趣的分析。

④ H. Blumenberg, *La légitimité des Temps modernes*, p. 162.

然的伊壁鸠鲁体系之间是绝对等价的:“毫无根据的意志将是伊壁鸠鲁所说的偶然。”①

最终,双方都存在着完全的非理性,因为无论是唯意志论的专制主义还是伊壁鸠鲁原子的自发偏转,都不能为世界的现象提供理性辩护。双方都无法在全无差异的可能性之间做出任何理性决定,无论是伊壁鸠鲁的原子还是牛顿的绝对空间。从 18 世纪末开始,特别是在 19 世纪,不必考虑原因和目的并且忠于现象的机械论科学,完全不关心上帝是否存在以及他可能用何种方式创造世界。

8. “自然之死”

机械论革命的异常复杂的现象一直是许多研究的主题,我187 刚才的描述太过简要。关于这一现象,一些人谈到了“自然之死”。例如,卡洛琳·麦茜特写的一本非常有趣的书的标题就是“自然之死”。②

这一表述引人注目,但其实很不准确。它可能单纯指机械论革命之前哲学家和科学家所持的自然图像的消失。这的确是实际发生的事情,17 世纪的哲学家们都意识到了这一点。

① *Correspondance Leibniz-Clarke*, présentée par A. Robinet, Paris, 1957, p. 90.

② C. Merchant, *The Death of Nature. Women, Ecology and the Scientific Revolution*, New York, 1980(2e éd. 1990).

在那之前，自然一直被描述为一个能动的主体，无论是上帝自己还是一种服从于上帝、充当其工具的力量。在《论世界》中，笛卡尔明确拒绝了这种描述："这里我所说的自然绝不能理解成某位女神或任何其他类型的想象的力量，……我用这个词来指物质本身。"[1]事实上，对笛卡尔而言，"自然"一词既可以指上帝对物质的作用，也可以指物质本身，还可以指上帝在物质之中确立的整个定律。罗伯特·波义耳在 1686 年的一部著作中专门讨论了自然概念。他坚决拒绝把自然构想成一种人格性的东西。根据他的看法，我们不应说"自然做这做那"，而应说，"某某事物是根据自然做的，也就是根据上帝确立的定律体系做的"。[2]

然而，我们也许会怀疑，少数哲学家和科学家头脑中自然观念的转变是否真能引起人类自然态度的根本转变或者"自然之死"。直到 19 世纪初，当生产开始工业化，技术普遍蓬勃发展时，人与自然的关系才逐渐发生深刻改变。18 世纪的一些哲学家预感到了这种转变，并且提出了一种对待自然的不同进路。[3]但是在 17、18 世纪，在往往由科学家本人委托制作的艺术作品中，自然继续被人格化。我们很快就会看到，具有悖论意味的

188

---

① Descartes, *Traité du monde*, chap. VII, Descartes, *Œuvres philosophiques*, éd. F. Alquié, t. I, Paris, 1963, GF, p. 349.

② R. Boyle, *A Free Inquiry into the Vulgarly Received Notion of Nature*, Londres, 1686, *The Works of the Honorable Robert Boyle*, I—VI, éd. Th. Birch, 2e éd., Londres, 1772(réimpr. Hildesheim, 1966), t. V, p. 174 ss.

③ 见本书第十八章。

是，恰恰是在科学著作的卷首插图上，自然被人格化成伊西斯女神的形象。[①] 此外，伊西斯/自然成为革命时期和浪漫主义时期名副其实的崇拜对象。

① 见本书第十九章。

第十二章　对普罗米修斯态度的批判

1. 徒劳的好奇心

从古代开始直到中世纪和近代，力学家、魔术师和科学家都试图夺取他们所谓的自然的秘密。然而，由于普罗米修斯态度试图以人工方式破坏自然，有一些强大的思潮试图对这种过分的鲁莽加以遏制。 189

古代神话已经预见到，试图知晓神的秘密的人会因为鲁莽或傲慢而招致危险，这清楚地表现在普罗米修斯的故事和伊卡洛斯的故事中。普罗米修斯从众神那里盗取了火的秘密，从而遭到永恒的折磨，而伊卡洛斯以人工方式像鸟一样飞行，希望升到太阳那么高的地方，但却掉进了海里。我曾说过，在16、17世纪的寓意画册中，这两个人物象征着好奇心或主张支配自然所带来的危险。[①]

---

① 见本书第九章。

首先,我必须提到这样一种哲学传统,它反对徒劳的好奇心,因为这会使灵魂不再关心道德生活。[①] 正如我们看到的,苏格拉底的立场便是如此,即完全拒斥自然研究。[②] 而其他哲学家虽然承认自然研究的重要性,却担心人们沉迷于它。塞内卡写了一部讨论"自然问题"的著作,但认为希望知道超出实际需要的东西是一种放纵。[③] 在这方面,他可能受到了犬儒主义者德莫特里奥斯(Démétrius)的影响,并引用了后者具有相同倾向的话。[④] 德莫特里奥斯说,关于自然有许多问题,解决它们既不可能,也没有用处:"真理隐藏在深渊中,隐藏在黑暗中。"[⑤]然而,自然并不占有自己的秘密,因为它把给我们带来幸福和道德进步的所有东西都摆在我们眼前,而且离我们很近。这对我们来说已经足够了。

190

至于伊壁鸠鲁主义者,他们之所以对自然研究有兴趣,仅仅是因为这种研究能使人摆脱对神和死亡的恐惧,从而使心灵宁静。伊壁鸠鲁写道:

> 如果对天象的忧惧不能扰乱我们,牵绊我们的死亡不

---

① 关于对好奇心的谴责和恢复名誉,见 H. Blumenberg, *La légitimité des Temps modernes*, p.257—518.

② 见本书第九章。

③ Sénèque, *Lettres à Lucilius*, 88, 36.

④ Sénèque, *Des bienfaits*, VII, 1, 5—6.

⑤ Épicure, *Maximes capitales*, XI, Épicure, *Lettres*, *maximes*, *sentences*, introd., trad. et notes par J.-F. Balaudé, Paris, 1994, p.201.

曾烦扰我们，对痛苦和欲望限度的无知也不会让我们担心，那么我们就不需要研究自然。[①]

我们在《蒂迈欧篇》中看到的造物主的观念可能会使人对创造宇宙的神圣秘密保持敬畏，不再提出假说来解释自然现象是如何产生的。

191 柏拉图主义者犹太人亚历山大的菲洛谈到了“知识的限度”，他建议人类认识自己，而不是自以为知道世界的起源。我们不能过于自负，竟然以为参透了这个神圣的秘密，就像那些所谓的圣人，不仅吹嘘自己知道每一个事物是什么，而且还虚张声势地补充了关于原因的知识，“就好像世界创生时他们在场，……当过造物主的顾问似的”。[②] 努力认识自己才是更好的做法。几个世纪后，奥古斯丁谴责好奇心是“目欲”，是即使痛苦也想要新的体验。[③] 我们屈从于好奇心，这既表现在观看奇景和修炼魔法，也表现在试图知晓超出我们理解力的自然作品，以及向上帝祈求神迹。

正如我们已经看到的，对犹太人和基督徒来说，《创世记》里讲述的神对亚当说的话赋予了人一种统治地球和利用低等生物的权利，因此在中世纪末期、文艺复兴时期和近代，这些话激励

---

① Philon, *De migratione Abrahami*, § 134.

② *Ibid.*, § 136.

③ Augustin, *Confessions*, X, 35, 54. 关于奥古斯丁对好奇心的谴责，见 H. Blumenberg, *La légitimité des Temps modernes*, p. 353—371.

人们发现自然的秘密,致力于科学研究,特别是人们看到,科学方法的运用使科学得以进步。[1] 然而,17 世纪的科学家却不得不承认这种事业有一个限度:对现象进行研究之后,需要在神的意志这一无法参透的秘密面前止步,神凭借意志从所有可能的世界中选择了这个世界。

2. 批判强迫自然的技术

192 第二,古代就已经有人对任何强迫自然的技术的正当性提出了疑虑。在色诺芬(Xénophon)的《回忆苏格拉底》(*Mémorables*)中,苏格拉底质疑自然研究是否是无私欲的,他怀疑,那些试图知晓神性事物的人相信,一旦知道"每一个事物是通过什么必要条件而产生的",就可以随心所欲地产生风、雨、四季以及其他任何可能需要的东西。[2] 因此,在这一时期我们已经可以预见到科学的普罗米修斯野心。

我们已经看到,西塞罗提到了经验派(Empiristes)医生的顾忌,他们担心如果通过解剖来研究,那么"失去了包裹的器官可能会发生改变"。[3] 活人的内脏和尸体的内脏看起来是不同的;情绪已经可以改变内脏的样子,死亡的影响就更大。[4] 公元 1

---

① 见本书第十一章。

② Xénophon, *Mémorables*, I, 1, 15, trad. L.-A. Dorion.

③ 见本书第三章。

④ 根据 M. D. Grmek, *Le chaudron de Médée*, p.65,亚里士多德(转下页注)

世纪的拉丁百科全书编纂者塞尔苏斯(Celse)也转述了经验派医生的这一观点。在他们看来,教条派(Dogmatiques)医生希罗菲洛斯(Hérophile)和埃拉西斯特拉托斯(Érasistrate)在希腊化时期对罪犯所做的活体解剖是残忍的行为:“一种负责守护人类健康的技艺却导致了人的死亡,而且是最残忍的死亡。”不仅如此,这种死亡是无用的,“因为我们不知道以如此的强迫为代价能够换来什么”。[①]

除了方法和道德上的这些疑虑,还有一些担忧或可称为生态的。魔法师和实验家都试图除去自然的面纱。但如果自然隐藏自己,她难道没有理由吗?她难道不是想以这种方式来保护我们,使我们免遭可能降临的危险,以免我们一旦掌控她,我们的技术进步就会对我们造成威胁吗?

193

这些担忧尤其与矿山开采和挖掘地下巷道有关。着眼于人在黄金时代以后的堕落,奥维德从这些技术中已经看出,黑铁时代的人完全丧失了道德:

(接上页注)“确信,人工条件的实现将使自然事实变得反常并使事件遭到扭曲。如果我们可以暗中监视自然,我们就不能通过强制的手段从中夺取秘密”。但我看不出这一解释基于亚里士多德的哪个文本。

① Celse, *De la médecine*, Préface, § 40, p. 134 Serbat. 关于活体解剖问题,见 M. D. Grmek, *Le chaudron de Medée*, p. 135—140, et W. Deuse, “Celsus im Prooemium von ‘De Medicina’: Römische Aneignung griechischer Wissenschaft”, *Aufstieg und Niedergang der römischen Welt*, II, 37, 1, Berlin-New York, 1993, p. 819—841,其中给出了一份翔实的参考书目。

人们不仅要求丰饶的土地交出应交的五谷和粮食，而且还深入大地的腑脏，把她所隐藏的东西掘了出来，……这些宝物又引诱人们为非作歹。不久，有害的铁出现了，黄金比铁更有害。随之出现了战争，战争用铁也用黄金。[①]

塞内卡重复了同样的主题。我们不是沉思广袤的宇宙，不是满足于土地为我们提供的好东西，而是从土地中掘取隐藏之物，即有害的东西：

父神让我们接触到了一切对我们有益的东西。他并非等待我们开展研究，而是将其自发地给了我们，[②]并把有害之物尽可能深地埋藏起来。我们只能怪自己。我们发现的东西会导致我们违背自然的意愿堕落下去，自然本来把这些东西隐藏了起来。[③]

194 无论如何，与他严词批判的波西多尼奥斯不同，[④]塞内卡认为技术进步——不是知识的进步——会危及道德生活，因为技术进步的原动力是对奢侈和感官享受的爱。[⑤]

---

① Ovide, *Métamorphoses*, I, 137.

② 见 Sénèque, *Des bienfaits*, VII, 1, 6:"自然没有隐瞒任何能使我们幸福的东西。"见 Pline l'Ancien, *Histoire naturelle*, XXIV, 1.

③ Sénèque, *Lettres à Lucilius*, 110, 10—11.

④ *Ibid.*, 90; 关于波西多尼奥斯，见后文。

⑤ 见本书第十四章。

公元 1 世纪下半叶，老普林尼在《自然志》中表达了同样的抱怨。[①] 他担心技术的进步会对道德产生不良后果，认为技术进步可能会导致奢华并最终导致道德沦丧，而不仅仅是满足人类必不可少的需求。[②] 如果目标是黄金白银，采矿研究的驱动力是贪婪，如果目标是铁，采矿研究的驱动力是仇恨。它之所以无法让人接受，更是因为地球表面已经为我们提供了生活和健康所需的一切："如果我们只想要地球表面上的东西，也就是正处于我们脚下的东西，我们的生活将会多么天真、快乐和优雅啊。"除了这些教化性的思考，我们还看到，普林尼担心人类的种种做法会危及自然，比如地球内部采矿会对山脉产生影响。[③] 这里，地球母亲的形象出现了。在普林尼看来，地震似乎表现了"这位神圣母亲的愤怒"，因为我们探入她的腑脏，夺走了我们欲求的对象。《埃特纳火山》(*l'Etna*)一诗的无名氏作者也悲叹人类不去做无私欲的科学研究(这应是他们主要关心的事)，而是宁愿折磨地球，夺走她的宝物。[④]

---

① Pline l'Ancien, *Histoire naturelle*, XXXIII, 2—3; 也见 II, 158。文艺复兴时期也有人批评采矿活动，如 Spenser，见 W. M. Kendrick, "Earth of Flesh, Flesh of Earth: Mother Earth in the *Faerie Queene*", *Renaissance Quarterly*, 27 (1974), p. 548—553. C. Merchant, *The Death of Nature*, p. 29—41 从其第一章"作为女性的自然"的角度分析了这些古代文本。

② Pline l'Ancien, *Histoire naturelle*, XXXVI, 1—8.

③ *Ibid*.

④ 这段拉丁文本及英译文见 J. W. Duff et A. M. Duff, *Minor Latin Poets*, Londres-Cambridge(Mass.), 1945, p. 382—383(vers 250 ss.).

3. 原始主义

195 所有这些都对应于所谓的“原始主义”倾向，激励这种倾向的是黄金时代的神话，即那幅理想的原始生活图像。[①] 在这里，完美的人类位于时间的开端处，技术进步是堕落的一个迹象。黄金时代是赫西俄德在《工作与时日》(*Les travaux et les jours*)里提到的克罗诺斯时代。那时，在正义女神狄刻(Diké)的统治下，人们过着无忧无虑的神仙般的生活，私有财产尚不存在。地球物产丰富，足以养活人类，人们无须工作。恩培多克勒认为，在阿佛洛狄忒的统治下，初民们食素，对战争闻所未闻。[②] 我们在罗马人那里也看到了这个黄金时代的主题。奥维德在《变形记》(*Métamorphoses*)里赞扬了这个理想时代。[③] 当时没有压迫也没有法律，诚信和美德便是准则。没有法官，也没有航海、贸易、战争或武器。地球不必耕作便可产生果物和庄稼。然而，这样一个美好开端过后，人类开始堕落。黄金族依次被白银族、黄铜族和黑铁族所取代。黑铁族便对应于人类目前的状态，它是那样糟糕，以致正义女神、诚信女神和美德女神均已

---

① A. O. Lovejoy, G. Boas, *Primitivism and Related Ideas in Antiquity*, Baltimore, 1935; R. Vischer, *Das einfache Leben*, Gottingen, 1965.

② Empédocle, fragm. 128, Dumont, p. 427.

③ Ovide, *Métamorphoses*, I, 89. 关于这一主题，见 J.-P. Brison, *Rome et l'âge d'or. De Catulle à Ovide, vie et mort d'un mythe*, Paris. 1992.

逃回奥林匹斯山。文明开始繁荣起来:造船,跨海,测勘田地,通过采矿来掘取地球隐藏的东西,制造武器。这种人类堕落理论是与关于世界变老的理论联系在一起的,接受后一理论的既有卢克莱修这样的伊壁鸠鲁主义者,他们说地球"已被耗尽,厌于产生东西",[1]也有塞内卡这样的斯多亚主义者,[2]他们预见到了最后的大灾难,在此之后是一个新的世界周期,同样的人类时代将会重现。 196

塞内卡仿照波西多尼奥斯,让人回想一个由圣贤做王的黄金时代,那时人类的生活非常简单,没有技术,也不奢华。[3] 然而渐渐地,堕落悄然潜入人间。王权变成了专制。于是各路圣贤,比如包括梭伦在内的七贤,不得不发明法律。道德的衰落也导致人类不再能够满足于原始的简单状态。根据波西多尼奥斯的说法,这一次同样是圣贤们试图通过发明各种技术来挽救道德败坏。关于最后这一点,塞内卡不再同意波西多尼奥斯的说法。如果说德谟克利特发明了拱顶和楔石,那并非因为他是圣贤,而是因为他是人;因为圣贤必定只关注道德和无私欲地认识自然。此外,正如塞内卡所说,波西多尼奥斯不得不承认,圣贤们虽然发明了新技术,但并没有去实践,而是把这些技术委托给了卑微的工匠。最后,他对黄金时代做了一种田园诗般的描述。

---

① Lucrèce, *De la nature*, II, 1122—1174.

② Sénèque, *Questions naturelles*, III, 30, 1—7.

③ Sénèque, *Lettres à Lucilius*, 90. 关于这封信,见 F-R Chaumartin, "Sénèque, lecteur de Posidonius", *Revue des études latines*, 66(1988), p. 21—29.

自然像母亲一样保护着人类。私人财产并不存在,人们像兄弟一样共享一切。土地比现在更肥沃。人们仰卧在星空之下,因197 此会静观夜空和群星的运动。不过,这些初民并不是圣贤,因为他们的天真乃是出于无知。

事实上,几乎所有其他哲学流派都持有这种原始主义和对简单生活的赞美。犬儒主义者和伊壁鸠鲁主义者尤其主张拒绝过剩、奢华和财富。犬儒主义者第欧根尼看到一个孩子用手捧水喝,遂把杯子扔了,宣称“神给了人安逸的生活,但人没有注意到这种安逸,因为他们还想要蜜饼、香料和其他精致的东西”。① 在第欧根尼看来,宙斯惩罚普罗米修斯发现火是正确的,因为“人的柔弱和奢华品位”正是来源于火。② 至于伊壁鸠鲁,他只接受必要的和自然的欲望,这意味着拒绝文明的改进。

最引人注目的讨论原始主义的古代文本是一部难以确定年代的《赫尔墨斯文集》(可能晚于公元4世纪),它的标题是 *Kore Kosmou*(意为“世界的瞳孔”或“世界的贞女”,指伊西斯)。③ 诽谤之神摩墨斯(Mômos)谴责赫尔墨斯把神创造的灵魂给了人体,从而造就了鲁莽而傲慢的人,这些人以其大胆而能看到“自

---

① Diogène Laërce, VI. 44.

② Dion Chrysostome, *Discours*, VI, 25, éd. et trad. anglaise par J. W. Cohoon, t. I. Cambridge(Mass.)-Londres, 1971, LCL n° 257, p. 262—263; 译文见 L. Paquet, *Les cyniques grecs*, Paris, 1992, p. 283.

③ *Kore Kosmou*, 44—46, *Corpus Hermeticum*, t. IV, éd. A. D. Nock, trad. A.-J. Festugière, Paris, 1954(2ᵉ éd. 1983), p. 15.

然的美丽奥秘”。[1] 他们将探索一切隐藏的东西：

> 他们扯出植物的根，鉴别汁液的品质，仔细检查石头的特性，不仅毫无理由地剖开那些生命体，而且还会解剖自己的同胞，以了解他们是如何构成的。[2]

198

他们敢于造船驶入大海；他们会到达地球的尽头，升到星空。在摩墨斯看来，只有一种办法能够羞辱人的傲慢和无限胆量，那就是让他满怀忧虑和操心。人们心中充满了实现计划的渴望，失败时他们会悲伤痛苦，备受折磨。这里我们想到了海德格尔在《存在与时间》[3]里引用的希吉诺斯(Hygin)的寓言，这则寓言说，操心女神(Souci)抟土造人。[4] 这可能是在暗指普罗米修斯，他在古代通常被视为人类的创造者，因为“普罗米修斯”同时有“先见者”和“忧虑”之义。无论如何，我们在这里看到了一种深刻的心理学道理，因为导致忧虑的正是普罗米修斯式的欲望和计划，特别是技术方案。

---

① 比如在 Platon, *République*, 487 a 或者 Lucien, *Jupiter Tragique* 中，摩墨斯是作为讽刺的化身而出现的，他对众神解释说，既然他们允许非正义统治人间，那么就不必惊讶于人类会怀疑众神的存在性。

② *Kore Kosmou*, 44—46, *Corpus Hermeticum*, t. IV, p. 15 Nock-Festugière.

③ M. Heidegger, *Être et Temps*, § 42, trad. F. Vezin, Paris, 1986(包括拉丁文本和译文)。

④ 拉丁文本及译文见 Hygin, *Fables*, éd. J.-Y. Boriaud, Paris, 1997, CCXX, p. 145.

4. 近代的担忧:卢梭和歌德

千百年来,这些抗议一直持续不断,并且随着科学技术的发展而壮大。这里我只考虑几个例子。1530 年,热诚拥护自然魔法的阿格里帕,却对文明的技巧诡计以及科学活动和手工活动中违反自然的操作进行了猛烈批判,例如在矿山中寻找贵金属,或者在农艺中奴役动物。①

199

18 世纪则出现了对科学知识演进的疑虑。首先是狄德罗的气馁态度,他绝非拒绝接受他所谓的实验哲学,但并不相信努力建造这座新巴别塔的科学家们有朝一日会实现自己的目标:

> 当我们把无穷多种自然现象与我们有限的理解力和器官的弱点相比较时,由于我们工作起来迟钝、缓慢而又频繁中断,富有创造力的天才甚为稀有,除了弄清楚将万物联系起来的存在之链上几个支离破碎的片段,我们还能指望什么呢?②

---

① Agrippa von Nettesheim, *De incertitudine et vanitate omnium scientiarum et artium*, Anvers, 1530; *De l'incertitude aussi bien que de la vanité des sciences et des arts*, trad. de Gueudeville, Leyde, 1726, 3 tomes. 有一个更为晚近的德译本 G. Güpner: *Über die Fragwürdigkeit und Nichtigkeit der Wissenschaften, Künste und Gewerbe*, Berlin, 1993.

② D. Diderot, *Pensées sur l'interprétation de la Nature*, § VI, Diderot, *Œuvres philosophiques*, éd. P. Vernière, Paris, 1964, GF, p. 182.

在让-雅克·卢梭那里，我们看到了对古代忧虑和批判的强烈共鸣，特别是奥维德、塞内卡和普林尼所表达的那些看法。对于第戎学院提出的问题："科学与艺术的复兴是否有助于道德的净化？"，卢梭在 1750 年的论文中断然给出了否定回答。恰恰相反，科学和艺术败坏了道德，因为人类拒绝聆听大自然的警告：

> 她用来掩盖其一切活动的那张厚厚的面纱[即永恒的智慧]似乎足以告诫我们，她并不打算让我们从事徒劳的探索。但是，我们有没有从她的教训中汲取益处，或者是忽视它而不受惩罚呢？人啊！你们应该知道，自然想要保护你们不去碰科学，正像一个母亲要从她的孩子手里夺下一件危险的武器；而她所要向你们隐藏起来的一切秘密，也正是她要保护你们不去做的那些坏事，因而你们求知时所体会到的艰难，也正是她最大的恩典。①

200

然而，卢梭并不相信我们可以回到一种自然状态的黄金时代，因为人类最初生活在一种无意识和冷漠当中，彼此之间没有交流。此外，在他看来，黄金时代绝不可能存在，因为"远古时代愚蠢的人们无法从中获益"，"后来的开明人士也没有

---

① 见 J.-J. Rousseau, *Discours sur les sciences et les arts*, éd. F. Bouchardy, Paris, 1964, p.39.

注意到它”。① 我们无法回到过去来抑制科学和艺术的进步，即使它导致了道德的衰落、败坏和虚伪。但我们必须意识到揭示自然的秘密所导致的罪恶。因此，通过完善“艺术”，我们可以“修复艺术对自然造成的伤害”。②

因此，卢梭从自然的秘密这一观念中看出了自然对人类的警告，即科学、技术和文明会带来危险。但他认为，应当容许通过实验科学和文明的进步来揭示自然，尽管人类需要为此自担风险。在《实用人类学》中，康德很好地总结了卢梭在这方面的思想：

> 人们同样不可以把卢梭对敢于走出自然状态的人类的忧郁的［即灰暗的］描述视为宣扬重新回到自然状态和回到森林，并把这当作他的真实看法。他想要表达的是我们人类难以走一条不断逼近的道路来抵达目的地。这种看法并非凭空产生：古往今来的经验必定会使每一个对此加以思考的人感到困窘，并使我们人类的进步变得可疑。……卢梭并不认为人应当回到自然状态，而是让人从今天所处的阶段去回顾。③

201

① J.-J. Rousseau, *Du contrat social* (1re version), Rousseau, *Du contrat social*, éd. R. Derathé, Paris, 1964, p. 105. 见 A. O. Lovejoy, *Essays on the History of the Ideas*, Baltimore, 1948, “The Supposed Primitivism of Rousseau”, p. 34, n. 27; H. Blumenberg, *La légitimité des Temps modernes*, p. 477—478.

② J.-J. Rousseau, *ibid.*, p. 110.

③ Kant, *Anthropologie*, trad. Foucault, Paris, 1984, p. 165.

伊壁鸠鲁的描述可能也影响了卢梭，这些描述是卢克莱修在关于人类演化的诗作中给出的。一方面，卢克莱修说初民完全没有惊异，似乎完全不知道共同利益。① 另一方面，他区分了文化发展的两个阶段。② 在第一阶段，出于需要和需求，而不是出于对知识的渴望，人们不得不寻找对生活不可或缺的东西，也就是自然必需品。在第二阶段，不必要的欲望导致了航海、纺织、冶金等技术的发明，其目的是生产出这样一些东西，如果无节制地追求它们，就会导致奢华和战争：

> 人类徒劳无益地不停工作，心中充满了毫无意义的操心和忧虑。因为人不知道应该在哪里罢手，不知道感官享受能够达到何种限度。③

202 在卢梭看来，艺术源于人的激情，源于人的野心、贪婪和徒劳的好奇心。因此卢克莱修和卢梭都认为，理性必须学会节制欲望，"修复艺术对自然造成的伤害"。幸福并不在于过多的财富，而在于生活简单和亲近自然。最终，卢梭怀疑人类是否可以获得真理："难道我们生来就要死在潜藏着真理的那座源泉的边缘之外吗？"④

---

① Lucrèce, *De la nature*, V, 958.

② B. Manuwald, *Der Aufbau der lukrezischen Kulturentstehungslehre*, Wiesbaden, 1980. 也见 P. Boyancé, *Lucrèce et l'épicurisme*, Paris, 1953, p. 254—261.

③ Lucrèce, *De la nature*, V, 1430.

④ J.-J. Rousseau, *Discours sur les sciences et les arts*, p. 42 Bouchardy.

几年后，歌德将从完全不同的角度批判实验科学。他属于另一种传统，即西塞罗提到的经验派医生的传统，他们拒绝解剖，是因为这会干扰所要观察的现象。在歌德看来，一切人工的东西都无法揭示自然，这有一个具有悖论意味的极好理由：大自然"在光天化日之下依然充满神秘"，[①]她真正的面纱在于没有面纱；换句话说，她之所以隐藏是因为我们不知道如何看见她，虽然她就在我们眼前：

> 你们这些有轮、有齿、有轴并且有柄的器械无疑也在嘲笑我：我站在门口，你们就应当是钥匙；尽管你们的棱棱道道错综复杂，但你们拔不开这个门闩。大自然在光天化日之下依然充满神秘，不让人揭开她的面纱，而她不愿意向你的心灵表露的一切，你用杠杆用螺旋也撬不开。[②]

203　因此，歌德与弗朗西斯·培根相反。培根试图用实验拷问自然，迫使自然吐露秘密。而歌德却认为："自然在拷问之下保持沉默。"[③]然而，正如福音书所说，她对直接的问题总是给出坦率的回答。"对于直率的问题，她的回答是：是的！是的！不是！

---

① 见本书第二十章。

② Goethe, *Faust I*, vers 668—674, Goethe, *Théâtre complet*, Paris, Bibliothèque de la Pléiade, 1958, p.971.

③ Goethe, *Maximen und Reflexionen*, § 498, HA, t. 12, p. 434. 见§ 617, p.449，其中可以再次找到拷问室这一意象。

不是！其他一切都来自魔鬼。”

以机械为辅助的观察会扰乱对自然现象的“健康”观看：

> 显微镜和望远镜只会搞乱健康的理性。① 此外，由于人会运用健康的理性，所以人本身是可能存在的最伟大和最精确的仪器。新物理学最大的问题正在于，人与经验分离开来，人只希望认识通过人工手段显示出来的自然，甚至去界定和规定自然所能产生的结果。②

在歌德看来，要想发现自然的秘密，只有通过感知和对感知的审美描述。只有自然——即摆脱了一切中介的人的感官——才能看到自然。即使是观察也会妨碍我们看到活生生的实在，因为观察干扰和固定了现象。在这方面，歌德写了一首关于蜻蜓的可爱小诗：

> 变幻多姿的蜻蜓
> 在喷泉周围飞舞；
> 久久地悦我心目。

它时明时暗，忽红忽蓝。若是停下来，把它抓在手里，你便 204

---

① *Ibid.*, § 469, HA, t. 12, p. 430.

② *Ibid.*, § 664, HA, t. 12, p. 458.

只能看到一抹悲哀的蓝色:“剖析你的乐趣的人啊,这就是给你准备的东西。”①

5. 当代的担忧

20 世纪的科学家和哲学家对自然的机械化表达了同样的担忧。一些人谈及“世界的祛魅”或“自然之死”。我无法详述讨论这个问题的丰富文献,尽管应该引用乔治·杜阿梅尔(Georges Duhamel)、奥尔德斯·赫胥黎(Aldous Huxley)、里尔克和许多其他人的著作。1953 年 11 月 17 日和 18 日关于这一主题举行的两场演讲尤其重要,一场是马丁·海德格尔讲的,另一场是物理学家维尔纳·海森伯(Werner Heisenberg)讲的。海德格尔在讲座中强调了我所谓的当代技术的普罗米修斯特征。② 在他看来,这是一种旨在除去自然面纱的暴力手段:“支配现代技术的除去面纱是一种挑衅[*herausfordern*],逼迫自然交出一种可以提取和累积的能量。”③凯瑟琳·谢瓦莱(Catherine Chevalley)

---

① 引自 E. Cassirer, *La philosophie des Lumières*, Paris, 1966, P. 332, P. Quillet 译(德文题为 *Die Freuden*, dans Goethe, *Gedichte in zeitlicher Folge*, Francfort, 1978, p.67)。

② 关于这个问题,请读者参考凯瑟琳·谢瓦莱为海森伯《当代物理学的自然图景》法文版(Paris, 2000)撰写的出色导言,其中比较了海德格尔和海森伯的态度。

③ M. Heidegger, *Die Frage nach der Technik*,译文见 *Essais et conférences*, Paris, 1958, p.20,引自 C. Chevalley, *ibid*., p.103.

很好地总结了海德格尔对这一现象的立场:“在当今时代,人把包括他自己在内的一切事物都看成一种工具和可以开发利用的贮备,同时也失去了他自己的存在。”[①]在海德格尔看来,人类必须回到希腊意义上的“创制”(*poiesis*),它也是一种去蔽,或者说是使某物显露出来。[②] 因此,当代人可以把艺术当作一种手段来重新发现他与存在和与他自己的真正关系。在《当代物理学的自然图景》这场演讲中,海森伯斥责了同样的危险:“我们生活的世界已经被人彻底改变,我们处处遇到的都是人造的东西:把工具仪器用于日常生活,用机械来制作食物,对乡村的改造……,以致人除了他自己,什么都遇不到。”[③]与海德格尔不同,海森伯并不认为危险在于技术本身,而在于人类已经不能适应新的生活条件。

205

50 年后,我们的确必须承认,人类非但远远未能驾驭这种形势,反而发现正面临着更严重的危险。技术正在导致一种使人类自身日益机械化的生活方式和思维方式。然而,这种文明的无情进步是不可能阻止的。在此过程中,人不仅可能失去其身体,而且可能失去其灵魂。

---

① C. Chevalley, *ibid*., p. 106.

② 见本书第十七章。

③ W. Heisenberg, *La nature dans la physique contemporaine*, p. 136—137.

第六部分

俄耳甫斯态度:通过言说、诗歌和艺术来揭示秘密

第十三章　物理学作为一种猜测性的科学

1. 两种揭示自然秘密的方法

我区分了两种揭示自然秘密的方法，我称之为"普罗米修斯的"和"俄耳甫斯的"。在第五部分我简述了前一种方法从希腊力学的开端到 17 世纪机械论革命的历史，它为我们所处的技术和工业化世界开辟了道路。 209

现在我们来描述另一种方法，它在发现自然秘密时试图仅限于感知，不借助仪器，而是运用哲学的和诗意的言说或者绘画艺术的资源。现在，从柏拉图的《蒂迈欧篇》到保罗·克洛岱尔(Paul Claudel)的《诗艺》(*Art poétique*)，再到罗歇·卡耶瓦(Roger Caillois)的《普通美学》(*Esthétique généralisée*)，我们将发现另一个传统，其自然进路与普罗米修斯传统完全不同。

然而在某些时候，这两种传统彼此相遇并且相互补充。这种相互影响在柏拉图的《蒂迈欧篇》中已经有所勾勒，在塞内卡 210

等斯多亚派对自然的研究中则变得更加具体,它在达·芬奇和丢勒等文艺复兴时期的工程师和艺术家那里有清楚的表现,并且一直持续到今天,无论是在数学自然观中,还是在对自然的行为和行动的"公理"或基本定律所做的定义中。

2. 柏拉图的《蒂迈欧篇》

《蒂迈欧篇》是我所谓的俄耳甫斯态度的原型。世界的诞生和一切自然过程都是神的秘密。而人类只能理解通过自己的技艺所能制造的东西。因此,他们没有技术手段来发现由神所构造的世界的秘密:

> 如果希望通过与经验相对照来检查它,我们就会忽视人的状况和神的状况之间的差异;因为只有神知道不同元素如何可以混合成整体,以便此后将其分开,也只有他能够做到这一点。而无论是现在还是将来,人都不可能做到这一点。①

人类所能诉诸的唯一手段就是言说(discours)。从这个角度来看,在谈到创世的秘密时,我们应当试着通过话语的生成来模仿宇宙(从神那里)的生成。换句话说,我们应当试着在话语的运动中重新发现事物的生成运动。正因如此,《蒂迈欧篇》被

211

① Platon, *Timée*, 68 d.

呈现为一种创制(*poiesis*),也就是一种言说和一首诗,或者一个艺术游戏,它模仿神这个宇宙诗人的艺术游戏。[①] 于是柏拉图认为,世界这个神是在他的言说中诞生的:

> 这个神的确是在某一天诞生的,是在我们的言说中诞生的。[②]

这里我们第一次遇到了一个将在我们的叙事中起到至关重要作用的主题:艺术作品,言说或诗歌,作为一种认识自然的手段。用保罗·克洛岱尔的话说,这种认识不过是"一起诞生",因为艺术家支持自然的创造性运动,一件艺术作品的诞生最终不过是自然的诞生这一事件中的一个环节。[③]

然而,柏拉图说,这种言说属于"可能的神话"这一文学体裁。[④] 正如弗朗西斯·麦克唐纳·康福德(Francis MacDonald

---

① 关于这一主题,见 P. Hadot, "Physique et poésie dans le *Timée* de Platon", *Revue de théologie et de philosophie*, 113(1983), p. 113—133(repris dans P. Hadot, *Études de philosophie ancienne*, p. 277—305).

② Platon, *Critias*, 106 a.

③ P. Claudel, *Art poétique*, Paris, 1946, p. 62.

④ *Eikôs logos*: *Tim.*, 29 c, 30 b, 38 d, 40 e, 55 d, 56 a—b, 57 d, 59 d, 68 b, 90 e; *eikôs muthos*: *Tim.*, 29 d, 59 c, 68 d. 见 B. Witte, "Der *eikôs logos* in Platos *Timaios*. Beitrag zur Wissenschaftsmethode und Erkenntnistheorie bei dem späten Plato", *Archiv für Geschichte der Philosophie* 46(1964), p. 1—16; E. Howald, "*Eikôs logos*", *Hermes*, 57(1922), p. 63—79; L. Brisson, *Platon, les mots et les mythes*, Paris, 1982, p. 161—163.

Cornford)所说，[①]柏拉图在这里似乎暗示，他的对话属于苏格拉底之前那一系列伟大的神谱诗歌，比如赫西俄德、克塞诺芬尼和巴门尼德的著作，他们都曾用“可能的”甚至是“谎言”来谈这些作品。[②] 柏拉图语带讽刺地谈及他本人的努力，但这种讽刺丝毫没有减少他赋予这场伪造可能神话的游戏的重要性。无论如何，柏拉图坚持认为，关于宇宙生成的全过程，我们所能给出的说法仅仅是近似的和可能的：

212 在涉及诸神和宇宙生成的问题上，我们是无法提出在每一细节上都十分准确并且完全融贯的解释的。对此你不要吃惊。如果我们碰到可能性各不相同的解释，也只能满足于此。要知道，无论是作为说者的我，还是作为听者的你，都只是人而已，因此在这些事情上，我们应当接受一种可能的神话而不去奢求。[③]

至于具体的自然过程，柏拉图也坚持认为，他所说的仅仅是一种可能的解释。在讨论金属时，他说：

同样，从“可能的神话”这一文学体裁来谈论同类的所

---

① F. M. Cornford, *Plato's Cosmology*, Londres, 1937, p. 30.

② *Ibid.*, p. 29, 例如 Xénophane, fragm. 35, Dumont, p. 123: “Veuillez considérer de telles conjectures comme avant ressemblance avec la vérité.”

③ Platon, *Timée*, 29 c.

有其他物体也并非难事。如果作为一种暂时的放松，我们放弃关于永恒事物的讨论，而去考察关于事物诞生的可能说法，以便心无愧疚地获得愉悦，那么我们就把一种适度而合理的快乐引入了生活。[1]

因此，《蒂迈欧篇》是一则仅仅主张可能性的故事。这就是为什么从亚里士多德《诗学》的角度来看它属于诗歌而不属于历史的原因，因为它讲述的不是到底发生了什么（只有神才能做到），而是可能发生什么或应当发生什么。[2]

于是，柏拉图描述了一种理想的创世，例如在确定哪些三角形参与了元素的构成时，他认为要回答这个问题，我们必须研究哪些三角形是最美的等边三角形。他还指出，他会把能够发现更美三角形的人看成朋友而不是敌人，从而指明了其假说的限度以及不偏不倚的真理追求。 213

这种可能的言说旨在提供一种现代意义上的模型，即思考世界创生的一种可能方案。笛卡尔出于其他原因——对宗教裁判所的恐惧——而采取了同样的做法。用艾蒂安·吉尔松（Étienne Gilson）的话说，他在《方法谈》中[3]把《论世界》说成是"一个为了娱乐而虚构的神话，没有任何对历史性的要求"。吉尔松是在评论笛卡尔的如下文本时做这番评论的：

---

① *Ibid.*, 59 c—d.

② Aristote, *Poétique*, 8, 1451 b.

③ Descartes, *Discours de la méthode*, V, § 42, p.615 Alquié.

> 我决定……只谈及一个新[世界]中可能发生的事情，也就是说，假定现在神在想象的空间中的某个地方创造出一团物质，足以构成这个世界。……接着我又表明，这团混沌中的绝大部分物质是如何按照这些定律以某种方式安排调整，形成了类似于我们天界的东西。①

正如于尔根·密特尔施特拉斯(Jürgen Mittelstrass)所指出的，柏拉图在《蒂迈欧篇》中并不试图给出一种关于世界实际状况的精确解释，②而是旨在表明，如果世界被理性地构造出来，也就是根据理型模型被构造出来，世界会如何呈现给我们。

214 我在本章开头谈到了两种自然进路之间的接触点。柏拉图的《蒂迈欧篇》为我们提供了第一个例子，因为柏拉图与笛卡尔的这种比较使我们看到了一种类似的做法，尽管他们的方法有着几乎无法逾越的距离。和"观念论"解释类似，机械论解释也仅仅声称可能性，只是假设性的。它们假设有某种尽可能用数学比例来定义的运作模式，以解释出现在我们眼前的结果。然而正如我们已经看到的，他们承认在现实中，相同的现象背后可能有不同的运作模式，可以提出另外的假说。③

正如普罗克洛斯所指出的，和几何学家一样，柏拉图从不

---

① Descartes, *Discours de la méthode*, texte et commentaire par É. Gilson, Paris, 1939, p.391.

② J. Mittelstrass, *Die Rettung der Phänomene*, p.111.

③ 见本书第十一章。

能证明的公理开始，特别是因果性原理以及“存在”与“生成”的区分。[①] 然后，他使用了巨匠造物主、养育者、女仆、搅拌碗等神话要素，还有数学要素，比如旨在解释元素构成的三角形。[②] 因此，正如吕克·布里松(Luc Brisson)和沃尔特·迈耶斯坦(F. Walter Meyerstein)所表明的，《蒂迈欧篇》是未来科学理论甚至是当时科学理论的模型，特别是因为它以公理为出发点，这些公理本身无法得到证明，但有助于构造一种对宇宙的合理的可能描述，即最终“发明”它。[③]

这两种方法之间还有一个接触点，那就是认为数学模型可以解释现象。正如我们已经看到的，柏拉图的作为几何学家的神成了启蒙运动所说的那个永恒的几何学家。[④] 因此，实在的结构是数学的。然而，在柏拉图那里无法验证的假说将成为机械论者的严格计算。

215

3. 物理学的猜测性

在古代，物理学是一种言说，而不是——除了我已经提到的非常罕见的例外——实验操作。[⑤] 它是一种言说，不过是一种猜

① Proclus, *Commentaire sur le Timée*, t. II, p. 66—67 Festugière.

② Platon, *Timée*, 27 d.

③ L. Brisson et F. W. Meyerstein, *Inventer l'Univers. Le problème de la connaissance et les modèles cosmologiques*, Paris, 1991.

④ 见本书第九章。

⑤ 见本书第十一章。

测性的言说。事实上,不仅是柏拉图主义者,甚至所有古代哲学学派似乎都认识到了物理学整体上或至少是其细节的猜测性。关于亚里士多德和他的学派,《物理学》的评注者辛普里丘(公元6世纪)指出,通过定义什么是严格的证明以及断言它必须从自明的原理出发,亚里士多德暗示物理学仅仅是猜测性的,因为它并不符合这些标准。在这种语境下,辛普里丘引用亚里士多德的弟子特奥弗拉斯特(Théophraste)的说法,即我们不能因为这一点就瞧不起物理学,而是必须从物理学出发,因为它最适合我们的人性和我们的能力。[①] 在这段话中,很难说我们是否应当把断言自然研究的猜测性归于特奥弗拉斯特,但这是很有可能的,因为普罗克洛斯告诉我们,特奥弗拉斯特试图以一种类似的方式来解释雷、风暴、雨、雪和冰雹的起源。[②] 特别是在这类问题中,所有学派都放弃了教条主义,承认可能有多种解释。

216

在《卢库卢斯》(*Lucullus*)中,西塞罗坚持自然研究的猜测性,详述了哲学家在面对不可见和无法企及的事物时所面临的所有问题:地球的位置,月亮上的居民和山脉,地极处人的存在,地球的绕轴自转,太阳的大小,灵魂的存在和本性,原子和虚空,世界的多重性,意象在梦中的起源,等等。他说:"贤哲会惧怕草率地做出判断,如果在这类问题上他发现了某种可能的东西,他就会认为自己做得很好了。"[③]他正确地强调,在这些问题上,每

① Simplicius, *Commentaire sur la Physique*, t. I, p. 18, 29—34 Diels.

② Proclus, *Commentaire sur le Timée*, t. III, p. 160 Festugière.

③ Cicéron, *Lucullus*, 39, 122.

一个哲学学派都可能有不同的看法。

在斯多亚派塞内卡的《自然问题》中,我们看到了对待地界和天界现象的同样态度。在他看来,关于物理问题并没有什么正统的斯多亚主义学说;他只是选择了在他看来最有可能的解释。同样具有斯多亚倾向的斯特拉波则强调,物理现象的原因是隐藏着的(*epikrupsis tôn aitiôn*)。[①] 奥勒留也暗示了这种态度:

> 在某种意义上,事物被这一面纱所隐藏,许多哲学家都认为它们无法把握;斯多亚派自己也认为它们很难把握。[②]

217

有一部被错误地归于盖伦但作者可能是其同时代人的著作,将科学定义为一种可靠而严格的知识,它摆脱了谬误,以理性为基础,并认为在哲学中找不到它,特别是在讲述自然时或者在作为纯粹技艺的医学中。[③]

显然,新柏拉图主义者忠于柏拉图主义传统,认为自然是一种派生的、低劣的可感实在,因此很难认识。普罗克洛斯多次指出,自然研究(*phusiologia*)是一种可能的言说(*eikotologia*)。[④] 无论是在服从于生成的地界物体领域,还是在天体领

---

① Strabon, *Géographie*, II, 3, 9.

② Marc Aurèle, *Écrits pour lui-même*, V, 10.

③ [Galien], *Introductio sive medicus*, t. XIV, p. 684 Kühn.

④ 例如 Proclus, *Commentaire sur le Timée*, t. II, p. 215 Festugière:对世界的研究只可能是一种可能的言说(*eikotologia*)。

域，我们都必须满足于近似的东西，因为我们住在宇宙中很遥远、很低劣的地方。自然知识的这种近似性清楚地表现在天文学假说中，它们由不同的假说得出相同的结论。一些人声称通过偏心圆理论来“拯救现象”（*sôzein ta phainómena*），另一些人通过本轮，还有一些人通过沿相反方向旋转的球体来肯定同样的事情。[①]

4. 对同一现象的多种解释

显然坚持其物理学的基本原则——原子和虚空，因为它们使伊壁鸠鲁能够放弃神创假说——的伊壁鸠鲁乐于承认，在整个物理学中，有可能为同一现象(比如二至点或食)提出不同的解释，每一种解释都必须符合现象。[②] 作为伊壁鸠鲁的忠实弟子，卢克莱修极为清楚地提出了这一原则：

218

> 很难确定这些解释中哪一种在我们的世界中是正确的。不过，我所提出的解释也许是真的，可能存在于产生方式各不相同的所有世界中。关于星体的运动，我提出了若干种解释，试图阐明可能存在于所有世界中的原因。然而在我们的世界中，就像在别处一样，必定存在着一个使星体

① *Ibid.*, p. 212.

② Épicure, *Lettre à Pythoclès*, 86—87; *Lettre à Hérodote* 78—80, avec les explications de J.-F. Balaudé, Épicure, *Lettres*, *maximes*, *sentences*, p. 102 et 107.

运动的原因。但至于这个原因是什么，一次只走一步的人是不可能讲授的。[①]

我们饶有兴味地注意到，在卢克莱修这里，这种多重解释理论与伊壁鸠鲁的多重世界观有关。所提出的解释是一些假说，对应于不同类型的世界形成过程。这种做法类似于笛卡尔，后者声称“只谈及一个新[世界]中可能发生的事情”。

这种多重解释理论也对应于古代物理学观的另一个方面，我将在后面讨论它。物理学被视为一种精神修炼，特别是在伊壁鸠鲁主义者那里，其目的是通过抑制对神和死亡的恐惧来确保心灵的平和。因此，提出多种解释（所有这些解释都是可能的，因为它们可以解释观察到的现象）是为了帮助使灵魂保持宁静。 219

5.“拯救现象”

这两种自然进路之间的另一个接触点，即古代天文学家的方法论原则——拯救现象，即提出解释来说明我们看到的东西——仍然被最早的机械论物理学家所接受，但其含义完全改变了。辛普里丘将它归于柏拉图，但事实上，正如密特尔施特拉斯所表明的，这一原则可以追溯到天文学家欧多克斯(Eudoxe)。[②] 无论如

① Lucrèce, *De la nature*, V, 526—533, trad. A. Ernout.

② J. Mittelstrass, *Die Rettung der Phänomene*, p. 16.

何，为了理解其含义，我们必须回想一下，在古人看来，星星是神圣的，是被神圣的灵智所推动的。它们的运动必定是完美的、规则的，因而是圆周运动。然而，我们观察到的行星的运动却是不规则的，因此是不合理的。在谈及金星和火星等行星的运动时，老普林尼在其中看到了“自然的秘密”。① 为了解释可感现象与预想的关于神圣星体的真理之间的这种不一致，必须设想一个几何模型，以表明为什么规则的圆周运动在人类观察者看来会显得不规则。借助于这些假说，我们便可以“拯救现象”，也就是把理论假设与感觉证据调和起来。通过假定地球静止于宇宙的中心，或者像庞托斯的赫拉克利德(Héraclide du Pont)那样相反地假定地球运动而太阳静止不动，越来越精致的圆周运动体系被发明出来。天文学家们欣然接受了多种假说的可能性，其中每一种假说都能以某种方式“拯救现象”，而不可能确定天上究竟发生了什么。② 用辛普里丘的话说：

220

> 就这些假说发生分歧不会引起非议，因为我们旨在了解必须把什么作为假说提出来，从而拯救现象。因此，如果一些人试图通过某些假说来拯救现象，另一些人试图通过

---

① Pline l'Ancien, *Histoire naturelle*, II, 77.

② 关于这一主题，参见极为重要的文本 Simplicius, *Commentaire sur la Physique*, t. I, p. 292, 25 ss. 其英译本见 Simplicius, *On Aristotle Physics*, II, 2, trad. B. Fleet, Londres, 1997, p. 47.

另一些假说来拯救现象,这并不让人奇怪。①

16 世纪的路德宗神学家奥西安德尔在哥白尼《天球运行论》的序言中表达了同样的看法,他就哥白尼的日心假说写道:

> 这些假说无须为真,甚至并不一定可能为真,只要它们能够提供一套与观测[即现象]相符的计算方法,那就足够了。……既然是假说,谁也不要指望能从天文学中得到任何确定的东西,因为天文学提供不了这样的东西。②

于是,"拯救现象"的原则似乎仍然活着。但是和我早先讨论伽利略时所提到的贝拉闵枢机主教一样,③奥西安德尔是一个神学家,由于担心与支持地心说的基督教信仰相冲突,他试图使哥白尼论点的重要性最小化。但他的态度激起了公愤,不仅是哥白尼的朋友如蒂德曼·吉泽(Tiedemann Giese),④还有开 221

① Simplicius, *Commentaire sur le traité Du ciel d'Aristote*, p. 32 Heiberg (trad. fr. inédite de Ph. Hoffmann).

② Osiander(= A. Hosemann, 1498—1552), *Ad lectorem, de hypothesibus huius operis*, Copernic, *Des révolutions des orbes célestes*, éd. et trad. A. Koyré, Paris, 1934, p. 28—31. 见 J. Mittelstrass, *Die Rettung der Phänomene*, p. 202—203.

③ 见本书第十一章。

④ H. Blumenberg, *Die Genesis der Kopernikanischen Welt*, Francfort, 1975, p. 347.

普勒和布鲁诺,都对奥西安德尔予以谴责,因为他们都认为哥白尼的假说从根本上说是真的。[①] 在17世纪初,“拯救现象”的原则完全改变了含义。在开普勒和伽利略看来,“现象”不再只是天象,而是自然现象。[②] 天体的状态与地界物体的状态之间的差别被废除。星星不再是神圣的东西。天文学和物理学相遇了。从此以后,目标成了通过经验上可证实的、可由观察和经验确证的数学模型,而不是通过具有相同概率的可能的数学模型来解释物理现象,无论是天界的还是地界的。科学希望精确,因此“假说”一词从此变得让人怀疑。开普勒希望建立一门“没有假说的天文学”。[③] 牛顿则有一段名言:“迄今为止,我还没有能力从现象中发现重力的那些属性的原因,我也不杜撰假说。”[④] 222 这里牛顿把“假说”一词理解成一种不可证实的构造:如果实验目前还不可能,我们就必须拒斥任意的猜测。他倾向于用“理论”来指用实验来验证的模型。

从原则上讲,这种可验证的实验科学的理想仍然是现代科学的理想,尽管科学的巨大进步已经使科学家纠正一种过度简

---

① *Ibid.*, p. 350.

② J. Mittelstrass, *Die Rettung der Phänomene*, p. 219.

③ H. Blumenberg, *Die Genesis der Kopernikanischen Welt*, p. 350, n. 4, 引用了开普勒1605年夏天致Heydon的信以及1608年11月10日致Fabricius的信。

④ I. Newton, *Philosophiae Naturalis Principia Mathematica*, 3e éd., livre III, Cambridge, 1726, scholium generale, p. 530, 12—14 [éd A. Koyré et I. B. Cohen, t. II, Cambridge(Mass.), 1972, p. 764]. 见J. Mittelstrass, *Die Rettung der Phänomene*, p. 262.

单化的实在论。然而,观察和实验上的这一进展显然总能质疑曾被视为理所当然的东西。从这个角度来看,真理仅仅是对错误的纠正,或者换句话说,真理是时间之女。

第十四章　真理作为时间之女

1. 研究的希望

223　我和其他人关于彗星所说的话是真的吗？唯有拥有真理知识的神才知道。我们只能凭猜想来研究这些领域，认识这些隐藏的事物。我们的发现无疑不是确定的，但我们并未失去全部希望。①

塞内卡恪守柏拉图《蒂迈欧篇》的传统，很清楚物理学或自然知识的猜测性。然而，他也看到了科学的进步，认为缓慢而艰难地发现自然秘密是可能的："如果我们共同努力，那么经历极大的困难之后，我们能够抵达真理所处的深渊。"②

① Sénèque, *Questions naturelles*, VII, 29, 3.

② *Ibid.*, VII, 32, 4.

如果有进步的希望存在，那么首先是因为自然并未太过强硬地隐藏自己的秘密。在一部试图治愈好奇心的论著中，普鲁塔克建议人们把好奇心转向研究自然或物理学：比如日出日落或月亮的盈亏。但他也不得不说： 224

> 这些都是自然的秘密，但若把这些秘密从自然那里偷走，她绝不会不高兴。①

一些斯多亚派哲学家认为，神和自然自愿揭示自己的秘密。因此，公元前3世纪一部天文学诗歌的作者阿拉托斯(Aratus)说：

> 宙斯并未让我们凡人知道一切事物。还有许多东西，宙斯如果愿意，也会告诉我们。②

亚历山大的菲洛声称，③如果"自然爱隐藏"，就像赫拉克利特所说的那样，那么自然同时也包含着一种表现自己的倾向，就像真理包含着一种要求被昭示于光天化日之下的力量。④ 菲洛

---

① Plutarque, *De la curiosité*, 5, 517 d.

② Aratus, *Phénomènes*, vers 766—772, éd. et trad. J. Martin, Paris, 1998, p. 46—47.

③ Philon, *De specialibus legibus*, IV, § 51, trad. Mosès, p. 229.

④ 关于真理的力量这一隐喻，见 H. Blumenberg, *Paradigmen zu einer Metaphorologie*, Francfort, 1998, p. 14—22.

说，正因如此，假先知的发明很快就会被揭露出来。“若时机来临，自然会凭借其不可见的力量显露出她所特有的美。”此外，自然所隐藏的并不是她的作品和成果。[①] 相反，她让我们看到星星和天空是为了在我们心中激起对哲学的热爱，并且提供地球上的东西给我们享用。可以认为，在总是热情引用赫拉克利特箴言的菲洛看来，自然所隐藏的乃是她欣然摆在我们眼前的这些现象的原因。正因为自然以一种壮观和奇妙的方式显现在我们眼前，我们才想知道这些神奇现象的基础是什么。

225

2. 古代关于科学知识进步的观念[②]

逐步揭示未知的东西，这种观念早在公元前5世纪克塞诺芬尼的著作中就已出现，他写道：

> 神并没有在最初就把一切秘密都泄露给凡人，而是人们经过探索逐渐发现了较好的东西。[③]

---

① Philon, *De specialibus legibus*, I, § 322, trad. Daniel, p. 205.

② 关于古代文献的科学进步观念，见 B. Meissner, *Die technologische Fachliteratur der Antike. Struktur, Überlieferung und Wirkung technischen Wissens in der Antike(ca 400 v. Chr. - ca 500 n. Chr.)*, Berlin, 1999.

③ Xénophane, fragm. B XVIII, Dumont, p. 119. L'ouvrage de J. Delvaille, *Essai sur l'histoire de l'idée de progrès*, Paris, 1910 依然有价值。

公元前 5 世纪的思想家们,无论是智者还是悲剧作家,都经常回到同一个主题:人类文明是通过发明和发现而进步的。正如雅克·茹阿纳(Jacques Jouanna)所指出的,关于人类的状况为什么会发生这种转变,这一时期的文本并未达成一致。① 必须承认,进步有时显示为神的礼物,有时显示为人类努力的结果。埃斯库罗斯在《普罗米修斯》②中以及欧里庇得斯在《乞援人》(*Les Suppliantes*)③中,都把从兽性上升到人性归功于神的干预,这并不意味着这种进步未来还会继续。还有一些作者则声称,人是通过研究、经验和努力而使知识进步的。索福克勒斯的《安提戈涅》就持这种看法,他把人看成地球上最为惊人和奇异的现象:人以其勇敢主宰了所有其他东西,用航行主宰海洋,用农业主宰地球,用狩猎主宰动物;学会了怎样运用语言和思想以及其他一切。④ 于是,进步被认为首先是技术进步,根据马尼留斯(Manilius)⑤或卢克莱修⑥等人的说法,是需求和必需品迫使人类逐渐发现了自然的秘密。而其他思想家,比如亚里士多德或塞内卡,则仅仅从无私欲的知识角度来看待进步。在亚里士多德看来,无私欲的科学——对他而言就是哲学——之所以能够

226

① J. Jouanna, Hippocrate, *L'ancienne médecine*, Notice, p. 40.

② Eschyle, *Prométhée*, vers 445—470.

③ Euripide, *Les suppliantes*, vers 202—215.

④ Sophocle, *Antigone*, vers 332 ss.

⑤ Manilius, *Astronomica*, I, 79 ss., 拉丁文本和英译文见 G. P. Goold, Cambridge(Mass.)-Londres, 1992, LCL n° 469.

⑥ Lucrèce, *De la nature*, V, 1448.

繁荣起来,是“因为几乎所有生活必需品和对人的幸福不可或缺的东西均已得到满足”。[1]

3. 进步作为逐步揭示

塞内卡对科学进步的观念在西方哲学中的形成做出了重要贡献。但我们已经看到,他对技术进步怀有很大敌意。[2] 在他看来,只有知识和道德生活的进步才是真正的进步。

在写于公元 1 世纪的《自然问题》(*Questions naturelles*)中,塞内卡讨论了各种具体问题,特别是彗星。他先是列举了就这一主题所提出的不同假说,然后追问这些假说是否为真。正如我们在本章开头所看到的,他承认人在这一领域所能开展的研究具有猜测性。但是在追求知识的过程中,如果我们热情地全身心投入,那么就不会失去全部希望。

227 首先,自然隐藏的许多东西最终都会出现。彗星的情况正是如此。根据帕奈提乌斯(Panétius)的理论,彗星只是看起来像星而已,而塞内卡否认这种看法,认为彗星的确是星,只不过很少出现罢了。宇宙运动的进程向我们揭示了这一点。

这种观念可以从斯多亚派物理学的总体角度来解释。斯

---

① Aristote, *Métaphysique*, I, 2, 982 b 23.

② 见本书第十二章。

多亚派认为，宇宙是按照以相同方式永恒重复的有限周期而发展的。此周期始于一种引起宇宙膨胀的舒张运动，宇宙在接下来的各个阶段达到一个复杂性最大的点，然后在一种收缩运动中返回到它的初始点。因此，新的现象出现在一个宇宙周期的进程中；在显示出隐藏潜能的意义上，这些现象是新的。隐藏的潜能很符合“种子理性”的概念，即隐藏的种子以有条不紊的理性方式按照一定程序发展起来，赋予有机体以生命。①

塞内卡认为，我们只知道整个世界的一小部分，有些东西只有在未来才能得到揭示，因此必须等待后人做出这些发现：

> 我们直到这个世纪才知道的动物是那样多！我们这个世纪仍然不知道的东西是那样多！许多完全不为我们所知的东西只有下一代才能知晓。许多发现需要留给未来去做，那时关于我们的所有记忆都将不复存在。②

228

因此，自然并非一劳永逸地给定，而是一个在时间中展开的过程，只能逐步和局部地显示出来。这一过程有明确的阶段可循，其间可能出现前所未见的新现象。在这个问题上，基督教作家拉克坦修讲述了学园派与斯多亚派的一场争论。③

---

① Diogène Laërce, VII, 135—136.

② Sénèque, *Questions naturelles*, VII, 30, 5.

③ Lactance, *De ira*, 13(= *SVF*, t. II, § 1172).

学园派嘲笑斯多亚派的看法,即一切都是为人类创造的。他们问,海里和地上所有那些敌视人类的东西、给人带来种种罪恶的东西也是神为人类创造的吗?斯多亚派回应说,许多东西的用处尚未显明,但是随着时间的推移,这些用处终将被发现,正如需求和经验已经引领我们发现了许多前所未知的东西。

在塞内卡看来,这种逐步揭示让我们想起了厄琉西斯秘仪所引出的逐步揭示。现在,世界就像是一座宏伟的厄琉西斯城,而人类则像是逐步接受指引的新入教者:

> 有些秘仪并不是一次展示完的,厄琉西斯城把所要展示的新东西留给了重新返城的人。同样,自然也不是同时展现其所有秘密的。我们自认为得到了指引,但我们仍然只是在圣殿的门廊等待。这些奥秘并非不加区别地透露给所有人。它们被遥远地锁闭在圣所的最深处。我们这个世纪只能看到这些奥秘的一部分,下一个世纪将会看到另一部分。①

229

最终,真正的奥秘并非厄琉西斯城那小小圣所的奥秘,而是整个人类都被逐渐领入的自然本身的奥秘,它显示于浩瀚的宇宙中。这是斯多亚派的一个传统隐喻。克里安提斯和克吕西波

---

① Sénèque, *Questions naturelles*, VII, 30, 6.

已将物理学研究比做厄琉西斯的入会仪式。[1]

该隐喻暗示，如同在秘仪中，新入会者对指引对象进行完美的沉思，人类在宇宙周期结束时也完全洞悉了整个实在。不过，我并不认为塞内卡设想了这一结局；他想到的是一种逐步的指引，而没有特别设想一种最终的光照。

因此，这座世界圣殿中的科学家必须表现得像神庙中的信徒。[2] 事实上，在塞内卡看来，这种虔敬的宗教态度在于实践科学的客观性：如果我们不知道某种东西，就不要去肯定它，如果我们知道某种东西，就不要去歪曲真相。有趣的是，斯多亚派的哲学家认为，从认识宇宙的角度来看，严肃的研究有一种神圣的价值。

4. 进步作为世代相承的集体研究

然而，与科学进步相关联的并非只有宇宙进程，该进程使那些被动地发现神的作品的人能够看到新东西；科学进步还在于精力集中地研究和思考，以揭示自然的秘密。[3] 自古代以来，人 230

---

① Cléanthe, *SVF*, t. I, § 538, p. 123; Chrysippe, dans Plutarque, *Les contradictions des stoïciens*, 9, 1035 a, *Les stoïciens*, texts traduits par É. Bréhier, éd. P.-M. Schuhl, Paris, Bibliothèque de la Pléiade, 1962, p. 96; 见 K. Reinhardt, *Poseidonios über Ursprung und Entartung*, Munich, 1921 (réimpr. Hildesheim-New York, 1976), p. 77; P. Boyancé, "Sur les mystères d'Éleusis", *Revue des études grecques*, 75 (1962), p. 469. 也见 Plutarque, *De la tranquillité de l'âme*, 20, 477 d.

② Sénèque, *Questions naturelles*, VII, 30, 1.

③ *Ibid.*, VII, 25. 4.

们已经知道世代相承的努力对于研究进展的重要性。据西塞罗所说，教条派的柏拉图主义者，比如阿斯卡隆的安条克，正是用这一论证来反驳盖然论的(probabilistes)柏拉图主义者的：

> 如果面对着全新的对象，最早的哲学家们像新生儿一样犹豫不决，那么我们是否可以认为，虽然有这些大思想家漫长而艰巨的努力，但什么东西也没有弄清楚呢？[1]

塞内卡的《自然问题》通篇都在呼吁进行研究，它预感到未来会取得进步。但要取得进步需要很长一段时间，尤其是在罕见的彗星等天象领域。塞内卡说，天文学大约出现在1500年前，许多人至今仍然对它不够了解。根据塞内卡的说法，直到最近"五大行星的运动才被发现"。

进步是一种缓慢的人类集体工作。知识只能逐渐发展。此外，正是这一点促使我们对古人保持宽容和感激：

> 对于初次做出努力的人来说，一切还都是新的。……
> 231 然而，如果说我们发现了什么东西的话，我们必须把这些东西归功于古人。要想驱散包裹着自然的黑暗，需要伟大的灵魂，他们不会满足于从外围打量，而会探入神的秘密。只有认为存在着做出发现的可能性，才可能对种种发现贡献

---

① Cicéron, *Lucullus*, 5, 15.

> 最大。因此，我们倾听前人的观点时必须心怀宽容。没有什么东西从一开始就是完美的。[1]

老普林尼表达了同样的意思：如果说我们修改了前人的观点，那么正是由于前人的工作我们才能这样做，因为正是他们开辟了道路。[2] 我们也不能自认为比他们更优秀。真理不归任何人所有。[3] 我们的观点也会被人修改。自以为拥有真理的人会受到批评的：

> 有朝一日，后人会惊讶于我们竟然对这样明显的事实一无所知。[4]

最后这句话很值得我们现代人反思。塞内卡的谦逊也许会给现代人以启迪，特别是那些认为古人所犯的各种科学错误“荒谬”的科学家们。再过两千年，谁知道在今天看来无可置疑的科学信念会不会被视为“荒谬”？因医学的成功而得到巩固的科学信念仅仅是对实在的不完整看法，因此是相对的看法。古代医生虽然持有在今天看来完全错误的各种观念，也能成功地治愈病人。他们凭借人类存留的动物本能选择了治疗方法，通过精

---

① Sénèque, *Questions naturelles*, VI, 5, 2—3, et VII, 25, 3—5.

② Pline l'Ancien, *Histoire naturelle*, II, 62.

③ Sénèque, *Lettres à Lucilius*, 33, 11.

④ Sénèque, *Questions naturelles*, VII, 25, 5.

232 确的反复观察或实验对外科技术作了详细说明，不幸的是，这些观察或实验无法囊括实在的所有复杂侧面，或如古人所说，囊括所有“自然的秘密”。这种情况也适用于今天的科学家。

接着，我们看到塞内卡表达了坚定的信念，即未来世代相承的努力会使科学进步。[1] 古人给我们留下的并非种种无法改变的发现，而是研究的道路。艰巨的任务有待未来一代代人来完成，但这项任务不是留给少数几个人的，而是全人类的责任。一个人终其一生是不够的：

> 如果宇宙不给整个人类任何东西来追求，那么人类确实是微不足道的东西。[2]

因此，人类的历史宛如一场漫长的秘密仪式，由一代代人来传承。

5. 塞内卡和进步观念的近代发展

《自然问题》中的这些说法将对近代进步观念的发展起到至关重要的作用。它始于 13 世纪牛津的方济各会修士罗吉尔·培根，我们已经讨论过这位非凡人物。培根所设想的那些技术

---

① Sénèque, *Lettres à Lucilius*, 45, 4.

② Sénèque, *Questions naturelles*, VII, 30, 5；在这段文本中 *mundus* 一词有两种不同的意思：首先指宇宙，然后指人类。

发明可能会使塞内卡感到恐惧。[①] 然而，培根用塞内卡《自然问题》中的说法表达了自己对进步的信念： 233

> 有朝一日，时间和漫长的研究会把目前所有隐藏的东西昭示于光天化日之下。[②]

到了16世纪末，路易·勒洛瓦(Louis le Roy)惊讶于新近的伟大发现，也用塞内卡的说法来表达他对知识进步的憧憬：

> 上帝和自然的所有秘密不可能在同一时间被发现。在我们这个时代，被知晓和发现的东西是那样多！[③]

在近代科学的开端处，我们再次看到了这种憧憬，比如弗朗西斯·培根希望自然仍然把非常实用的秘密隐藏在怀中，[④]他重复了塞内卡的看法：

> 这些秘密尚未发现；毫无疑问，经过未来的迂回曲折，

---

① 见本书第十章及第十一章。

② R. Bacon, *De viciis contractis in studio theologie*，见 *Opera hactenus inedita Rogeri Baconi*, éd. R. Steele, fasc. I, 1909, p.5. 见 Sénèque, *Questions naturelles*, VII, 25, 4.

③ 引自 W. Eamon, *Science and the Secrets of Nature*, p.273.

④ 见本书第十一章。

有朝一日它们也将大白于天下，正如之前的发明所做的那样。①

我们已经看到，塞内卡对前人既心存感激，又宽容待之，认为前人满怀着揭示自然秘密的憧憬，但还缺乏经验。现代人之所以更有见识，是因为他们得益于古人的努力和教导。罗吉尔·培根肯定了这一点："最年轻的人最有洞察力。"②正如雅克·茹阿纳所表明的，罗吉尔·培根在这里引用的不是塞内卡，而是古代语法学家普里西安（Priscien）。③

234

然而从这个角度看，看法即将发生逆转。如果"年轻人"比"老年人"更有见识，那么现代人不就是老年人吗？乔尔达诺·布鲁诺毫不犹豫地作出了肯定的回答："我们[即存在与此时此刻的我们]要比我们的前人更老，更年长。"④如果把人类的历史比做一个人学习和教育自己的过程，那么现代人就是年长，古代人就是年轻。古代人年轻既是因为没有经验，也是因为新鲜的直觉。现代人年长是因为他们得益于古代人的摸索和经验。然而，继承了一代代人的工作之后，现代人绝不能被所谓古代人的

① F. Bacon, *Novum Organum*, I, § 109.

② R. Bacon, *De viciis contractis*, p. 5.

③ Priscien, *Institutiones*, *Epist. dedic.* I, éd. Hertz, Leipzig, 1855, p. 1, 7. 见 É. Jeauneau, *Lectio Philosophorum. Recherches sur l'école de Chartres*, p. 359.

④ G. Bruno, *Le souper des cendres*, trad. Y. Hersant, G. Bruno, *Œuvres complètes*, t. II, Paris, 1994, p. 56.

权威所影响,实际上古代人只是年轻的初学者。①

儒勒·米什莱(Jules Michelet)的《日志》(*Journal*)中有一段妙语谈论了这种想法,并试图为古代人恢复名誉:

> 此外,我们可以坚称自己是长者。维吉尔和荷马,谁更年长?在荷马那里,我们感到了一种永恒的青春活力,而在维吉尔那里,世界却是衰老和忧郁的。
>
> 新观念正在持续不断地恢复世界的活力;世界每一天都变得更强大,更复杂,更丰富。然而,古代要更简单,它包含着思想的浓缩或精髓。②

在16世纪末,即近代的开端,在这种观念的引领之下,弗朗西斯·培根敦促其同时代人不要再尊重古人的权威: 235

> 人们之所以在科学方面停滞不前,还因为他们像中了蛊术一样被以下三个方面禁锢住了:崇古的观念,哲学中所谓大师的权威,以及共同看法。……所谓"古",人们对它形成的看

---

① 这种描述深刻地改变了侏儒(现代人)站在巨人(古代人)肩上这一在中世纪非常盛行的主题。见 É. Jeauneau, "Nains et géants", *Entretiens sur la Renaissance du XIIe siècle*, sous la direction de M. de Gandillac et d'É. Jeauneau, Paris, 1968, p. 21—38; "*Nani gigantium humeris insidentes*. Essai d'interprétation de Bernard de Chartres", *Vivarium*, 5 (1967), p. 79—99 (repris dans É. Jeauneau, *Lectio philosophorum*. *Recherches sur l'école de Chartres*, p. 51—72).

② J. Michelet, *Journal* 30 mars 1842, t. I, Paris, 1959, p. 393.

法是很肤浅的，而且与“古”这个词本身相当不合。因为只有世界的老迈年龄才算是真正的古，而这种高龄属于我们这个时代，而不属于古人所生活过的世界早期；那早期对我们来说虽是很老、很久远，但从世界本身来说却是很新、很稚幼的。①

接着培根又说，因此我们必须对我们这个时代抱以很大期待，因为数不清的经验和观察已经大大丰富了它。

和塞内卡一样，培根可以非常正当地援引使人的认识得以丰富的各种新发现，正如他所说：“由于频繁的远航和远游，自然中的许多事物已被揭示和发现出来，可能会为哲学提供新的启发。”他又说：

至于说到权威，人们若是无限地信赖他们但却否认时间的权利，那只能表明人们的怯懦；因为时间乃是众权威的权威，甚且是一切权威的作者。有人说，“真理是时间之女”，而不说是权威之女，这是很对的。

236 难怪弗朗西斯·培根《新大西岛》第一版的插图画家会把时间父亲绘制在卷首插图上，他手拿大镰刀，正把一个代表真理的裸体年轻女子从洞穴里拖出来。②

---

① F. Bacon, *Novum Organum*, I, § 84.

② 见 M. Le Dœuff, introduction à F. Bacon, *La Nouvelle Atlantide*, p.59, n. 70.

这种对权威观点的批判将在近代产生很大反响，比如在《论真空片段》(*Fragment d'un traité du vide*)中，帕斯卡指出，既然古人会毫不犹豫地批评前人，那么我们为什么不应该这样做？我们从他们的发现中受益，应当有志于做出新的发现以传后世。科学就是这样进步的：

> 自然的秘密隐藏着。虽然她总在表现，但我们往往发现不了她的结果。时间揭示了这些结果，虽然自然一直未变，但我们对她的认识却总有不同。①

6. 真理，时间之女②

古代已经认识到时间在人类进步过程中所起的作用。《古代医学》的作者把发现药物称为人类长期艰苦研究的结果。时间维度清晰呈现在这部希波克拉底派论著中，因为它坚称，取得目前的成果需要大量时间，未来在这一领域还会有更多发现。③

---

① B. Pascal, *Fragment d'un Traité du vide*, p. 76—79 Brunschvicg.

② 关于这个问题，见 H. Blumenberg, "Wahrheit, Tochter der Zeit?", dans *Lebenszeit und Weltzeit*, Francfort, 1986, p. 153—172; 也见 G. Gentile, "Veritas filia temporis", dans G. Gentile, *Giordano Bruno e il pensiero del Rinascimento*, 2e éd., Florence, 1925, p. 227—248.

③ Hippocrate, *L'ancienne médecine*, II, 1, p. 119, 14 Jouanna.

237 我们在亚里士多德和柏拉图那里看到了同样的主题。在《尼各马可伦理学》中，亚里士多德敦促其听众和读者亲自补足他对善这个理念的勾勒。[①] 这种劝告也许在今天看起来很平常，但正如弗朗茨·迪尔迈耶(Franz Dirlmeier)所指出的，这里我们可以看出一种对时间在人类进步过程中所起作用的反思。[②] 一些人完成了初步勾勒；随着时间的推移，另一些人会像画家一样填补这幅草图。因为亚里士多德说，时间是位发明家，它一点一点地发现了真理。使技术进步成为可能的正是时间，每一个人都要去填补原来的空白。柏拉图已经暗示了时间对于人类体制演进的重要性。[③] 特别是，他在《法律篇》中表明，法律的精确、准确和修正只能随着时间的推移来进行，由其他立法者依次完善和修正初始的纲要。[④]

在卢克莱修那里，也是时间慢慢使科学、技术和文明的进步成为可能：

> 航海、农业、筑堡、法律、武器、道路、服装以及诸如此类的一切好处，还有生活的享受，无一例外，都是一步步前行的不知疲倦的精神出于需求和经验而逐渐教给人们的。于

---

① Aristote, *Éthique à Nicomaque*, I, 7, 1098 a 20—24.

② F. Dirlmeier, Aristoteles, *Nikomachische Ethik*, Berlin, 1983, p. 260—281.

③ Platon, *République*, 376 e.

④ Platon, *Lois*, 768 c—770 b.

是，时间把每一种东西逐一显露出来，而理性则把它提升至光辉的境界。[1]

我们刚才看到，弗朗西斯·培根使用了"真理，时间之女"这一表述，但他赋予这一表述的含义却不同于传统。对于各民族的智慧而言，它意味着随着时间的推移，任何隐藏的东西都会被发现。或者用索福克勒斯的话说，从长远来看，"遍观一切、遍听一切、揭示一切的时间"[2]最终会揭示出隐藏最深的秘密和不端行为： 238

悠悠无尽的时间，无法度量，
它使不明显的[*adéla*]事物出现[*phuei*]，
因为它隐藏了在光芒中闪耀的东西。[3]

---

① Lucrèce, *De la Nature*, V, 1448. 在我看来，R. Lenoble, *Histoire de l'idée de nature*, p. 120—123 似乎夸大了卢克莱修的原创性。关于卢克莱修的文明起源理论，见 B. Manuwald, *Der Aufbau der lukrezischen Kulturentstehungslehre*, Wiesbaden, 1980.

② Sophocle, *Hipponous*, fragm. 301, dans A. C. Pearson, *The Fragments of Sophocles*, Cambridge, 1917, t. I, p. 217; 见 Aulu-Gelle, *Nuits attiques*, XXI, 11, 6.

③ Sophocle, *Ajax*, vers 646—647. 关于从 16 世纪到 18 世纪对这一主题的说明，见 F. Saxl, "Veritas filia temporis", dans *Philosophy and History*, essays presented to Ernst Cassirer, edited by R. Klibansky and H.-J. Paton, New York-Londres, 1936, p. 197—222。这些说明大都是指第一种解释（时间揭示了秘密和不断行为）。另见 E. Panofksy, *Essais d'iconologie*, p. 119.

同样的想法还可见于一些希腊作家。[1] 在塞内卡那里，它有了一种道德含义：人要想控制愤怒，不能马上做出回应，而必须给自己留出时间，因为时间揭示了真相。[2]

那句众所周知的谚语"真理是时间之女"（*Veritas filia temporis*）直到很晚才出现在一个不知姓名的拉丁诗人的作品中：奥鲁斯·盖留斯（Aulu-Gelle）引用它来说明这样一种想法，即人们如果担心事情败露，就会更少做出不端行为。[3] 这里讨论的真理是某种尚未揭示的真相：谜得到了解决，不再需要寻找什么。

然而，这句谚语也可以有弗朗西斯·培根赋予它的含义。这时，它指的是时间逐步揭开真相，人类通过努力慢慢发现自然的秘密。从这个角度来看，真理并非基于古人的权威，而是基于一代代人的长期探索。我们已经看到，这种想法已经存在于克塞诺芬尼、柏拉图和亚里士多德的著作中，亚里士多德把时间称为"发明家"

239 到了近代，这个主题依然没有消亡。例如 1719 年，当安东·凡·列文虎克（Anton van Leeuwenhoek）报告他用显微镜做出的第一批科学发现时，他在《致英国皇家学会书信集》（*Epistolae ad Societatem Regiam Anglicam*）的卷首插图上绘制了一个人在手拿大镰刀的时间父亲帮助下攀登陡峭的斜坡，并附有格言"有勇气，你

---

① 例如 Pindare, *Olympiques*, X, 53："时间是唯一要知晓的真理。"

② Sénèque, *De la colère*, II, 22, 3.

③ Aulu-Gelle, *Nuits attiques*, XII, 11, 7.

就能战胜艰巨的困难”(*Dum audes ardua vinces*)。[1]

7. 科学进步作为全人类的工作和无限任务

我们已经看到,塞内卡认为进步是全人类的工作:只有通过古往今来世代相承的努力,才能认识自然。[2] 正是从这个角度,帕斯卡把人类的历史比做一个“总是坚持不懈,不断学习”的人的历史。[3]

然而,我们很难准确界定这则隐喻的全部含义。人类本身是一种能够感知整个实在的认识主体、超级主体或集体精神吗?若是如此,“网络文化”是否是它出现的最早征兆呢?让-马克·曼多西奥(Jean-Marc Mandosio)的著作让我们想起了这种网络文化的传道者,他们乐于看到自主性和个人思考的最终消失,“主张把一种‘集体智慧’明确作为‘永恒的神’的化身,用‘虚拟世界’取代‘天使的世界或天界’。”[4]这个问题无疑过于重大,仅仅引用几句话是说不清楚的,但我觉得必须向读者指出来。 240

歌德也认为只有通过全人类的努力才能认识自然,因为一

---

① 见本书第九章。

② 关于这个问题以及一般的进步观念,见 H. Blumenberg, *La légitimité des Temps modernes*, p.94—95.

③ B. Pascal, *Fragment d'un Traité du vide*, p.80 Brunschvicg.

④ J.-M. Mandosio, *L'effondrement de la très grande Bibliothèque nationale de France*, Paris, 1999, p.98,引自 P. Lévy, *L'intelligence collective. Pour une anthropologie du “cyberes-pace”*, Paris, 1994.

切人类观察都有偏颇和片面之处，都只能把握现象的某个方面。然而，由于任何感知都不是人所共有的，人类最终只是一个虚构的主体，所以自然永远会向人类隐藏起来：

> 自然实在深不可测，没有一个人可以构想出它来，虽然整个人类可以做到这一点。然而，由于这种伟大的人类从来没有在同一时间完全存在过，所以自然很容易躲过我们的眼睛。……只有所有人才能认识自然，只有所有人才能过人的生活。[1]

这就意味着，人永远无法获得完整而确定的自然知识。从某种意义上说，时间之女不是真理，而是无限的研究。帕斯卡说，人类"纯粹是为无限而产生的"[2]，此时他是否已经有了这种想法？他想到的不大可能是人类知识的无限进步，因为作为一个虔诚的基督徒，他预见到了世界和人的终点。他使用这种表述是为了强调人与动物的巨大不同，我们可以从上下文看出这一点，他无疑受到了塞内卡一段文本的影响：

241

> 人类把自己的思想拓展到无限，这是很自然的。除了与神共有的界限，伟大而高尚的人类灵魂不给自己施加任

---

① Goethe à Schiller, 21 fevrier 1798 et 5 mai 1798, HA, *Goethes Briefe*, t. 2. p. 333 et 343.

② B. Pascal, *Fragment d'un Traité du vide*, p. 79 Brunschvicg.

何其他限制。[①]

无论如何，1604 年开普勒在《天文学的光学部分》(*Partie optique de l'astronomie*)开头给皇帝鲁道夫二世的献词中已经援引了无限研究的观念：

> 自然的秘密宝藏是取之不竭的；它提供了数不清的财富，在这一领域有所发现的人不过是为别人开辟了新的研究道路罢了。[②]

莱辛(G. E. Lessing)则在一段著名文本中称赞这种无限的研究，这里值得全文引用：

> 一个人的价值并不在于他实际拥有或者声称拥有的真理，而在于他为获得真理而付出的真诚努力。因为追求真理比占有真理更能使人完美。如果上帝右手握有全部真理，左手只有对真理的热切渴望，伸出双手说"选择吧！"，那么我即使犯下万劫不复的错误，也会向他的左手毕恭毕敬地鞠上一躬，说："父啊，请给我这只手；因为绝对真理只属于你。"[③]

---

① Sénèque, *Lettres à Lucilius*, 102, 21.

② J. Kepler, *Gesammelte Werke*, t. II, Munich, 1938, p.7, 15—18.

③ G. E. Lessing, *Eine Duplik*, 1778, dans *Werke*, Munich, 1979, t. 8. p.32—33.

我们能否谈及人类研究的无限进步？我们显然无法预见到世界和人类的未来，不知道人类是否注定要做永恒的研究。莱242 辛认为这种研究要留待来世进行，人死后在灵魂迁移过程中会继续研究。无论如何，我们可以要求后人懂得如何继承过去，不要害怕反对过去，并且准备好把自己的发现传给继任者，不要声称占有一种明确的绝对真理，而是要接受永远的质疑。但我们必须承认，那些谈论知识进步的人有时并非真的接受这些质疑，尤其在这些质疑涉及他们自己的发现时。从卢克莱修那里我们已经有了一种印象，即思想的历史在伊壁鸠鲁那里停了下来，伊壁鸠鲁已经解决了所有问题，而且在基本需求得到满足之后，他给人类进一步的欲望设置了界限。因此，我并不认为卢克莱修那里存在罗伯特·勒诺布勒看出来的一种普罗米修斯精神。①

最近，皮埃尔-吉勒·德热纳(Pierre-Gilles de Gennes)提醒我们，这种质疑是永远需要的：

> 有些哲学家设想研究者就是确立某种真理的人。我们当中有许多人并不认为自己符合这种框架。今天的研究者从来也不会声称构建了一种终极真理。我们只能颇为犹豫和笨拙地对自然做出一种近似的描述。②

---

① 见中译本第190页注释4。

② P.-G. de Gennes, “L'esprit de Primo Levi”, *Le Monde*, mercredi 23 octobre 2002, p. 18. 这里引出了临时真理这一难题。关于这一主题，见 Sandra Laugier, “De la logique de la science aux révolutions scientifiques”, dans *Les philosophes et la science*, sous la direction de Pierre Wagner, Paris, 2002, p. 964—1016 这一出色的研究。

弗朗索瓦·雅各布(Francois Jacob)使我们得以一瞥科学的进步,他在《生活的逻辑》(*La logique du vivant*)一书的结尾提出了这样的问题:"明天会用什么新的剖析方法来拆解东西,反而在一个新的空间中将它们重新拼在一起?由此会出现什么新的俄罗斯套娃?"着眼于自然的秘密这一隐喻,我们也许可以说,开启一个秘密就意味着面对一个新的秘密,而后者又隐藏了另一个秘密,依此类推。 243

第十五章　自然研究作为一种精神修炼

1. 认知的快乐

244　在《蒂迈欧篇》中，柏拉图把他的研究称为一种提供快乐和放松的修炼，因为它仅仅给出了可能性和猜测：

> 同样，从“可能的神话”这一文学体裁来谈论同类的所有其他物体也并非难事。如果作为一种暂时的放松，我们放弃关于永恒事物的讨论，而去考察关于事物诞生的可能说法，以便心无愧疚地获得愉悦，那么我们就把一种适度而合理的快乐引入了生活。这正是我们的方向。①

研究是一种娱乐，它能带来快乐是因为类似于解谜游戏。

---

① Platon, *Timée*, 59 c.

在《蒂迈欧篇》的对话中，这种解决宇宙之谜的努力是在一次宗教庆典的背景下做出的。苏格拉底在对话开始时回忆说，那天是一个节日，需要给女神雅典娜献祭，他很高兴对话的主题非常适合于那天的献祭。主题是赞美雅典以及关于雅典起源的故事，但雅典的起源故事在人类的起源故事之中，而人类的起源故事又在世界的起源故事之中。于是，它最终将是一个创世神话，或者《圣经》意义上的"创世记"，这与前苏格拉底哲学家的宇宙产生模型是一致的，该模型本身受到了近东创世诗的影响，比如著名的《埃努玛·埃里什》(*Enouma Elish*)，而《埃努玛·埃里什》也与宗教仪式有关。[①] 在这方面，约翰·赫伊津哈(Johan Huizinga)表明，表演创世的奥秘可能是婆罗门教宗教祭祀的一部分。[②] 因此，我们这里看到的行为可以追溯到非常久远的年代。一般而言，娱乐、庆典和寻求神的秘密可能是密切相关的。无论如何，对柏拉图而言，人的娱乐回应了神的娱乐。我们还记得《法律篇》中那段著名的文本，它声称人被制造出来是为了给神娱乐，身为这样一个娱乐对象其实是人最好的地方。[③] 因此，人必须提供给神最好的娱乐，不仅有宗教节日的歌舞，而且还有讲述世界诞生的神话颂歌。同样，在《斐德罗篇》中，苏格拉底说：

245

① G. Naddaf, *L'origine et l'évolution du concept grec de phusis*, Queenston, Lampeter, 1992, p.61—90. 这首诗的译文见 R. Labat, *Les religions du Proche-Orient*, Paris, 1970, p.36—70.

② J. Huizinga, *Homo ludens*, Bâle-Bruxelles-Cologme-Vienne, s. d., p.171—191.

③ Platon, *Lois*, 803 c.

我们讲述这番并非完全不可信的话，是给爱神献上了一首神话颂歌，同时也以恰当而虔敬的方式娱乐了自己。[①]

246 然而，对柏拉图而言，物理学既是一种言说，又是一种实践。重要的不仅是创作神话颂歌，而且无论是现在还是将来，都要过神向人建议的那种卓越生活，就像《蒂迈欧篇》明确指出的那样。[②] 这种生活在于沉思宇宙，思考万物，使自己与宇宙的运动和谐一致。这里推荐的是沉思的生活方式，努力从个人的激情中解脱出来，以转向对世界的理性研究。就理性试图发现自身无法得到证明但能为宇宙的一种可能描述充当基础的公理而言，这种研究是理性的。

2. 对自然的沉思和灵魂的伟大

亚里士多德本着这种柏拉图主义的精神断言，沉思自然，也就是把每一个事物都重新置于自然的总体方案之内，将使懂得如何沉思的人获得“无法言表的快乐”。[③] 几个世纪后，西塞罗重复了亚里士多德的观点，《卢库卢斯》一开篇就强调了自然研究的猜测性。[④] 西塞罗正确地指出，在每一个哲学流派中，对这

① Platon, *Phèdre*, 265 c.

② Platon, *Timée*, 90 d.

③ Aristote, *Parties des animaux*, I, 5, 644 b 31. 对这段文本的思考见 P. Hadot, *Qu'est-ce que la philosophie antique?*, rééd., Paris, 2001, p.133—134.

④ Cicéron, *Lucullus*, 39, 122.

些问题的看法可能会有分歧，但我们不能因为这些犹豫和不一致就放弃物理学研究：

> 然而，我并不认为我们应当放弃物理学家的这些问题。对于灵魂和心灵来说，观察和思考自然是一种天然的善；我们站得笔直，似乎要升到高处，从天界审视人类的事务；当我们从天界思考事物时，会认为尘世间的事物微不足道。追求那些最为崇高和隐秘的事物将给我们带来快乐。如果我们找到了类似真理的东西，我们心中会充满高贵的快乐。①

247

于是，西塞罗和亚里士多德都谈到了快乐。不过，这里的快乐是一种完全无私欲的心灵快乐："使我们快乐的是科学本身，即使它会带来不愉快的东西。"②他继续说："我们只需问自己，星体的运动和对天界事物的沉思，为了认识**被自然隐藏在黑暗中的东西**而付出的努力，对我们的激励有多大。……对天界事物以及**自然一直隐藏的遥不可及的**事物进行观察和研究是最高贵的行为之一。"③

也许是想起了《蒂迈欧篇》中所说的节日，④或者声称好人

① *Ibid.*, 41, 127.

② Cicéron, *Des termes extrêmes des biens et des maux*, V, 19, 50—51.

③ *Ibid.*, V, 21, 58.

④ B. Witte, "Der *eikôs logos* in Platos *Timaios*. Beitrag zur Wissenschaftsmethode und Erkenntnistheorie bei dem späten Plato", *Archiv für Geschichte der Philosophie*, 46(1964), p.13.

每天都过节的犬儒主义者第欧根尼，亚历山大的菲洛和普鲁塔克认为哲学家的生活是一种“灵性节日”（fête spirituelle），是在宇宙圣殿中沉思那些神秘的自然作品，即天地之美。[1] 塞内卡给出了一则美妙的比喻：在自然景致面前，灵魂希望做一次深呼吸，就像工人厌倦了车间的黑暗，想把目光投向开阔的光亮处一样。[2]

248 自柏拉图以来，对自然的沉思和研究被称为“灵魂的伟大”。在柏拉图看来，永远都在沉思宇宙万物的灵魂不可能包含任何卑下的东西；它从高处审视人类事务，不会恐惧死亡。[3] 这种观念贯穿于整个古代物理学史。我们刚刚看到，西塞罗赞颂研究自然的秘密会带来益处，声称我们似乎要升到高处，认为尘世间的事物微不足道。塞内卡认为，由于这种研究让我们从高处审视事物，所以它使我们摆脱了一切卑下的思想，使灵魂变得伟大。[4] 它表明灵魂渴望摆脱身体这座牢狱，在广阔的天地间翱翔。《蒂迈欧篇》之后一千年，在关于亚里士多德《物理学》的评注的序言中，新柏拉图主义者辛普里丘详细阐述了物理学对伦理学的用处。他表明，所有道德美德都是通过观察

① Philon, *De specialibus legibus*, II, 44—45; Plutarque, *De la tranquillité de l'âme*, 20, 477 c 转述了第欧根尼的话。

② Sénèque, *Lettres à Lucilius*, 65, 17.

③ Platon, *République*, 486 a.

④ Sénèque, *Questions naturelles*, III, préface, 18; I, préface, 1—16. 见 I. Hadot, *Seneca und die griechisch-römische Tradition der Seelenleitung*, Berlin, 1969, p. 115.

自然现象而发展出来的，致力于物理学研究能使我们的注意力不再集中于感官享受，消除我们对死亡的恐惧，从高处审视人类事务。①

3. 作为客观性伦理标准(éthique de l'objectivité)的自然研究

然而，自然研究也需要客观和无私欲。明确规定科学知识中蕴含的伦理标准是亚里士多德的功劳。② 正如伦理标准在于除美德之外不去选择任何其他目的，在于想做一个好人而不求任何特殊利益，科学也要求我们除知识之外不去选择任何其他目的，要求我们为知识而求知，没有任何其他功利上的考虑。正是这一原则规定了这种沉思的物理学，它拒绝通过发现自然的秘密而获得利益。塞内卡承认地震研究可能有其实际用处，但对自己的意思做出了澄清：

249

> 你问我从这项研究中可以获得什么利益。我要说，最大的利益就是认识自然。因为研究这样一个主题虽然在未来可能有很大用处，但最美好的事情是，它因为崇高而使人着迷，从事这项研究并不是为了从中获得利益，而是因为我

---

① Simplicius, *Commentaire sur la Physique*, t. I, p. 4, 17 ss. Diels.

② Aristote, *Éthique à Nicomaque*, VI, 12, 1144 a 18, et X, 7, 1177 b 20; *Métaphysique*, I, 2, 982 a 4 ss.

们赞叹这一奇迹。[1]

通过这样规定科学,亚里士多德把客观知识本身规定为一种价值,从而建立了一种客观性伦理标准,雅克·莫诺(Jacques Monod)对此有一些出色的论述。此外,关于这一主题,我要指出,特定类型的知识总是基于对一种价值的伦理选择。[2] 这正是莫诺的观点:

> 把客观性公设规定为真正知识的条件,这构成了一种**伦理选择**,而不是对知识的判断,因为根据这一公设本身,在这一仲裁选择之前不可能有真正的知识。[3]

250

莫诺认为,这一选择设定了一种超越个人的理想。无论如何,从这个角度来看,科学研究是一种最高层次的"精神修炼"(exercice spirituel),[4]因为用莫诺的话来说,它预设了一种"心灵的苦行",亦即努力超越自己,控制激情。他还说:"《方法谈》提出了一种规范认识论,但它也必须首先被理解成一种道德沉思或心灵的苦行。"[5]

---

① Sénèque, *Questions naturelles*, VI, 4, 2.

② P. Hadot, *Qu'est-ce que la philosophic antique*?, rééd., Paris, 2001, p. 18.

③ J. Monod, *Le hasard et la nécessité*, Paris, 1970, p. 191(关于"超越",见 p. 192)。

④ P. Hadot, *Exercices spirituels et philosophic antique*, nouv. éd. augmentée, Paris, 2002, p. 145 ss.

⑤ J. Monod, *Le hasard et la nécessité*, p. 191.

我们可以从一种完全不同于我所谓的普罗米修斯态度(强制态度)和俄耳甫斯态度(尊重态度)的角度出发,在古往今来的科学史中看出两种伦理导向之间的张力:一方面是一种客观无私欲的研究的伦理标准,我们已经看到了它从亚里士多德到雅克·莫诺的连续性;另一方面则是一种为人类服务的有用研究的伦理标准,其目的要么是个人的道德完善(这时研究就成了一种"精神修炼"),要么是人类生活条件的转变。

4. 为人类服务的自然研究

在从事无私欲的自然研究时,正如我刚才讨论雅克·莫诺时所表明的,这两种导向并不对立:通过选择客观性这一苦行,科学家从道德上转变了自己,超越了个体性。但这种超越的目的并非超越本身。科学研究本身才是目的;思想的高尚和认知的快乐是额外出现的。在古代,根据亚里士多德和柏拉图的传统,我们通过客观无私欲的知识而达到一种神圣状态和不朽,[1]天文学家托勒密用诗意和神话的语言描述了它: 251

> 我知道我是转瞬即逝的凡人。然而,当我跟随严整的恒星行列的圆形轨迹时,我双脚离地飞向了宙斯,像众神一

① Aristote, *Éthique à Nicomaque*, X, 7, 1177 b 27.

样尽享神食仙果。[①]

在伊壁鸠鲁派和斯多亚派那里，情况则完全不同。他们的确主张无私欲的客观性，但他们各自的物理学却旨在服务于一种生活方式：对伊壁鸠鲁来说是一种未混杂痛苦的快乐生活，对克吕西波来说则是一种具有理性一致性(cohérence rationnelle)的生活。最终，他们的物理学都是为了证明道德态度的正当性。在伊壁鸠鲁看来，人类之所以痛苦是因为害怕神和死亡。原子论教导他们，神不关心世界，因为宇宙是永恒的，组成宇宙的物体的生灭取决于原子在虚空中持续不断的运动。原子论也教导说，灵魂随同身体一起死亡，因此我们不必惧怕死亡。而在斯多亚派的克吕西波看来，自然研究将会揭示出，人类行为的合理性乃是基于自然的合理性，人类本身是自然的一部分。整个宇宙和宇宙的每一个部分倾向于保持一致。斯多亚派通过使自己的性情符合宇宙理性的意志而实现心灵的宁静，伊壁鸠鲁还通过思考无限虚空中无穷多个世界来实现心灵的宁静，而不必担心神的反复无常或死亡降临。因此，这些学派提出的物理学理论旨在消除人在面对宇宙之谜时的痛苦。从这种角度来看，对自然的秘密和各种自然现象的运作做无私欲的深入研究似乎是一种无用的奢侈品，因为自然没有隐藏任何能够构成我们幸福的东西。[②]

252

① 希腊文本及法译文见 *Anthologie grecque. Anthologie palatine*, t. VIII (livre IX), Paris, 1974, § 577, p. 98.

② 见本书第十二章。

然而,如果着眼于人类物质生活条件的改变,自然科学也可以有用。普罗米修斯通常被视为人类的恩人。我们已经看到,希腊人和罗马人提出了一种成就非凡的力学理论和实践,我们也看到了旨在让自然服务于人的古代力学是如何启发近代科学的。

事实上我们必须承认,自古以来,“为人类服务”在所有时代都有沦为为个人或集体的利己主义服务的危险。现代科学越来越有一种危险,要与工业技术、企业需求以及求力求利的意志紧密联系在一起。在国家意志的支配下,科学研究不得不发挥自己的实用功能,以促进技术进步和贸易发展。无私欲的基础研究正变得越来越不稳固。因此,我们必须感谢像雅克·莫诺那样的科学家,尽管有来自国家和社会的压力,他们仍然支持客观性伦理标准的绝对价值以及一种为知识而求知的无私欲的知识理想。 253

第十六章　自然的行为：节俭，嬉戏，还是挥霍？

1. 节俭的自然

254　雅克·莫诺想要合乎逻辑，甚至是合乎纯粹的逻辑。然而，仅仅他合乎纯粹的逻辑是不够的：自然必须也这样。自然必须遵循严格的规则，一旦找到某个“问题”的“解决方案”，就不得不将其坚持下去并加以充分利用，每一次，每一种情况下，每一个生命体中。对雅克而言，每一个有机体、每一个细胞、每一个分子，一直到最小的细节，最终都是由自然选择塑造的，直至达到一种完美，与他人眼中的神意迹象不再有区别。雅克把笛卡尔主义学说、优雅以及他对独特解决方案的品味归于自然。对我来说，我并不认为这个世界很严格，很合乎理性。让我吃惊的并非它的优雅，亦非它的完美，而是它的状态：即它是这个样子的，而不是其他样子。在我眼中，自然是一个非常漂亮的女孩，她慷慨大方，但有些粗心和糊涂，每次做一件工作，尽力完成她觉得有用的事情。①

弗朗索瓦·雅各布的这段话表明，在 20 世纪甚至是 21 世纪，科学家在向公众介绍他们的研究时，仍然可能会用人格化自然的隐喻，认为自然有它自己的性格、习惯或特定行为。从我们正在考察的揭示自然秘密的角度来看，这种类型的思考应当有助于定义自然的行为方式。 255

正如我们在讨论 *phusis* 概念的演变时所看到的，②这种对自然行为的描述古已有之，特别是在希波克拉底派和亚里士多德的著作中。亚里士多德认为，自然的行为遵循一种理性的方式，或者更确切地说，发生的一切事情都在暗示，自然**仿佛**在以一种理性和反思性的方式来行为。正如亚里士多德所说："有人会说，自然预见到了可能发生的事情。"③

在亚里士多德看来，我们之所以能够解释自然现象，尤其是那些生命现象，其基本原理是，自然的行为总有一个目的，因此在由自然产生的有机体或存在物中，自然不接受不完整、无限或不确定的东西。生命体的典型特征是完满。因此，自然不做徒劳之事。一方面，她不做无用之事；另一方面，如果她做了什么，

① F. Jacob, *La statue intérieure*, Paris, 1987, p. 356.

② 见本书第二章。

③ Aristote, *Du ciel*, II, 9, 291 a 24.

她一定有这样做的原因。[1] 这一原理往往被用来证明某种官能或器官的存在或不存在为什么是正当的。自然就如同一个好管家,会尽可能多地存钱。她知道如何避免过多和过少,太早和太晚。她能使单个器官服务于不同目的,比如舌头既可以尝味道,

256 这是生存所必需的,也可以说话,这有助于更好的生存;再比如,嘴既能吞咽食物,又能呼吸。亚里士多德说,自然"就像一个谨慎的人",只给那些有能力使用的人提供器官;她利用了最大程度上的可能性;她"如同一位好管家",不抛弃任何可能有用的东西;她知道如何利用残留的食物来"制造骨骼、肌腱、毛发和蹄",知道如何使盈亏平衡,因为她无法把盈余同时分配给若干个方面。比如在哺乳期,月经没有发生,通常不会怀孕。如果怀孕,乳汁就会枯竭,因为自然没有富足到能够同时确保这两种功能。

亚里士多德的这些原理在中世纪和文艺复兴时期非常盛行。然而到了 17 世纪,罗伯特·波义耳在列举了几个这样的命题之后,提醒说这些原理仅仅是隐喻,是一种表述方式,就像"法律禁止做某事"这样的表述一样。[2] 自然如同法律,并不是一个能动的主体。波义耳是对的,但是就自然或法律而言,经由这样

---

① Aristote, *Marche des animaux*, 8, 708 a 10; 12, 711 a 18; *Parties des animaux*, II, 13, 658 a 8; III, 1, 661 b 23; IV, 11, 691 b 4; IV, 12, 694 a 15; IV, 13, 695 b 19; *Génération des animaux*, II, 4, 739 b 19; II, 5, 741 b 4; II, 6, 744 a 36; V, 8, 788 b 21.

② R. Boyle, *A Free Inquiry into the Vulgarly Received Notion of Nature*, Londres, 1636, dans *The Works of the Honorable Robert Boyle*, I-VI. éd. Th. Bird, 2ᵉ éd., Londres, 1772(réimpr. Hildesheim, 1966), t. V, p. 174 ss.

的命题，我们难道不是看到了一种用来调节自然过程或人的行为的规范吗？

最终，这些亚里士多德原理都可以归结为节俭原则（principe d'économie），该原则表达了一种理想行动，即完全理性的行动，以精确的比例来规定目的和手段。此节俭原则将会对自然作用的哲学和科学观念产生决定性的影响，一直到20世纪。在17、18世纪，它甚至被引入了机械论物理学，明确表现为最小作用量原理，根据最小作用量原理，在自然中，最优行动是以最小的消耗而发生的。费马、莱布尼茨、莫泊丢（Maupertuis）以及19世纪的哈密顿（W. R. Hamilton），都提出了最小作用量原理的各种不同表述。① 莫泊丢的表述如下："自然之中发生变化时，用来表示此变化的作用量总是一切可能情况中最小的。"②莫泊丢的表述引起了一场争论，伏尔泰予以严词抨击，欧拉则热情捍卫。莫泊丢强调了该原理的形而上学含义：造物主总是以最聪明从而最节俭的方式来使用自己的能力。但这显然意味着给一项基本反驳留出了余地：不论这里所说的作用者是上帝还是自

257

① 见 M. Berthelot 关于最小作用量的注释，*Vocabulaire technique et critique de la philosophie*, par André Lalande, 10e éd., Paris, 1968, p. 1232—1234; A. Kneser, *Das Prinzip der kleinsten Wirkung, von Leibniz zur Gegenwart*, Leipzig-Berlin, 1928.

② P. L. Moreau de Maupertuis, *Essai de cosmologie* (1768), rééd. par F. Azouvi, Paris, 1984, p. 42. 关于最小作用量原理的讨论，见 H. Hecht (éd.), *Pierre Louis Moreau de Maupertuis. Eine Bilanz nach 300 Jahren*, Berlin, 1999, H.-H. Borzeszkowski, "Der epistemologische Gehalt des Maupertuischen Wirkungsprinzip", p. 419—425, et R. Thiele, "Ist die Natur sparsam?", p. 432—503.

然,我们为什么要承认他的能力是有限的,以及他注定是节俭的呢?

由节俭原则还引出了连续律(principe de continuité):既不能太多(因此没有无用的重复),也不能太少(因此没有缺失的环节)。[1] 就这样,自然以不间断的连续性从无生命的东西上升到植物,再上升到动物。这一过程非常连续,以致我们很难确定各组之间的边界,甚至弄不清楚某个具体的存在属于什么组。[2] 莱布尼茨对连续律的表述如下:

258

> 一切都不是突然发生的,自然从不作飞跃,对我来说,这是久经验证的最伟大的准则之一:我最初在《文坛新闻》(*Nouvelles de la République des letters*)中提到它时,称之为连续律,它在物理学中有很大用处。[3]

柏拉图已经强调,不同项之间需要存在中间项。[4] 正如阿瑟·洛夫乔伊(Arthur O. Lovejoy)所表明的,这种连续律和丰饶原则(principe de plénitude)以及与之相关的"存在之链"概

---

① Aristote, *Métaphysique*, XTV, 3, 1090 b 19:"自然并非像糟糕的悲剧那样是一系列互无关联的片段。"

② Aristote, *Histoire des animaux*, VIII, 1, 588 b 4; *Parties des animaux*, IV, 5, 681 a 12.

③ Leibniz, *Nouveaux essais sur l'entendement humain*, Préface, Paris, 1966, p. 40.

④ Platon, *Timée*, 31 b.

念,在 18 世纪及之前的哲学史和生物学史上扮演着极为重要的角色。[①]

从亚里士多德的观点来看,一定数量的功能是每一物种的生命所必需的:营养、运动、生殖、防御、呼吸,等等。为了确保这些功能,每一物种都享有确定数量的手段。自然给每一物种分配的手段各有不同,但其总和永远保持不变。如果她抑制或减少了实现某一功能的手段,她就不得不赠送或增加其他手段。这种补偿原则也可称为平衡原则或总体性原则,即每一物种都必须拥有实现重要功能所不可或缺的全部手段,必须产生自足的有机体。

> 亚里士多德说,自然未让长角的动物都从自然那里获得了另一种防御手段,比如马获得了速度,骆驼获得了身体的尺寸。自然把从牙齿那里带走的东西贡献给了角,把原本用于牙齿的营养用来长角。[②]

259

有趣的是,普罗提诺继承了这种想法,他指出,一旦动物不再有生存的手段,就会长出指甲、爪子和锋利的牙齿作为补偿。[③] 但在普罗提诺那里,这种补偿被安置在每一物种的理型

① A. O. Lovejoy, *The Great Chain of Being*, Cambridge(Mass.), 1936 et 1964, rééd. 1978.

② Aristote, *Parties des animaux*, III, 2, 663 a 1, et III, 2, 664 a 1.

③ Plotin, *Ennéades*, VI, 7 [38], 9, 40.

层次。相对于那个活的最高存在(Vivant en soi)的理想形式或完美原型,不同物种的这些理想形式或原型经历了退化,因为这些物种是特殊化的,这种退化的结果就是必须对某种不足予以补偿,以使过剩和不足相互抵消。

亚里士多德所假定的这种补偿原则源于柏拉图在《蒂迈欧篇》中已经认识到的一种冲突:一方是自然实现最好目的的倾向,另一方则是把它视作障碍的物质必然性(nécessité matérielle)。[①] 此外,节俭是由物质抵抗所带来的某种软弱和贫困的标志。因此,自然试图视情况来实现最好的结果。如果她面临若干种可能性,她会尽可能选择最好的。

该补偿原则在19世纪初仍然很流行。谈到若弗鲁瓦·圣伊莱尔(Geoffroy Saint-Hilaire)的动物学哲学时,歌德说,自然已经给自己编制了明确的预算:她可以随意花费各种组分,但无法改变总和。如果她在某一方面花费太多,就必须在另一方面省出来。[②] 什么能比这更亚里士多德呢?此外,这种观念类似于圣伊莱尔从所有动物的共同结构这一独特层面来讨论的器官平衡观念。[③]

260

18世纪的布封(Buffon)、莫泊丢、让-巴普蒂斯特·罗比内

---

① Platon, *Timée*, 29 b, 30 a et 47.

② Goethe, *Principes de philosophie zoologique*, HA, t. 13, p. 244, 22—29; *Allgemeine Einleitung in die vergleichende Anatomie*, t. 13, p. 176, 15—21; *Lepaden*, p. 205, 15—23.

③ 见F. Ravaisson, *Testament philosophique*, p. 80.

(Jean-Baptiste Robinet)和博内(Bonnet)已经对这种独特的结构层面做出了设想。[1] 也就是说,一个最初的原型将是所有自然产物的模型,比如罗比内主张,我们有权认为所有自然领域都有一种完整的连续性:

> 一块石头、一棵橡树、一匹马、一只猿和一个人都是用最少元素来实现的该原型的等级化变种。[2]

这种关于单一主题诸多变种的视角使节俭原则得以保持,因为自然始终在恪守一个基本模型。

可以说,自然一旦找到一种成功的秘诀或模型,就会坚持下去。当代生物学有时会促使我们做这种思考。例如,弗朗索瓦·雅各布写道:

> 虽然形态和表现各不相同,但所有有机体都使用相同的材料来实现类似的反应。因此我们必须承认,一旦事实证明某一模型是最好的,自然在演化过程中就会一直坚持它。[3]

---

① 关于这一主题,见 Diderot, *Œuvres philosophiques*, Paris, 1964, p. 187, n. 1 中 P. Vernière 所做的很有价值的注释,其中提到了布封、莫泊丢、罗比内的重要文本。

② 引自 P. Vernière, *ibid*.

③ F. Jacob, *La logique du vivant*, p. 22.

我们也在米歇尔·卡塞(Michel Cassé)等天文学家那里看到了类似的观念:

261 自然似乎拥有几个模型,不断在四处复制;或者在实际运用几条永恒的规则。她不断重复自己,直到实现某些目标。[①]

在我看来,作为亚里士多德节俭原则的许多变种,所有这些原则都先验地假定了自然之中存在着一种理性的秩序或合法性。维特根斯坦在其《笔记》(*Carnet*)中写道:"我所写的一切都围绕着一个大问题:世界之中是否先验地存在一种秩序,如果存在,它由什么组成?"[②]在谈到节俭原则的各种表述时,他更加明确地指出:"所有命题,比如充足理由律、自然的连续律、自然最小花费原则,等等,所有这些命题都是关于科学命题的可能形成的先验直觉。"[③]或者说:"我们有一种预感,甚至在我们知道公式之前就必须有一条'最小作用定律'。(和往常一样,先验的确定性在这里表现为某种纯逻辑的东西。)"[④]康德认为,所有这些

---

① M. Cassé, "La mise en ordre du chaos originel", *Le Monde*, 29 juillet 1983.

② L. Wittgenstein, *Carnets*, *1914—1916*, 1er juin 1915, trad. G.-G. Granger, Paris, 1971, p. 109.

③ L. Wittgenstein, *Tractatus logico-philosophicus*, 6. 34, trad. P. Klossowski, Paris, 1961.

④ *Ibid.*, 6. 3211.

原则“讲的不是发生了什么，而是我们必须如何来判断”。[1] 它们表述了一种逻辑必然性。

2. 嬉戏的自然

然而，倘若自然允许她所选择的主题有诸多变种，就像我们所看到那样，我们难道不能说，亚里士多德所说的这位节俭的好管家变得有些爱嬉戏或爱幻想吗？这的确是狄德罗所暗示的意思：

> 自然似乎在以无穷多种方式改变同一机制，以此来取乐。她不会放弃某种造物，直到每一个可以设想的方面都已经增加了个体。……这个女人喜欢伪装自己，她的各种伪装在不同时候显示出不同的部分，使那些辛勤追随她的人萌生了希望：总有一天，他们会弄清楚她的整体。[2]

262

这种观念的出现可以追溯到古代。塞内卡说自然非常自豪于产生多样性（*ipsa uarietate se jactat*）。[3] 虽然斯多亚派比亚里士

---

① Kant, *Critique de la faculté de juger*, Introduction, V, trad. Philonenko, Paris, 1968, p. 30.

② D. Diderot, *De l'interprétation de la nature*, XII, éd. P. Vernière, dans *Œuvres philosophiques*, p. 186.

③ Sénèque, *Questions naturelles*, VII, 27, 5.

多德更相信自然(即他们所说的"宇宙理性")不做徒劳之事,但他们不得不承认,自然产物的发生似乎是没有理由的。自然的目标并不总是有用的,例如当她创造奢侈的孔雀尾巴时。根据克吕西波的说法,自然之所以会创造出这种似乎多余的奢侈附属物,是因为她爱美,喜欢以各种颜色来取乐。① 古代伟大的博物学家老普林尼甚至更进一步,会毫不犹豫地谈及自然的快乐或嬉戏。② 她以嬉戏(*lasciuia*)的心情自娱自乐,想象同一个主题的各种变种(*uarie ludens*):动物角的形态,或者贝壳的螺旋。她沉溺于各种各样的游戏,比如绘出花的颜色。③ 有时她喜欢为自己安排各种景象,比如动物之间的搏斗。④ 虽然自然总是做好了嬉戏的准备,但她似乎是不可预知的。有时她会试错,用263 几个测试版本来自娱:如果她想创造百合,她会先创造旋花属植物。⑤ 因此,她不再表现为一位节俭的好管家,而是表现为一个有创造性的艺术家,爱美,乐于看到自己的多产,试图实现一切

---

① Chrysippe, dans Plutarque, *Les contradictions des stoïciens*, 21, 1044 c, *Les stoïciens*, p. 112. 也见 Cicéron, *Des termes extrêmes des biens et des maux*, III, 18.

② 关于这个主题,见 K. Deichgräber, *Natura varie ludens. Ein Nachtrag zum griechischen Naturbegriff*, Abhandlungen der Akademie der Wissenschaften und der Literatur, Geistes- und sozialwissenschaftliche Klasse, Mainz, 1954, Nr. 3 这部出色的专著。另见 G. Romeyer-Dherbey, "Art et Nature chez les stoïciens", M. Augé, C. Castoriadis *et alii*, *La Grèce pour penser l'avenir*, p. 91—104 所引用的文本。

③ Pline l'Ancien, *Histoire naturelle*, IX, 102; XI, 123; XIV, 115; XXI, 1—2.

④ *Ibid.*, VII, 30; VIII, 33—34.

⑤ *Ibid.*, XXI, 23.

可能想象之物。她虽是一个新手，却在逐渐进步，甚至可以创造出杰作。

当我们发现斯多亚派这个嬉戏的自然时，我们也许会好奇，她最终是否与赫拉克利特所说的那个爱玩骰子的孩子 *Aiôn* 相关，[①]这个游戏在尼采那里将会成为酒神狄奥尼索斯的可怕游戏。[②]

无论如何，从 18 世纪开始，这个嬉戏自然的隐喻对进化论观念的兴起发挥了重要作用。[③] 1768 年，当罗比内将他的一本书命名为《对存在形态自然渐变的哲学考察，或者自然学习创造人类时的试验尝试》(*Vue philosophique de la gradation naturelle des formes de l'être ou les essais de la Nature qui apprend à faire l'homme*)时，他显然是在影射普林尼的自然，她在嬉戏时学会了如何通过先创造旋花属植物来创造百合。19 世纪初，歌德也把越来越复杂的自然形态的出现视为自然游戏的结果，它们与随机的决定和富于想象的幻想有关。自然发明出一种形态之后，会以这种形态为消遣，此时会创造出多种生命。[④] 她力图用发明出来的主题制作出各种各样的变种。坐在赌桌前的她孤注一掷：

---

① Héraclite, fragm. 52, Dumont, p. 158.

② 见本书第二十二章。

③ P. Hadot, "L'apport du néoplatonisme à la philosophie de la nature", dans *Tradition und Gegenwart*, *Eranos Jahrbuch*, 1968, Zurich, 1970, p. 91—99.

④ Goethe à Charlotte von Stein, 10 juillet 1786, HA, *Goethes Briefe*, t. I, 1968, p. 514.

矿物、动物、植物，所有这些通过掷骰子而成功获得的东西，都会不断地重新排演，谁知道人类本身是否也是为一个更高目的而掷下的骰子呢？①

264 冒险、试错和研究，这就是自然的方法：

许多海洋动物的骨骼表明，自然在构想它们时想到了一种更高等的陆生动物。自然此刻必须留下的东西，将在日后情况更有利时继续下去。②

3. 挥霍的自然

游戏的观念导向了自由、奇想和挥霍的观念，也就是说，最终破坏了在亚里士多德那里自然作为节俭的好管家的观念。在尼采那里，自然的挥霍无度成了一个中心主题：

在自然之中没有贫困，只有过度的丰裕和无穷的挥霍。

你们想要顺应自然地生活？你们这些高贵的斯多亚派啊，玩弄的是什么文字把戏？想象你们自己是像自然一样

① Goethe, *Entretien avec Falk*, 14 juin 1809, *Goethes Gespräche*, éd. Flodoard von Biedermann, Leipzig, 1909—1911, t. II, p.37—41.

② *Ibid*., p.37.

的存在物，无限地奢侈，无限地冷漠，没有意图或思虑，没有怜悯或正义，既果实累累，又颗粒无收，且变化无常！

自然会表现出这种挥霍无度和无动于衷，既令人厌恶，又高贵非凡。①

在尼采那里，这种自然观念同时给人以恐惧和幸福：给人恐惧是因为人自视为盲目而残忍的自然的玩物，而给人幸福，酒神式的幸福，则是因为人经由艺术活动，将会接受自然的残忍和任性，再次投入这场伟大的世界游戏。②

265

柏格森虽然称赞威廉·詹姆士(William James)和他的“多元主义”，但把那种希望“自然自己做好安排，以使我们的工作总量最小”的智慧与向我们揭示出丰富实在的经验材料对立起来：

我们的智慧凭借着节约的习惯，把结果描述成与原因严格相称，而自然则挥霍无度，被它置于原因之中的东西远比产生结果所需的东西更多。我们的座右铭是“恰如所需”，自然的座右铭则是“多于所需”，太多这个，太多那个，太多一切。③

---

① Nietzsche, *Le gai savoir*, § 349, trad. P. Wotling, Paris, 2000, GF, p. 296; *Par-delà bien et mal*, § 9 et § 188, NRF, t. VII, p. 27, et p. 101(译文略作改动)。

② 见本书第二十二章。关于这一主题，见 E. Fink, *La philosophie de Nietzsche*, Paris, 1965，特别是结论部分 p. 240—241.

③ H. Bergson, *La pensée et le mouvant*, Paris, 1934, p. 240.

正如柏格森所设想的，自然是挥霍的，但也是艺术家。正如普林尼和塞内卡所说，她“似乎是为了取乐而用爱创造出各种植物和动物物种”，她的每一个产物“都有伟大艺术作品的绝对价值”。[①] 她“表现为不可预知的新奇事物的极大充溢”。事实上，我们必须指出，至少在生命有机体领域，控制其形成的不只是节俭原则。这些有机体并非机器，不能还原为不可或缺的工作机制，而是色彩绚丽的艺术杰作，有着极为丰富的意想不到的奇特形态，表现出一种近乎恣意的浪费。[②] 然而在柏格森看来，这些艺术作品不论多美，都会阻碍生命冲动的运动，生命冲动要求朝着人类的道德进步不断上升。

266

需要注意的是，要想借助隐喻来描述自然的行为，基本上有两种方式。我在本章开篇所引用的弗朗索瓦·雅各布的文本表明，从根本上接受相同科学理论的科学家们可以通过完全不同的方式来构想自然。正如柏格森所暗示的，可以说，那些把自然描述为节俭的人倾向于认为，自然过程遵循着严格的逻辑性，因为在她那里可以看到一种完全理性的方式，使手段适应于目的，而那些想象她是快乐的、挥霍的和充溢的人则倾向于认为，自然过程是自发的、直接的同时也是不可预知的。对自然行为的这第二种描述的兴趣更多是哲学的而不是科学的。我们可以从尼采和柏格森的例子中看到，这里涉及到的是人类与自然和存在在生存和道德上的关系。

---

① H. Bergson, *L'énergie spirituelle*, Paris, 1930, p.25.

② A. Portmann, *La forme animale*, Paris, 1961.

第十七章 诗的模型

1. 诗意的自然

自上古以来，诗人就被视为自然的真正阐释者。诗人之所以知道自然的秘密，恰恰是因为自然被设想为像诗人一样行动，自然创造出来的是一首诗。我曾说，[①]《蒂迈欧篇》是一种诗，或一种技艺游戏，用来模仿神这位宇宙诗人的艺术游戏。[②] 如果世界这个神可以在柏拉图的讲述中重生，那是因为宇宙是一种由神创作的诗。我们在亚历山大的菲洛那里看到了这种观念，他将自然的作品描述成神的诗。[③] 斯多亚派和普罗提诺都曾谈

267

① 见本书第十三章。

② 关于这个主题，见 P. Hadot, "Physique et poésie dans le *Timée* de Platon", *Revue de théologie et de philosophié*, 113 (1983), p. 113—133 (repris dans P. Hadot, *Études de philosophie ancienne*, p. 277—305).

③ Philon, *Quod deterius potiori insidiari soleat*, § 124—125.

及宇宙之诗。但对他们而言,这首诗是一部戏剧,其中的人物角色都来自宇宙诗人(Poète de l'univers),后者对斯多亚派来说是自然,对普罗提诺来说则是世界灵魂(l'Âme du monde)。[①] 也许是在新柏拉图主义的影响下,直到奥古斯丁才开始结合世界在数量上的和谐结构来描述宇宙之诗,或者更确切地说是宇宙之歌。他把时代的前进称为一位不可言状的音乐家创作的伟大歌曲(*Velut magnum Carmen cuiusdam ineffabilis modulatoris*)。[②] 就这样,时间之流与歌曲的韵律联系了起来。新柏拉图主义者普罗克洛斯把阿波罗称为伟大的宇宙诗人。[③] 此意象还可见于中世纪的波纳文图拉(Bonaventure)等人。[④] 我们很容易从诗的隐喻过渡到书的隐喻。[⑤] 从文艺复兴时期一直到现代,世界之书的隐喻将会频繁出现。

268

---

① Arrien, *Manuel d'Épictète*, § 17, trad. P. Hadot, Paris, 2000, p. 174; 亚里士多德已把宇宙比作一出悲剧,见 *Métaphysique*, XII, 10, 1076 a, et XIV, 3, 1090 b 19; 也见 Plotin, *Ennéades*, III, 2 [47], 17, 34 et 49.

② Augustin, *Lettres*, 138, 5, p. 130 Goldbacher. 也见 *De musica*, VI, 11, 29.

③ Proclus, *Commentaire sur la République*, t. I, p. 69, 15 Kroll; t. I, p. 85 Festugière.

④ Bonaventure, II *Sentent.*, dist. 13, art. 2, quaest. 2, ad 2, p. 316 a Quaracchi.

⑤ 对这则隐喻的研究见 E. R. Curtius, *Littérature européenne et Moyen Âge latin*, chapitre 16, § 7; H. M. Nobis, "Buch der Natur", *Historisches Wörterbuch der Philosophie*, t. 1 (1971), col. 957—959; H. Blumenberg, *Die Lesbarkeit der Welt*, p. 211—232.

2. 自然的秘密符号语言

与自然作为诗这一主题相结合,从 17 世纪开始,我们看到了自然的语言这一主题,这种语言不是通过语词或讲述,而是通过以各种存在形态表现出来的符号和象征来起作用的。① 自然创作的不仅是一首诗,而且是一首加密的诗。自然语言的密码表现为"征象"(signatures)或秘密符号(hiéroglyphes)。"征象"这一术语出现在 17 世纪帕拉塞尔苏斯和德拉·波塔的著作中。② 它首先是揭示植物特别是药用植物属性的符号、特征和外观,因为这些植物的外形与人体部分的外形有些类似。但没过多久,这个术语就有了更深的含义。雅各布·波墨曾著有《论事物的征象》(*De signatura rerum*),对他而言,整个自然都是上帝的语言,在某种意义上,每一个特殊存在都是该语言的一个词,它表现为一个符号或一个形体,与上帝在自然中展现的东西相对应。③

269

秘密符号的观念,④即用符号或象征来表现本质,可见于托马

① M. Arndt, "Natursprache", *Historisches Wörterbuch der Philosophie*, t. 6 (1984), col. 633—635.

② 见 S. Meier-Oser, "Signatur", *Historisches Wörterbuch der Philosophie*, t. 9 (1995), col. 751.

③ A. Koyré, *La philosophie de Jacob Boehme*, p. 460.

④ 在 Plotin, *Ennéades*, V, 8 [31], 6 中已经出现了秘密符号与自然形态之间的某种联系。

斯·布朗(Thomas Browne)的《医生的宗教》(*Religio medici*)这样的著作。① 他根据基督教传统区分了两本神圣的书——《圣经》和世界。但对他而言,书写世界这本书的不是上帝,而是上帝的仆人——自然。他说,基督徒尤其注重《圣经》,但很少关注自然书写的这本书,异教徒将神圣的字母联系在一起,能够很好地解读它,而基督徒却忽视了这些“秘密符号”。在 18 世纪的哈曼(J. G. Hamann)看来,自然同样是“一本书、一封信、一则寓言……,用简单字母写成的一个希伯来词,理解力必须给它添加点[变音符号]”。②

对康德而言,被视为象征或重要草图(dessins signifiants)的生命形态是自然“加密语言”的密码。③ 他认为,这些美妙的形态对于自然物的内在目的来说并非必要。因此,它们似乎是专为人的眼睛而创造的。在某种意义上,自然正是借助于它们“象征性地向我们言说”。④

对歌德而言亦是如此,自然通过作为一种秘密符号的象征或形态来揭示自身。在《植物的变形》一书中,歌德谈到了女神的秘密符号,在植物的变形现象中,我们必须知道如何识别和破译它。⑤

---

① T. Browne, *Religio medici*, I, 16, éd. W. A. Greenhill, Londres, 1889, p. 27—29,引自 H. Blumenberg, *Die Lesbarkeit der Welt*, p. 97—98.

② J. G. Hamann, *Lettre à Kant*, Hamann, *Aesthetica in nuce*, introd. par S. Majetschak, trad. R. Deygout, Paris, 2001, p. 131.

③ Kant, *Critique de la faculté de juger*, § 42, trad. Philonenko, p. 133.

④ *Ibid*.

⑤ Goethe, *La métamorphose des plantes*, Goethe, *Poésies*, trad, et préf. par R. Ayrault, t. 2, Paris, 1982, p. 459; 也见本书第十八章。

形态变化是我们很快就要讨论的女神伊西斯/自然的神圣文本。自然的语言并不是一种言说,其中词与词是分离的。自然现象向我们揭示的并非自然的格言或表述,而是只需加以感觉的构形、草图或象征: 270

> 我愿抛弃言说的习惯,像自然这位艺术家一样用富有表现力的设计来表达自己。这株无花果树,这条小蛇,这只茧……,所有这些都是富含意义的"征象"。①

在这里,我们兴许以为听到了拟人的自然在普罗提诺那里的回响:"我保持沉默,往往不说话。"②但普罗提诺的自然只满足于沉思永恒的形式,普罗提诺说,物体的轮廓产生于她的一瞥,而歌德的自然则创造出了显示自然的形态。

诺瓦利斯也把自然的形态看成加密的文本。这里我要引用《塞斯的弟子们》(*Die Lehrlinge zu Sais*)的整个开头:

> 人们所走的道路各不相同。谁若追踪和比较一下这一条条路,就会目睹奇异的形象出现,这些形象似乎属于我们随处可见的那种伟大的隐秘写作:在翅膀、蛋壳上,在云丛、雪花里,在晶体和岩石肌理中,在冰冻的水中,在山里山外,

---

① Goethe, *Entretien avec Falk*, 14 juin 1809, *Goethes Gespräche*, éd. Biedermann, t. II, p. 40—41.

② Plotin, *Ennéades*, III, 8 [30], 4, 3.

在植物、动物和人的内外形态中，在天空的星辰中，在擦亮的树脂和玻璃盘中，在磁石吸附的锉屑中，在奇特的偶然状况中。我们从所有这些事物当中感受到了那种奇妙文字的要诀及其语法，但这种预感无法以明确的形式固定下来，似乎不想成为理解更高事物的要诀。[①]

271

由此产生了两种声音或两种神谕，它们表达了应该用何种态度来对待自然的秘密符号。一种声音说：寻求理解是错误的。有人可能会说，自然的语言是纯粹的表达；它为了说而说，语词便是它的存在和乐趣。另一种声音说：真正的文本是宇宙交响乐中悦耳的和弦。可以说，这两种声音从根本上断言的是同一桩事情：绝不能用推理的方式来理解秘密符号，而必须通过感觉，就像感受一幅素描或一段旋律那样。

谢林所理解的自然也是一首诗，一首用加密手段创作的诗：

我们所谓的自然是一首诗，我们始终无法破译它那奇妙而又神秘的文本。然而，如果能够解出这个谜，我们将从中发现精神的冒险旅程(Odyssée de l'Esprit)。作为一种非凡幻觉的牺牲品，这种精神在寻找自己时逃离了自己，因为它只有经由世界才能显现，就像意义只有经由语词才能显

① Novalis, *Les disciples à Saïs*, dans Novalis, *Petits écrits*, trad, et introd. par G. Bianquis, Paris, 1947, p. 179.

现一样。[1]

这里显然有一种唯心论背景,诺瓦利斯那里可能也有。自然已经是精神,是尚未意识到自身的精神。生命形态的加密文本已经是精神的语言。

正如弗朗茨·冯·巴德所说,自然"是一首充满冒险精神的诗,其恒常不变的意义以常新的面貌显示出来"。他也促请人类去破译"神圣的秘密符号","在自然之中推测、感受和预感上帝的伟大理想"[2]。

因此,秘密符号和征象的隐喻是自然的秘密这一主题的变种。 272
事实上,使用这一隐喻的哲学家并非都以同样的方式来破译这一加密文本。波墨、谢林、诺瓦利斯和巴德等人认为,自然使我们能对"上帝的理想"有所认识,而歌德等人则认为该文本是个谜:我们无法超越它或破译它,因为自然的严肃和静默令我们恐惧。[3]

3. 宇宙作为诗

如果宇宙是一首诗,那么诗人就可以通过作诗来揭示宇宙

---

① Schelling, *Système de l'idéalisme transcendental*, dans Schelling, *Essais*, traduits et préfacés par S. Jankélévitch, Paris, 1946, p. 175. 也见 *Philosophie der Kunst*, dans *Werke*, Francfort, 1985, t. 2, p. 459:"自然是神圣想象力的第一首诗"以及 t. 1, p. 696:"我们所谓的自然是一首诗,一首将自己隐藏在奇妙的秘密文本中的诗。"

② 引自 A. Béguin, *L'âme romantique et le rêve*, Paris, 1946, p. 71.

③ 见本书第二十章。

的意义和秘密,而创作出来的诗在某种意义上就是宇宙。因为根据一种始终保持活力的古老观念,艺术家有能力重新创造他所歌颂的事物。诗人的语词具有创造力。埃米尔·本维尼斯特(Émile Benveniste)已经清楚地表明,希腊语动词 *krainô* 与同类动词相比有一种很强的含义,[①]意味着执行、完成、使产生。他在这种意义上解释了献给赫尔墨斯的荷马式颂歌中的以下诗句:"赫尔墨斯在悦耳地弹奏齐塔拉琴时提高了嗓音,美妙的歌声伴随着他,使不朽的众神和黑暗的大地得以产生(*krainôn*),诉说着它们最初的样子和每个人的命运。"本维尼斯特评论说:"诗人使事物产生,事物从他的歌声中诞生。"[②]在这里,诗人不仅使他歌唱的事物得以产生,而且由于他歌唱的是宇宙,所以他是在歌声的魔力空间中重新创造宇宙而使宇宙产生的。正如里尔克所说:"歌是存在。"[③]柏拉图的《蒂迈欧篇》背后的观念已经隐含在前苏格拉底时期的创世诗中:文学作品是一个小宇宙,在以某种方式模仿宇宙的宏伟诗作。[④]

273

我们在《伊利亚特》中找到了这种观念的最早证据。在那里,诗人将阿基里斯的盾牌描述为火神赫菲斯托斯铸造的一

---

① É. Benveniste, *Le vocabulaire des institutions indo-européennes*, II, Paris, 1969, p.40. 也见 M. Detienne, *Les maîtres de vérité dans la Grèce archaïque*, Paris, 1967, p.54.

② Hymne homérique, *À Hermès*, vers 427(Benveniste 讨论了 J. Humbert, Paris, 1967, CUF, p.133 的译文)。

③ R. M. Rilke, *Les sonnets à Orphée*, I, 3.

④ 见本书第十三章。

件艺术品。[①] 在阿基里斯的铜盾牌形象与这首诗的宏伟意象之间有某种镜像游戏在来来回回：诗的意象反映了盾牌的诞生，而盾牌的可塑形象又反映了宇宙的过去与现在。在这个宏伟的世界中，这首诗同时造就了赫菲斯托斯的艺术品和它所代表的整个宇宙以及圣俗事物之美，艺术品本身只是对世界的描述。因此，神圣事物无疑会表现在交叠的区域中：一方面是神圣事物，大地、天空、海洋以及日月星辰，另一方面则是世俗事物。我们看到两座城市：一座城市里有和平正义，有人在庆祝婚礼；而在另一座城市中，我们目睹了一次伏击，也看到了田野中的劳作，收获，采摘葡萄，狮子袭击羊群，以及青年男女的舞蹈。盾牌边缘代表宇宙或俄刻阿诺斯(Océan)河的界限。诗人赞颂神的技艺，神创造了宇宙的这种景象和宇宙中的所有生命，而诗人却好像把用金属和火制造的艺术品重新创造出来，在语词的时间中给自己打造了一件艺术品。用里尔的阿兰的话来说："世界如今再次被创造出来，一如往昔，亦如将来。"[②]诗的语词把固定于艺术品之中活的东西再次发动起来，在时间中将其替换。 274

我们在维吉尔的第六首牧歌中看到了同样的观念，[③]其中

---

① Homère, *Iliade*, XVIII, 480 ss. 见 Alain, *Propos de littérature*, Paris, 1934, p. 77—78; J. Pigeaud, *L'art et le vivant*, Paris, 1995, p. 21—28, et "Le bouclier d'Achille", *Revue des études grecques*, 101(1988), p. 54—63.

② Alain, *Propos de littérature*, p. 77.

③ Virgile, *Bucoliques*, VI, 32 ss.

狄俄尼索斯的同伴——西勒诺斯(Silène)的歌声似乎与俄耳甫斯的歌声一样有力和动人。[①] 他讲述了宇宙的起源:四元素、天空、太阳、植物、动物和人类的出现;黄金时代,普罗米修斯造福人类;接着是一连串不幸的故事,如许拉斯(Hylas)、帕西菲(Pasiphaé)、阿塔兰忒(Atalanta)以及法厄同(Phaéton)的姐妹赫丽阿德斯(Héliades)的变形。然而在这里,看似简单的描述被呈现为一种创造,维吉尔说:"他用苦树皮的苔藓包裹了法厄同的姐妹,让她们从地上长起,如同纤细苗条的赤杨。"因此,西勒诺斯似乎不是在唱已经发生的事情,而是通过歌唱使事情发生。对维吉尔来说,西勒诺斯不仅描述了宇宙,而且使之在场:在某种意义上,他重新创造了宇宙。正如戈多·利贝格(Godo Lieberg)所表明的,维吉尔将西勒诺斯比做能用歌声影响自然的俄耳甫斯。[②]

奥维德的《变形记》也表现为一个小宇宙,或一个在诗中被重新创造的宇宙。事实上,这部作品从世界的起源开始讲起,然后是四个时代的更替(黄金时代、白银时代、青铜时代和黑铁时代),最后在第十五卷以奥古斯都(Augustus)实现世界和平作

275

---

① 正是 G. Lieberg, *Poeta creator. Studien zu einer Figur der antiken Dichtung*, Amsterdam, 1982, p. 35 ss. 这本极为有趣的著作使我注意到了这段文本及其含义。关于诗人作为创造者这一主题,也见 E. N. Tigerstedt, "The Poet as Creator. Origins of a Metaphor", *Comparative Literature Studies*, 5(1968), p. 455—488, et M. S. Rostvig, "*Ars Aeterna*. Renaissance Poetics and Theories of Divine Creation", *Mosaic*, 3(1969—1970), p. 40—61.

② G. Lieberg. *Poeta creator*, p. 22—35.

结。从起源到现在的变形历史描绘了因果链条或世界事件的链条。

我们在卢克莱修的《物性论》中看到了同样的情形,它是一个"简化的宇宙"(cosmos en reduction),因为正如皮埃尔·布瓦扬塞指出的,[①]从伊壁鸠鲁主义物理学的观点来看,元素就类似于字母表中的字母。[②] 元素通过自身的组织而产生了世间万物,字母也通过自身的组织而形成了诗和诗所呈现的世界。[③] 但这一次,诗人知道宇宙的产生模式或构造方式。

前苏格拉底哲学家已经试图在其著作中重新创造宇宙。我们也许会怀疑,本书开头所讨论的《古代医学》中那段令人费解的话[④]是否是在暗指这一点,它说,像恩培多克勒这样的自然哲学家的思辨其实属于 *graphikè* 的领域,这里的 *graphikè* 要么是书写字母的技艺,要么是绘画技艺。这部著作可能在意指,自然哲学家试图用类似于字母或颜色的少数元素来重建宇宙。[⑤] 于是哲学论著,无论写成散文体还是诗体,都表现为一种小宇宙,它的起源和构造再现了宇宙的起源和构造。

柏拉图的《蒂迈欧篇》便处在这种前苏格拉底传统之中,据

---

① P. Boyancé, *Lucrèce et l'épicurisme*, p. 289.

② P. Friedländer, "The Pattern of the Sound and Atomistic Theory", *American Journal of Philology*, 62(1941), p. 16—34.

③ P. Shorey, "Plato, Lucretius and Epicurus", *Harvard Studies in Classical Philology*, 11(1901), p. 201—210.

④ 见本书第二章。

⑤ 见 Empédocle, fragm. B 23, Dumont, p. 383.

说是《蒂迈欧篇》续篇的《克里底亚篇》(*Critias*)的开头清楚地显示了这一点。柏拉图在总结前一篇对话时求助于世界这个神:"这个神[即世界]曾真正诞生过,方才又在我们的讲述中再次诞生。"因此,对柏拉图而言,《蒂迈欧篇》的讲述乃是宇宙的一次新生:它是作为诗的宇宙,因为它凭借自身的构造模仿了宇宙的起源和构造。① 哲学家的作用就是尽可能以言说的创制(*poiesis*)来模仿宇宙的创制。这种活动是一种诗的奉献,或者诗人对宇宙的赞颂。新柏拉图主义延续了这种传统。②

276

同样需要注意的是,在柏拉图的时代,简化的世界模型以浑天仪的形态存在,正如吕克·布里松所指出的,这些东西是一些模型,比如在《蒂迈欧篇》中被用来描述世界灵魂的构造。③ 荷马描述了火神赫菲斯托斯铸造的阿基里斯的盾牌(也就是说,他提供了一种简化的世界模型,从而在某种意义上重新创造了世界本身),柏拉图也以同样的方式描述了浑天仪这种简化的世界模型的构造,从而描述了世界的构造。类似的机械模型可见于《理想国》的第十卷(616c)和《政治家篇》(*Politique*)(270a)。

---

① P. Hadot, "Physique et poésie dans le *Timée* de Platon", p. 113—133; L. Brisson, "Le Discours comme Univers et l'Univers comme Discours", dans *Le texte et sa représentation. Études de littérature ancienne*, 3, Paris, 1987.

② J. A. Coulter, *The Literary Microcosm. Theories of Interpretation of the Later Neoplatonism*, Leyde, 1976, 以及 A. Sheppard, *Studies on the 5th and 6th Essays of Proclus' Commentary of the Republic*, Göttingen, 1980.

③ L. Brisson, *Le Même et l'Autre dans la structure ontologique du Timée de Platon*, p. 36 ss.

在文艺复兴时期，宇宙作为诗的观念依然很盛行，但它经常以一种受新柏拉图主义传统影响的毕达哥拉斯主义形式出现。我指的是，诗人声称他们创作的诗以其数量关系——诗歌、诗节、诗句的数量——再现了宇宙的数和量度。[①]

主要是在18世纪末和19世纪初，对宇宙作为诗的怀旧之情达到了顶点。人们梦想有一位新的卢克莱修。安德烈·谢尼埃(André Chénier)的诗《赫尔墨斯》试图写一部新的《物性论》。但他努力恪守牛顿的科学教导，这损害了诗的灵感。不过，它的确含有一些精彩的段落，比如诗人的飞翔，群星中的孤星，心醉神迷地投入了无限。歌德同样梦想成为新的卢克莱修，但他未能完成打算与谢林合著的那首宏大的宇宙诗。[②] 不过，《上帝与世界》(*Gott und Welt*)中的诗可以算作这一计划的片段或草稿。

277

在19世纪，更准确地说是在1848年，我们在埃德加·爱伦·坡(Edgar Allan Poe)的《我发现了》(*Eureka*)一诗中再次看到了宇宙作为诗的观念。它描述了宇宙的伟大搏动和永恒轮回，舒张与收缩、膨胀与收缩之间的角力，爱伦·坡称这首散文诗的美保证了它的真。于是，宇宙被等同于一件艺术品，而这件

---

① A. Fowler, *Spenser and the Number of Times*, Londres, 1964; S. K. Heninger, *Touches of Sweet Harmony. Pythagorean Cosmology and Renaissance Poetics*, San Marino, California, 1974, p.287—324.

② M. Plath, "Der Goethe-Schellingsche Plan eines Philosophischen Naturgedichts. Eine Studie zu Goethes *Gott und Welt*", *Preussische Jahrbücher*, 106 (1901), p.44—71. 也见 A. G. F. Gode von Aesch, *Natural Science in German Romanticism*, New York, 1941, p.262 ss.

艺术品也被等同于宇宙。[1]

我们在保罗·克洛岱尔那里也看到了这一观念的延续,他在《诗艺》(*Art poétique*)的开篇便引用了圣奥古斯丁的名言"一位不可言状的音乐家创作的伟大歌曲"。[2] 事实上,这部《诗艺》旨在成为宇宙的一种诗艺,或是一种自然哲学,能够揭示将事物在时间之中联系在一起的秘密对应。根据这些零星的说法,我们应当记住,知识就是共生(connais-sance est co-naissance),或者说,事物在 *Phusis*(生长和出生的意义上)的统一性当中同时生长:

278

> 的确,蓝色知道[即与之共生]橙色,手知道它在墙上的影子;三角形的角知道另外两个角,就像以撒(Issac)知道利百加(Rebecca)。万事万物……都指明了那个没有它就不可能是这样的东西。[3]

---

① H. Tuzet, *Le cosmos et l'imagination*, Paris, 1965, p. 115—120, 尤其是 p. 119:"这一神圣的艺术杰作在诗人心中唤起了一种纯粹智性的愉悦,这种愉悦与年轻康德所说的愉悦不无关联。"借此机会,我要强调一下 Hélène Tuzet 这本书的重要性和趣味,它沿着 Gaston Bachelard 的传统讨论了关于想象力的心理学。

② 见前文。

③ P. Claudel, *Art poétique*, p. 64. 另见本书第十八章。

第十八章　审美知觉与形态的创生

1. 接近实在的三种模式

到目前为止，关于如何理解“自然的秘密”，我区分了普罗米修斯态度和俄耳甫斯态度。这里我要延续这种区分，同时不再使用神话的字眼，并且把接近自然的两种程序对立起来。第一种程序使用科学技术的方法；第二种程序则使用我所谓的审美知觉方法，这是就艺术可以被视为一种理解自然的方式而言的。然而，在我们人类的经验中，必须区分和定义三种与自然打交道的基本模式。首先，存在着一个我们所谓的日常知觉世界，它由我们的习惯或兴趣导向所控制。我们只寻求对我们有用的东西。我们通常会对群星视而不见，如果我们是城市居民，我们会把大海和乡村仅仅看作休息和放松的契机，但如果我们是海员或农民，则会把它们看作谋 279

280 生的手段。① 科学知识的世界与这个日常知觉的世界是对立的，比如对于前者来说，地球围绕太阳转。哥白尼革命转变了科学家和哲学家的理论话语，但并未改变他们的生活经验。埃德蒙德·胡塞尔（Edmund Husserl）及其追随者莫里斯·梅洛-庞蒂（Maurice Merleau-Ponty）已经令人信服地表明，我们的生活经验并没有发生哥白尼革命。② 在我们的生活经验中，我们觉得静止的是地球，因此会把这种心理经验彻底运用于所有地方。

然而，日常知觉的世界不仅与科学知识的世界相对立，而且与审美知觉的世界相对立。柏格森曾提到"用艺术家的眼睛来打量宇宙"。③ 这意味着不再从功利主义角度来看待事物，功利主义只关注我们对事物的作用，而无法看到事物的实相和统一性。"为什么我们要分割世界？"塞尚（Cézanne）问道，"这其中反映的是我们的自我中心吗？我们希望一切都为我们所用。"④柏格森则说，艺术家看事物时"是为了事物自身，而不是为他自己"。也就是说，"他们不再

---

① 见 *Conversations avec Cézanne*, *Émile Bernard*, *Joachim Gasquet*..., présentées par P.M. Doran, Paris, 1978, p.119 中塞尚的说法。

② M. Merleau-Ponty, *Éloge de la philosophie et autres essais*, Paris, 1960, p.285. E.Husserl, "L'*arché* originaire Terre ne se meut pas", traduit dans la revue *Philosophie*, t. I, 1984, p.4—21.

③ H. Bergson, "La vie et l'œuvre de Ravaisson", dans *La pensée et le mouvant*, p.280.

④ *Conversations avec Cézanne*, p.157.

仅仅为了行动来感知;他们是为感知而感知——不为什么,只为乐趣”。[1] 柏格森总结说,哲学也应该使我们感知世界的方式发生彻底转变。

不仅如此,通过把审美知觉提升为一种哲学知觉模式,柏格森延续了千百年来的传统。人们早就知道习惯和兴趣会破坏知觉。卢克莱修说,为了重新发现纯粹的知觉即审美知觉,我们必须像第一次那样去看世界: 281

> 抬头望望那明洁清朗的天,
> 和它所包容的一切东西:
> 那些四处漂泊的星辰,
> 月亮和光辉灿烂的太阳:
> 这一切,如果现在第一次出现在人们眼前,
> 如果不经意地突然就出现,
> 那么还能说有什么东西比这更神奇,
> 还有什么是人所事先不敢设想的?
> 我想,没有什么能比这景象更令人惊叹。
> 现在,大家都已倦于看这一景象,
> 竟无人肯抬头望望那些光辉的领域。[2]

---

① H. Bergson, *La pensée et le mouvant*, p. 152. 见 P. Hadot, “Le sage et le monde”, dans *Le Temps de la réflexion*. 《*Le Monde*》, Paris, 1989, p. 179 ss. (repris dans P. Hadot, *Exercices spirituels et philosophie antique*, nouvelle éd., Paris, 2002, p. 343—360).

② Lucrèce, *De la nature*, II, 1023—1039.

塞内卡复述了卢克莱修的话：

> 我习惯于花大量时间去沉思智慧；我任何时候观看这个世界都会有同样的惊讶，我静观世界时往往会觉得是第一次看它。①

所谓第一次看，就是去除所有那些让人看不到赤裸裸的自然的东西，摆脱我们用来遮蔽它的所有功利主义描述，用一种天真的、不偏不倚的方式去感知。这种态度绝非简单，因为我们必须摆脱我们的习惯和自我中心。塞内卡正确地指出，我们只惊讶于罕见的事物，如果每天都能见到，那么连崇高的景象都会被忽视。②

282

到了 18 世纪，人们意识到有必要通过一种审美的自然进路来对抗日益加剧的机械化。在《宇宙》(*Kosmos*)一书中，伟大的科学家和探险家亚历山大·冯·洪堡(Alexander von Humboldt)提到了他那个时代的人对一种危险的恐惧，即科学知识的进步正在威胁我们面对自然时所体验到的自由乐趣。③ 早在 1750 年，亚历山大·鲍姆加登(Alexander Baumgarten)④在《美

---

① Sénèque, *Lettres à Lucilius*, 64, 6. 另见本书第二十一章。

② Sénèque, *Questions naturelles*, *Des comètes*, VII, 1, 1—4.

③ A. von Humboldt, *Kosmos*, Stuttgart-Augsburg, 1845—1858 (rééd, 1990), I, p. 21; trad. H. Faye, Paris, 1847—1851, p. 23.

④ 关于 A. G. Baumgarten, 见 E. Cassirer, *La philosophie des Lumières*, Paris, 1966, p. 327—345; J. Ritter, *Paysage*, Paris, 1997, p. 69—70.

学》(*Aesthetica*)一书中就曾断言,除了一种“逻辑真理”,还存在着一种“审美真理”,比如天文学家和数学家观测到的日食不同于牧羊人以情感的方式向心上人谈论的日食。[①] 在《判断力批判》中,康德对科学的和审美的这两种自然进路之间的区别做了出色的界定。为了把海洋感受为崇高的,我们决不能从地理学或气象学的角度来看待它,而是“必须像诗人那样,完全按照亲眼目睹的样子去沉思它,平静时像是一面仅以天空为界的光亮水镜,不平静时则像一个要吞噬一切的深渊”。[②] 审美知觉的这个情感的因而是主观的方面非常重要:我们面对着美谈到了愉悦和惊奇,面对着崇高也谈到了惊恐。它所反映的不仅是与我们的日常兴趣有关的情感,而且是由沉思自然所引起的无私欲的情感。

情感的这种无私欲特征极为重要。康德主张“对自然的美产生直接兴趣……永远是善的灵魂的标志”。[③] 所谓“直接兴趣”,康德是指对自然美的存在本身感受到愉悦,只对美有兴趣,而没有任何自我中心的考虑: 283

独处(而不打算把自己的观察与他人分享)的人沉思一

① A. G. Baumgarten, *Esthétique*, § 429, trad. J.-Y. Pranchère, Paris, 1988, § 423, p. 151, et § 429, p. 154. 在导言的 p. 20 中,J.-Y. Pranchère 强调了知觉在鲍姆加登那里的重要性。

② Kant, *Critique de la faculté de juger*, § 29 “Remarque générale sur l'exposition des jugements esthétiques réfléchissants”, trad. Philonenko, p. 107.

③ *Ibid.*, § 42, p. 131.

> 朵野花、一只鸟、一只昆虫等等的美的形态，是为了赞美和爱它们，……对自然的美产生直接兴趣。①

审美进路与伦理进路之间因而有一种深刻的关联：对美的兴趣支配着审美进路，对善的兴趣支配着伦理进路。此外，对于那些希望得到美育以使心灵之力与感受力协调一致的人，亚历山大·鲍姆加登推荐了一些训练方法。②

叔本华同样处于这一传统，他说一个人如果摆脱了理性原则，摆脱了欲望和利益，把自己消融在客体中，成为一个“纯粹主体”，从时间中解放出来，便可达到无欲无求的沉思；借用叔本华引用的斯宾诺莎的话来说，只要心灵“从永恒的视角”(*sub specie aeternitatis*)来感知事物，心灵就会成为永恒的。③

在歌德看来，这种审美知觉能使我们进入对自然的体验之中，比如《威廉·迈斯特》(*Wilhelm Meister*)一书的主人公在科莫湖畔驻足，一位牧师伙伴帮他发现了艺术的魔力：

284

> 本来自然并没有赋给我们的老朋友以绘画的眼睛。他

---

① *Ibid*.,p.131—132.

② 引自 T. Gloyna, B.-Ch. Han, A. Hügli, dans l'article “Übung”, dans *Historisches Wörterbuch der Philosophie*, t. 11(2001), col. 81.

③ A. Schopenhauer, *Le monde comme volonté et comme représentation*, trad. A. Burdeau, révisée par R. Roos, Paris, 2003 (rééd.), livre III, § 33—34, p.228—234, 尤其是 p.231(la citation de Spinoza, *Éthique*, V, propos. 31, scholion).

只是对明显的人体美容易受到感染,可现在他突然发现,通过一位气味相投但为完全不同的享受和活动而培养出来的朋友,周围的世界向他敞开了。……现在他同他的新朋友已经变得水乳交融了,他那样易受感染,于是学习用艺术家的眼光来看世界,当自然将其美的**奥秘显露在光天化日之下时**,①他不由自主地被艺术所吸引,渴望艺术充当自然最合适的阐释者。②

对歌德来说,艺术的确是自然的最佳阐释者。③ 自然并不像科学那样去发现隐藏在现象背后的定律、公式或结构;恰恰相反,它在学习观看现象或显现,观看处于光天化日之下、我们眼皮底下的事物,以及我们不知道如何观看的东西。④ 它教导我们,最神秘和最秘密的东西恰恰是昭然可见的东西,更确切地说是自然使自己变得可见的运动。歌德梦想有一种与自然的接触能够舍弃语言,只留下对形态的知觉或创造。于是,人的艺术可以与自然的自发艺术做无声的交流:

壮丽的世界整天都展示在眼前,用这种才能[绘画]将

① 我强调这几个词,是因为它们是歌德自然观的典型特征。另见本书第二十章。

② Goethe, *Wilhelm Meister. Les années de voyage*, dans Goethe, *Romans*, p. 1176(译文有改动)。

③ Goethe, *Maximen und Reflexionen*, § 720, HA, t. 12, p. 467.

④ 见本书第二十章。

它一下子揭示出来。能用线条和色彩去接近那不可言传的东西,是多么快乐啊!①

2. 普通美学

285 在40年前出版的小册子《普通美学》中,罗歇·卡耶瓦概述了一种东西,它既是关于现代艺术尤其是涩艺术(*art brut*)的理论,又是一种自然哲学。② 他在这里本质上断言,只有自然才是美和艺术的创造者,由同样的自然构造产生了装饰(即艺术品)和欣赏这种装饰的能力(即审美愉悦)。在他看来,艺术只服从有机的自然律,自然律是一种内在于形态的艺术:"依赖于生命的形态并非由某个人所造,它们似乎自己塑造了自己。……作者与作品浑然一体。"③自然的创造是艺术的,艺术的创造是自然的:"艺术是自然的一种特殊情形,当审美过程经历了补充的制作完成程序时,艺术就发生了。"④

这部随笔给了我们许多可以思考的东西,其中我只强调一种教导:人应当永远记得自己是自然存在,状态万千的自然往往

---

① Goethe, *Wilhelm Meister. Les années de voyage*, dans Goethe, *Romans*, p. 1184.

② R. Caillois, *Esthétique généralisée*, Paris, 1969. 关于哲学和现代艺术,可以参考 K. Albert, *Philosophie der modernen Kunst*, Sankt Augustin, 1984。

③ R. Caillois, *Esthétique généralisée*, p. 14.

④ *Ibid.*, p. 8.

会以在我们看来真正艺术的过程显示出来,因此自然与艺术之间存在着一种深刻的共同特性。例如,自然的艺术自发地显示于蝴蝶翅膀的“图案”,花朵的雍容华贵(实则是延续生命的需要),或者鸟类的羽毛,这些东西给我们留下一种印象,觉得从拟人的观点来看,它们显然希望自己在日光下被看到。① 叔本华早已强调从拟人观点看待事物的重要性,说这虽然“近乎疯狂”, 286 却让我们感受到了艺术与自然之间的紧密关联。叔本华在谈到花的香味和色彩时说:“尤其是植物世界,似乎在恳求我们甚至强迫我们对它进行沉思,这是多么奇妙啊。”②他又说,“只有对自然做一种非常亲密和深刻的沉思,才能体证这一观念。”他很高兴在奥古斯丁那里看到了这种观点,奥古斯丁说,由于植物无法认知,所以植物似乎希望被认知。③

根据欧根·芬克(Eugen Fink)对尼采思想的总结,“人的艺术本身就是一个宇宙事件”。④ 尼采的这一伟大直觉在其处女作《悲剧的诞生》(*La naissance de la tragédie*)中便已显露,他在其中谈到了自然的审美本能:他终生都在恪守这一概念。⑤ 世界

---

① 关于这个主题,见 R. Caillois, *Méduse et Cie*, Paris, 1960, et A. Portmann, *La forme animale*.

② A. Schopenhauer, *Le monde comme volonté et comme représentation*, livre III, § 39, p.259.

③ A. Schopenhauer, *ibid.*, n. 1, citant saint Augustin, *La Cité de Dieu*, XI, 27.

④ E. Fink, *La philosophie de Nietzsche*, Paris, 1965, p.32.

⑤ Nietzsche, *La naissance de la tragédie*, § 2, trad. G. Bianquis, Paris, 1949, p.27.

完完全全就是艺术。[①] 它是一件自行生成的艺术品；[②]因为在尼采看来，一切形态的创造都是艺术。[③] 自然塑造了整个形态宇宙；她展示了万紫千红之色和金石丝竹之声。人的艺术乃是这个现象宇宙不可或缺的组成部分，正如尼采常说的，需要得到"崇拜"的正是这种显现。

保罗·克利在其《现代艺术理论》(*Théorie de l'art moderne*)的"自然研究的多种途径"一章中写道："对于艺术家来说，与自然对话始终是必要条件。艺术家是人，他本身便是自然，是自然领域中的一个自然组分，……是地球上的生物和宇宙中的生物：是群星之中的一颗星上的生物。"[④]我们在保罗·克洛岱尔那里看到了同样的主题："我们的作品和手法与自然的别无二致。"[⑤]

287

如果有人认为，自然创造出形态与人想象出形态之间有一种关联，那么他可能会说，发明神话乃是延续了创造形态的自然的基本姿态。这种想法很古怪吗？无论如何，保罗·瓦莱里(Paul Valéry)就持有这一想法，哪怕只有很短的时间："当我不求回报地梦想和创造时，我难道不是……自然吗？……自然在彩虹和原子中间慷慨地给予、转变、伤害、遗忘和重新发现林林

---

① Nietzsche, *Fragments posthumes* (*Automne* 1885—*automne* 1887), 2[119], NRF, t. XII, p.125.

② *Ibid*., 2[114], p.124.

③ J. Granier, *Le problème de la vérité dans la philosophie de Nietzsche*, Paris, 1966, p.523.

④ P. Klee, *Theorie de l'art moderne*, Bâle, s. d., p.43—45.

⑤ P. Claudel, *Art poétique*, p.52.

总总的机会和生命形象，一切可能的和不可设想的事物都在其中生灭沉浮，此时，难道自然不是在自己的游戏中做着同样的事情吗？”[①]阿道夫·波特曼(Adolphe Portmann)在一本书的结尾谈到生命形态的非凡作用时指出：

> 对于这些如梦如幻的生物，我们有时会感到不安。这种感受必须得到严肃对待，它不是一种科学直觉，而是表明在我们内部和周围存在着未知的东西。艺术创造难道不是受到了这种惊人的动物多样性的启发吗？艺术创造从中看到了一种亲缘关系，比以往更关注这些秘密形态的作品。[②]

从这种观点来看，认为自然是神话的，这种新柏拉图主义观念可以重新发现一种深刻的含义。[③] 作为自然组分的人脑创造出神话或形态，就是贯彻了自然发明形态时的基本姿态。[④]

3. 形态的创生

如果艺术是自然，自然是艺术，那么艺术家和哲学家就能通　288

---

① P. Valéry, “Petite lettre sur les mythes”, dans *Œuvres*, t. I, Paris, 1957, p. 963.

② A. Portmann, *La forme animale*, p. 222.

③ 见本书第七章。

④ 关于这一主题，见 R. Ruyer, *La genèse des formes vivantes*, Paris, 1958, p. 255.

过审美体验来认识自然,即逐渐认识到知觉世界的所有面向,不过是以两种不同的方式。

首先,留心观察自然形态将使他们窥见自然的运作方式,即关于形态显现的伟大法则。然而,这种对自然的熟悉也可能将他们引向完全不同的体验:把自然的生存论意义上的在场(présence existentielle)当成创作的源泉。他们沉浸在自然的创造性冲动之中,感到自己与自然是同一的。然后,他们会超越对自然秘密的寻求,对世界的美惊异不已。

于是,在第一种进路中,他们会试图认识自然的进程。艺术家获得的体验越多,就越觉得熟悉自然。里尔克提到过葛饰北斋(Hokusai)众所周知的告白:"73 岁的我多少理解了鸟、鱼和植物的形态和真正本性。"①

"理解形态"最终意指能够再现自然对这种形态的创造。普罗提诺已经说过,艺术并不直接模仿可见之物,而是回到了产生可见自然过程的理性原则或逻各斯(*logoi*)。② 换句话说,艺术

289 家仿佛欣然接受了形态的产生过程,并且像它那样操作。③ 如歌德所说:"我推测希腊艺术家是依据自然本身的法则行事的,我现在追求的正是这样的法则。"④

---

① 写给 Lou Andreas Salomé 的信(11 août 1903), dans R. M. Rilke, L. Andreas Salomé, *Correspondance*, éd. E. Pfeiffer et traduit par Ph. Jaccottet, Paris, 1985, p.97.

② Plotin, *Ennéades*, V, 8 [31], 1, 36.

③ 例如 E. Cassirer 关于 Shaftesbury 的评论,见 E. Cassirer, *La philosophie des Lumières*, p.310.

④ Goethe, *Voyage en Italie*, 28 Janvier 1787, trad. Naujac, Paris, 1961, t. I, p.335.

"关键不是模仿自然,而是像她一样行事,"毕加索如是说。① 皮埃尔·李克曼(Pierre Ryckmans)引用这句话来阐释中国画家石涛的画论,他总结说,"画家的活动不是去模仿创造出来的各种既定的东西,而是再现自然的创造行动本身",这表明远东艺术家的创造性体验也使他们认为自己是在依据自然的秘密法则行事。

根据保罗·克利的说法,吸引画家注意的也正是这种创造性过程:"对他而言,正在自然化的自然(nature naturante)要比被自然化的自然(nature naturée)更重要。"②因为他作为艺术家试图沉浸"在埋藏万物秘密的自然怀抱和创造的原始沉淀之中"。③ 从这个角度来看,克利擅自创造了抽象的形态,在他看来,这些形态乃是人对自然行动的延伸。

当歌德说艺术是自然的最佳阐释者时,他的意思正是指,审美体验使我们窥见了可以解释各种自然生命形态的具体法则。同样,罗歇·卡耶瓦在《普通美学》中指出,存在着少数他所谓的"自然安排"(ordonnances naturelles),即生成形态的模版。④ 因此,他也试图确认自然择选的几何图形(比如螺旋线),让我们窥见"决定水晶、贝壳、叶子和花冠形态的巨型画布"。⑤

290

① Shitao, *Les propos sur la peinture du moine Citrouille-Amère*, traduction et commentaire de P. Ryckmans, p. 46, citant F. Gilot, *Vivre avec Picasso*, Paris, 1965, p. 69.

② P. Klee, *Théorie de l'art moderne*, p. 28.

③ *Ibid.*, p. 30.

④ R. Caillois, *Esthétique généralisée*, p. 25.

⑤ R. Caillois, *Méduse et Cie*, p. 53. 为了完整,我们要指出"仿生学"的存在,这门科学研究自然过程是为了发明出模仿生物界的机制。

然而，当我们说艺术延伸了自然，或以自然的方法行事时，必须补充一个修正。无论如何，直到现在，人类的艺术尚不能事无巨细地再现自然的自发性。康德有一段话讨论了我们对自然本身之美的兴趣，如果我们意识到自己所看到的仅仅是一种模仿，那么无论它有多么完美，这种美都会立刻消失。[①] 尤其是在技术领域，人的艺术创造也许已经达到了臻于完美的境地，让人觉得超越了自然，但没有任何东西能够超过生命的美。正如歌德所说："生命是多么美好和高贵！它是那样能够适应环境，多么真实；它怎么可以这样！"[②] "它怎么可以这样！"自然的典型特征正是强加于我们的这种生存论意义上的在场，绝对无法效仿。这是自然的无法探究的秘密。

4. 极性与上升

歌德试图发现自然的形态类型(Formes-types)，他称之为"原型现象"(*Urphänomene*)，例如原型植物。他通过以一般方式支配自然运动的基本法则来解释这些形态类型，特别是两种极性(*Polarität*)力量以及强化(intensification)或上升(*Steigerung*)，比如我们看到，它们在植物的生长过程中起作用。[③] 事实上，植

① Kant, *Critique de la faculté de juger*, § 42, trad. Philonenko, p.134.

② Goethe, *Voyage en Italie*, 9 octobre 1786, trad. Naujac, t. I, p.188—189.

③ 关于这一主题，见 P. Hadot, "Emblèmes et symboles goethéens. Du caducée d'Hermès à la plante archétype", dans *L'art des confins. Mélanges offerts à Maurice de Gandillac*, publiés sous la direction d'A. Cazenave et de J.-F. Lyotard, Paris, 1985, p.431—444.

物生长所特有的螺旋运动和垂直运动与自然的基本韵律是一致的,后者是极性与上升之间的对立,或者是“一分为二”与“使高贵”或“强化”之间的对立。歌德说:“事物为了显现出来,必须使自己分离。分离的部分再次寻求对方,或许可以找到对方并与之重新结合在一起。……这种重新结合可以通过一种超越的方式来实现,因为被分离的东西最初是高贵的[*sich steigert*],通过高贵部分之间的联系,它产生了新的、卓越的、出乎预料的第三个部分。”①通过分离以及对立面的对抗,自然能够造就一种更高的存在形态,它既使对立面得以和解,又超越了它们。原型植物通过垂直与螺旋之间的对立以及雌雄两种本原,使“出乎预料的”花朵和“出乎预料的”果实接连出现,从而以一种超越的方式重新发现了其原初的雌雄同体性。此原型植物乃是支配一切自然过程和人类过程的伟大自然法则的典范模型。在献给妻子克里斯蒂安娜·符尔皮乌斯(Christiane Vulpius)的诗作《植物的变形》中,歌德描述了植物朝着超越的统一性的这种扬升,然后他将象征拓宽,把这种模型运用于所有生命和所有的爱:

> 每一棵植物都向你宣布永恒的法则;每一朵花都用一种更明确的语言向你言说。但如果你在这里破译了女神的秘密符号,②那么即使轮廓已经改变,你也能随处认

① Goethe, *Polarität*, dans l'édition de Weimar(Sophienausgabe), 1887 ss., 2e section, t. 11, p.166.

② 关于伊西斯,见本书第十九章。

出它来：缓慢爬行的毛虫，惊恐飞舞的蝴蝶，以及随着对自己的塑造而改变了特有形态的人类。我们还想到了好习惯如何从最初的发端慢慢在我们之中发展起来，深情厚谊如何在我们胸中渐渐酝酿，以及最后，爱神如何催生了花朵和果实。……仿佛是为了结出最好的果实，神圣的爱神力图使情感是同一的，对事物的想象也是同一的，以使和谐沉思和完美结合的夫妇能够上升到更高的世界。①

292

这一普遍法则也适用于艺术创作，适用于歌德文学作品的创作。这些作品的结构取决于他所认为的自然生长的两种原动力：极性和强化。②

艺术家菲利普·奥托·龙格(Philipp Otto Runge)受歌德原型植物观念的启发，绘制花卉以自娱，他称之为“几何风铃草”、“光之百合”和“燕子水仙”，试图在生成模版中把握生命形态生成的秘密。③

---

① Traduction H. Lichtenberger, reproduite dans H. Carossa, *Les pages immortelles de Goethe*, trad. J. F. Angelloz, Paris, 1942, p. 152. 一个新近的译本是 Goethe, *Poésies*, trad, et préf. par R. Ayrault, t. 2, p. 459.

② G. Bianquis, *Études sur Goethe*, Paris, 1951, p. 63. 也见 P. Salm, *The Poem as Plant*, Cleveland-Londres, 1971, p. 48—78 中“极性”和“变形”这两章。

③ *La peinture allemande à l'époque du romantisme*, catalogue de l'exposition à l'Orangerie des Tuileries, Paris, 1976, p. 184.

5. 螺旋线与蛇行线

极富洞见的歌德从极性和强化这两种力量中“看出”了自然现象的基本法则，在他看来，正是这两种力量引起了诸如植物的垂直运动和螺旋运动。他之所以能够“看出”这两种运动，是因为这一法则在螺旋——对他而言这是植物的基本倾向——或蛇杖的象征中向他显示出来。①

帕斯卡可能想到了自然的另一种“惯常”运动，他写道：

> 自然以渐进的方式行动，有进有退（*itus et reditus*）。它前进，又后退，然后进得更远，然后加倍地后退，然后又比以前更远，如此类推。海潮就是这样进行的，太阳似乎也是这样运行的。②

293

和螺旋运动一样，这种潮汐运动引起了波动起伏。从文艺复兴时期以来，画家们就注意到了这一运动，它既是一种自然现象，又是绘画和雕塑艺术的一个要素。他们把这种运动称为“蛇行线”，可见于火焰、波浪和某些身体姿态，特别是蛇的行进。米开朗琪罗似乎最早使画家注意到了这种线对于表现恩典和生命

---

① 见中译本第 237 页注 2 中引用的我的文章。

② B. Pascal, *Pensées*, § 355, p. 492 Brunschvicg.

的重要性。[①] 达·芬奇则建议画家：

> 要细心观察每一形体的轮廓及其蛇行运动模式，应分别研究这些蛇行运动，考察它们的曲线是否呈弧状的凸形或角状的凹形。[②]

正如帕诺夫斯基所说："如果不借助于观看者的想象，就无法解释风格主义形象的扭曲和缩短。"[③]因此，观看者需要环视雕像，看到常新但始终不完整的样貌。18 世纪的贺加斯(Hogarth)在《美的分析》(*Analyse de la beauté*)中成了运用蛇行线的理论家，他认为蛇行线是所有线条中最美的，堪称"优雅之线"(la linge de grâce)。[④] 根据贺加斯的说法，蛇行线不在二维空间而是在三维空间中运动。他将其描绘成围绕一个锥体螺旋上升。这条弯曲的线后来可见于青年风格(*Jugendstil*)的

294

① G. P. Lomazzo, *Trattato dell'arte della pittura*, *scoltura et architettutra*, Milan, 1585, cité notamment en 1753, par W. Hogarth, *L'analyse de la beauté*, trad. O. Brunet, Paris, 1963, p. 140.

② J. P. Richter, *The Literary Works of Leonardo da Vinci*, Londres, 1939, t. I. n° 48, p. 29. 达·芬奇的这段文本是我的朋友 Louis Frank 帮我确认的，这里表示衷心感谢。

③ E. Panofsky. *Essais d'iconologie*, p. 258—259.

④ W. Hogarth, *L'analyse de la beauté*, VII, p. 182. 在他之前，这条道路上还有法国医生和数学家 Antoine Parent(1666—1716)，见 l'introduction de O. Brunet, p. 49—50, et J. Dobai, "William Hogarth et Antoine Parent", *Journal of the Warburg and Courtauld Institutes*, 31(1968), p. 336—382.

作品中。[1]

因此毫不奇怪，对植物的螺旋运动倾向有过著述的歌德[2]非常重视贺加斯的这一理论，认为从中可以看出一条一般的自然法则：

> 正如我们从角、爪和牙齿经常看到的那样，生物达到完整形态时喜欢把自己卷曲起来；如果它在卷曲的同时还以蛇行运动发生扭转，那么结果便是优雅和美。[3]

歌德说，贺加斯由此开始寻求最简单的优美线条。古人利用这样的线条来描绘丰饶之角，它们与众女神的臂膀和谐地缠绕在一起。[4]

菲利克斯·拉韦松对绘画教学法的反思也试图依附于这一传统。[5] 拉韦松认为，艺术家首先应当关注产生形态的蛇行运

---

① 关于这个问题，见 M. Podro, *The Drawn Lines from Hogarth to Schiller*. *Sind Briten hier*. *Relations between British and Continental Art*, 1680—1880, Munich, 1961. 也见 W. Düsing, "Schönheitslinie", dans *Historisches Wörterbuch der Philosophie*, t. 8 (1992), col. 1387—1389(但其中并没有讨论拉韦松、柏格森或梅洛-庞蒂)。

② Goethe, *Spiraltendenz der Vegetation*, extraits, HA, t. 13, p. 130 ss.

③ Goethe, *Fossiler Stier*, HA, t. 13, p. 201.

④ 歌德对他所谓的"波动论者"(ondulistes)和"蛇行论者"(serpentistes)更持批判态度，见 *Der Sarnnder und die Seinigen*, HA, t. 12, p. 92—93，歌德在其中指责他们缺乏力量。

⑤ 见 D. Janicaud 对蛇行线理论的非常有启发性的讨论，载 F. Ravaisson, H. Bergson, and M. Merleau-Ponty, *Une généalogie du spiritualisme français*. *Aux sources du bergsonisme*. *Ravaisson et la métaphysique*, La Haye, 1969, p. 11 et 53—56. 他清楚地指出了这三位哲学家在解释达·芬奇文本时的误解。

动,而不是关注把事物包围在其轮廓之内的线条:“因此,绘画艺术的秘密在于,在每一特殊物体中发现贯穿其内容的特殊方式,如同一个中心波展开成表面波,从生成轴产生某条曲线。”①拉韦松的《哲学告白》写于 1896 年至 1900 年间,其中一些段落利用了这种绘画艺术方法论,为的是能够走得更远。他力图发现他所谓的“自然的方法和法则”,它们最终来说仿佛是自然的秘密。拉韦松认为他能从心跳或心脏固有的运动、上升与下降、舒张与收缩,也就是从波动中发现这一基本法则:

295

> [心跳的]表现可见于光的波动;另一个更明显的例子是波浪的起伏;此外还有动物尤其是蛇的步态,它们只是潜在地拥有四肢,通过移动整个身体——交替的从而是蜿蜒的——来运送自己;这些运动在人的步态中虽然是半掩盖的,但仍然可以觉察到,只有人的步态能够展现百般优雅。法则从运动延伸至形态。米开朗基罗说,任何形态都是蛇行的,蛇行运动因构造和本能而异。达·芬奇主张观察所有事物的蛇行运动。②

(他仿佛认为,任何事物的固有特性都能在各种蛇行运

---

① F. Ravaisson, “Dessin”, dans *Dictionnaire de pédagogie* de Ferdinand Buisson, Paris, 1882, p.673.

② F. Ravaisson, *Testament philosophique*, p.83.

> 动或波动方式中揭示出来，因此任何事物都是一般自然方法的特殊表现。)①
>
> 宏大的创造之诗就这样发展起来了。因此，自然的最高部分向前推进，其他部分则展开丰富的波动对其进行模仿。②

这种波动运动或蛇行线是优雅之线，因为它表现了放任，这是一种优雅的运动。“激荡的浪花坠落下来，仿佛在放任自己，是一种优雅的运动。”③这种放任的运动揭示了创造性原则的本性。赞赏拉韦松的柏格森将会延续这一主题，他本人的思想与该主题非常一致： 296

> 因此，无论什么人，只要用艺术家的眼睛来打量宇宙，就能从美中看出优雅，从优雅背后看到善。在显示形态的运动中，每一个事物都表现出了成就它自身的原则的无限慷慨。我们从运动中看出的优雅以及神圣的善所特有的慷慨行为都可以用一个词来命名：对于拉韦松来说，*grâce* 一词的两种含义乃是一回事。④

---

① *Ibid.*, p.133(notes du *Testament*).

② *Ibid.*, p.83.

③ *Ibid.*, p.133(notes du *Testament*).

④ H. Bergson, “La vie et l'œuvre de Ravaisson”, dans *La pensée et le mouvant*, p.280.

于是，我们明白了蛇行线为何能够成为自然的法则和方法的某种象征。蛇行线或极性的成对以及强化：这样我们就有了在绘画经验的语境下寻求自然的某种步骤、方法或基本运动的两个例子，它们能在某种程度上使我们理解和接受形态的产生。

6. 宇宙狂喜

我从审美知觉的角度说过，[1]艺术家在努力接受自然的创造性冲动时，其注意力会超越形态的产生，而把自己等同于自然。保罗·克利同时谈到过“扎根大地”和“参与宇宙”。[2]

297

画家在绘画时可能会感觉到与大地和宇宙深深地融为一体。这里的关键不再是发现世界创造的秘密，而是经历一种体验，即与形态的创造运动或原初意义上的 *phusis* 同一；用塞尚的话来说就是，纵情于“世界的激流”。[3]

在图画语境下，这些体验也许并不很常见。在西方，它们出现于特定时期，比如浪漫主义时期或 19 世纪末，而在东方，它们则以传统方式出现。关于这一主题的证词在对中日绘画的评论中比比皆是。[4] 例如我们可以引证张彦远(约公元 847 年)的话：

---

① 见前文。

② P. Klee, *Théorie de l'art moderne*, p. 45.

③ 见后文。

④ 关于这一主题，见 N. Vandier-Nicolas 编辑的文本 *Esthétique et peinture de paysage en Chine. Des origines aux Song*, Paris, 1987.

> 凝神遐想，妙悟自然，物我两忘，离形去智。身固可使如槁木，心固可使如死灰，不亦臻于妙理哉？所谓画之道也。①

苏辙(11 世纪)提到过一位画家，他在画竹子时离形去知，其本人与竹子已经没有分别。②

在《苦瓜和尚画语录》中，石涛称：

> 此予五十年前，未脱胎于山川也，亦非糟粕其山川也，而使山川自私也，山川使予代山川而言也。山川脱胎于予也，予脱胎于山川也。搜尽奇峰打草稿也，山川与予神遇而迹化也。所以终归之于大涤也。③

298

在这方面，李克曼引用了庄子的话说："天地与我并生，而万物与我为一。"④

在西方，我们也许可以在一些浪漫主义者那里找到类似的体验。《论风景画的九封信》(*Neuf lettres sur la peinture de paysage*)的作者卡尔·古斯塔夫·卡鲁斯(Carl Gustav Carus)极力主张一种"神秘"绘画：不是蕴含某种信仰的宗教意义上的神秘(比如"玫瑰十字会"[Rosicrucian])，而是一种关于宇宙统一性

---

① *Ibid.*, p.113.

② *Ibid.*, p.114.

③ Shitao, *Les propos sur la peinture du moine Citrouille-Amère*. p.69.

④ *Ibid.*, p.72.

的神秘主义，或者“与自然本身同样永恒的神秘主义，因为她就是自然，**光天化日之下的神秘自然**，[①]因为她只想亲近元素和上帝，因此，她必须能被所有时代和所有人理解”。[②] 在歌德的《少年维特的烦恼》中，画家主人公在一封信中描述了自己堪称神秘的心灵状态：“我目前无法作画，一笔都不成，而就在这一瞬间，我感到自己作为画家从未如此伟大。”他继续说：

> 当可爱的山谷周围升腾起雾霭，高高的太阳憩息在浓密幽暗树林的顶端，唯有一缕缕光芒偷偷射入这片林中圣地，我躺卧在潺潺泉水边的茂盛草丛里，贴着地面细细观察小草千姿百态的风情；当我感觉到草茎间有个小虫飞蛾的无法测度的小世界正贴着自己的心，我就感到了万能上帝的存在，他以自己的形象创造了我们；我就感到了博爱天父的气息，他承诺我们遨游在永恒的欢乐之中。……我在我心中叹息、呐喊：“唉！要是你能表达出自己的感觉，能够再现，能够写下你内心中涌动的这般丰富、这般温暖的东西，该有多好！”[③]

299

这里我们看到，艺术家因情感过于强烈而无法作画，而本来促使

---

① 这是歌德十分重视的一种表述，见第二十章。

② C. G. Carus, *Neuf lettres sur la peinture de paysage*, présentation par Marcel Brion, dans C. G. Carus, C. D. Friedrich, *De la peinture de paysage dans l'Allemagne romantique*, Paris, 1988, p.103.

③ Goethe, *Werther*, lettre du 10 mai, dans Goethe, *Romans*, p.24—25.

他画画的正是情感。然而在那一瞬间,他感到自己作为画家从未如此伟大。浪漫主义画家菲利普·奥托·龙格的一封信使我们回忆起了这段文字,在那封信中,狂喜的一面显得更为强烈:

> 当我头顶的天空中布满星辰时,当风儿在空旷的空间中呼啸而过时,当波涛在无边的夜空中汹涌澎湃时,当森林上空泛起红晕,日头照亮世界,雾霭在山谷中升腾时,我把自己抛入了露珠闪闪的草丛,每一片树叶、每一棵草都洋溢着生命,大地在我周围躁动,万物和谐共鸣;我的灵魂在喜悦中呼喊,在我周围的无尽空间中四处翱翔;不再有上下、时间和始终,我听到并感受到了上帝的生命之气,他护持着世界,万物都在他之中活动。①

300

到了19世纪末,也许是受到了发现远东绘画的影响,一些艺术家也提到了这种带有神秘体验色彩的感受。比如文森特·凡·高(Vincent Van Gogh)在给弟弟提奥的一封信中明确提到了日本画家:

> 如果研究日本画家,我们会看到一个智慧、冷静和理智的

---

① Ph. O. Runge, lettre du 9 mars 1802, dans Ph. O. Runge, *Briefe und Schriften*, éd. et comm. par P. Betthausen, Berlin, 1981, p. 72. 见 A. G. F. Gode von Aesch, *Natural Science in German Romanticism*, New York, 1941, p. 132—133.

人,他在花时间做什么事呢?研究从地球到月球的距离?不是。研究俾斯麦的政治?也不是。他在研究一片草叶。但这片草叶会引导他画出所有植物,然后是四季,漂亮的风景,最后是动物、人物。……这些单纯至极的日本人像花朵一样在自然中生活,他们所教导的难道不是一种真正的宗教吗?①

凡·高在使用“宗教”一词时,想到的肯定不是一种宗教修行,而是一种神秘的情感或与自然融为一体的感受,正如接下来一封信所写:“我极度渴望宗教——因此我晚上出去描绘群星。”此外,我们还可以把凡·高的这些话与塞尚对若阿基姆·加斯凯(Joaquim Gasquet)说的话作比较:“我相信,艺术把我们置于恩典的状态,宇宙情感仿佛以宗教的方式非常自然地传递给我们。如同在色彩中,我们必定会随处发现整体的和谐。”②尤其是,“如果我的画布浸透了这种模糊的宇宙宗教,使我受到触动

301 并且变得更好,那么它也会不知不觉地触动别人”。③ 在提及丁托列托(Tintoretto)的一幅画时,塞尚谈到了那种“吞没我们的宇宙狂喜”。他写道:“我希望沉醉于自然之中,同她一起生长,像她一样。……在一片绿色当中,我的整个大脑将会随着树液般的潮流流动。……一滴水包含着世界的无限和激流。”④

---

① V. Van Gogh, *Lettres à son frère Théo*, Paris, 1988, p. 418.

② *Conversations avec Cézanne*, p. 110.

③ *Ibid.*, p. 122.

④ *Ibid.*, p. 124—125.

第七部分

伊西斯的面纱

第十九章　阿耳忒弥斯与伊西斯

1. 以弗所的阿耳忒弥斯

现在开始讨论本书的第三个主题。我们的出发点是赫拉克利特的箴言，前面我们讨论了对它的传统解释是如何与自然的秘密观念密切相关的，现在我们会看到，隐藏自己秘密的自然化身为伊西斯的形象，她被等同于阿耳忒弥斯，或者在拉丁文化中被等同于以弗所的狄安娜（Diane d'Éphèse）。[①] 305

---

① 关于接下来的讨论，参见以下两本出色的著作，一是 W. Kemp, *Natura. Ikonographische Studien zur Geschichte und Verbreitung einer Allegorie*, Diss. Tübingen, 1973，其中有所有其他类型的自然描述；二是 A. Goesch, *Diana Ephesia. Ikonographische Studien zur Allegorie der Natur in der Kunst vom 16.—19. Jahrhundert*, Francfort, 1996（另见同一作者，"Diana Ephesia", dans *Der Neue Pauly, Rezeptions- und Wissenschaftsgeschichte*, Band 13, Stuttgart-Weimar, 1999, col. 836—845）。另见 Kl. Parlasca, "Zur Artemis Ephesia als Dea Natura in der klassizistischen Kunst", dans *Studien zur Religion und Kultur Kleinasiens*, （转下页注）

在欧洲艺术史上，自然以多种方式得到呈现，种种形象并存于各个时代。比如在15世纪，自然以一个裸女的形象出现，奶水从其乳房中流出，遍布整个世界。[①] 这一图案重新出现在法国大革命时期纪念自然女神的节日中。[②] 300年后的大革命时期，格拉沃洛(H. F. Grav-elot)和科尚(C. N. Cochin)的图像学手册是这样为自然的赤裸做辩护的："自然被指定为一个裸女，她的姿态表明了其本质的单纯。"[③]在17世纪初，另一种形象出现了：一个裸女，乳房胀满奶水，不过这一次伴有一只秃鹫；切萨雷·里帕(Cesare Ripa)的图像学手册提供了它的明证。[④] 这只秃鹫不由得使我们猜测，存在着一种在埃及语境下想象自然的趋势，因为在赫拉波罗(Horapollon)的《埃及象形文字》(*Hieroglyphica*)中，秃鹫与自然有关。这部古代晚期的著作在文艺复兴时期被翻译出来，根据它的说法，秃鹫象征着自然，因为该物种的所有个体都是雌性，可以在没有雄性的情况下繁衍，因此秃鹫可以象征自然的丰饶

306

(接上页注) Festschrift für Philip Karl Dörner, éd. par S. Sahin, E. Schwertheim, J. Wagner, Leyde, 1978, t. II, p. 679—689; H. Thiersch, *Artemis Ephesia. Eine archäologische Untersuchung*, Abhandlungen der Gesellschaft der Wissenschaften zu Göttingen, Philolog. Hist. Klasse, 3. Folge, Nr. 12, Berlin, 1935.

① W. Kemp, *Natura*, p. 18; A. Goesch, *Diana Ephesia*, p. 24.

② 例如见 *La Fontaine de la Régénération*, érigée le 10 août 1792, reproduction dans J. Baltrusaitis, *La quête d'Isis*, Paris, 1967, p. 29.

③ H. F. Gravelot et Ch. N. Cochin, *Iconologie par figures*, s. l., 1791, article "Nature".

④ C. Ripa, *Nova Iconologia*, Rome, 1618, article "Natura".

和母性。[1] 这种秃鹫图案将在 17 世纪重新出现，不过会伴有另一种自然形象即伊西斯/阿耳忒弥斯的形象，比如在布拉修斯(Blasius)的一本动物解剖著作的卷首插图上。[2]

从本书的总体视角来看，16 世纪初出现了让我们感兴趣的隐喻类型。这一次，自然呈现为一个头戴皇冠和面纱的女性，她的胸部长有多对乳房，下身裹以紧身裙，裙上绘有各种动物，这与以弗所的阿耳忒弥斯的古代形象是一致的。我们可以通过几尊古代雕塑来了解对以弗所的阿耳忒弥斯的这种传统描绘。1508 年，正是根据这种形象，拉斐尔在梵蒂冈教皇宫签署厅的一幅湿壁画上把自然——物理学的研究对象——绘于哲学宝座的两根支柱之上。我们可以推测，这一图案在 15 世纪末就已经为人所知，也许是受到了追求奇异风尚的影响，这源于一些古代壁画的发现，特别是尼禄著名的“金宫”(*Domus Aurea*)中的那些壁画，其美妙的装饰包括了以弗所的阿耳忒弥斯。[3] 同一形象也出现在尼科洛·特利波罗(Niccolò Tribolo)1529 年在枫丹白 307

---

① W. Kemp, *Natura*, p. 23, 引用了 Horapollon, *Hieroglyphica*, 1, 11, Paris, 1574, et P. Valeriano, *Hieroglyphica*, Bâle, 1575, p. 131.

② 见前文。

③ G. B. Armenini, *De' veri precetti della pittura*, Ravenne, 1587, p. 196, 引自 W. Kemp, *Natura*, p. 28. 也见 A. Chastel, *Art et humanisme à Florence*, Paris, 1959, p. 335; A. von Salis, *Antike und Renaissance*, Erlenbach-Zurich, 1947, p. 44. 也见 N. Dacos, *La découverte de la Domus Aurea et la formation des grotesques à la Renaissance*, Studies of the Warburg Institute, vol. 31, Londres, 1969; G. R. Hocke, *Die Welt als Labyrinth. Manier und Manie in der europäischen Kunst*, Hambourg, 1957, p. 73.

露城堡雕塑的自然女神像中，我们看到各种动物正在吃自然的奶（图 6）。

正是在这一时期，寓意画册开始出现，其中收集了象征某种观念或想法的绘画，并附有简短的说明或评论——古人所谓的省略三段论（enthymème）。作为自然的一个隐喻，以弗所的阿耳忒弥斯也被收录在这些寓意画册中，以表明物理学与形而上学之间的差异，比如萨姆布科（Sambucus）的《寓意画册》（*Emblemata*，1564）。①

将自然与以弗所的阿耳忒弥斯等同起来，这可能是基于一些古代文本，比如圣哲罗姆（Saint Jérôme）说："以弗所人尊崇狄安娜，不是著名的女猎人，而是那个长有多对乳房的狄安娜，希腊人称其为 *polymaston*，为的是通过这一形象让人相信，她哺育了所有动物和生灵。"②在这方面，也应当提到一块希腊-埃及的神秘凹雕，它上面的女神"被星辰符号和秘密符号'*nh* 所围绕，该符号似乎表达了一种希望，其正确的希腊文拼写应该是 *phusis panti biôi*，即'产生所有造物之力'，这一表述完全适合以弗所的女神，而且接近于被她取代的那些安纳托利亚的'自然和生命的女主人'。"③

---

① Ioannes Sambucus, *Emblemata cum aliquot nummis antiqui operis*, Anvers, Plantin, 1564, p.74.

② Jérôme, *Commentaire sur l'Épître aux Éphésiens*, Prologue, *Patrologia Latina*, t. 26, col. 441.

③ A. Delatte et Ph. Derchain, *Les intailles magiques grécoégyptiennes*, Paris, 1964, p.179.

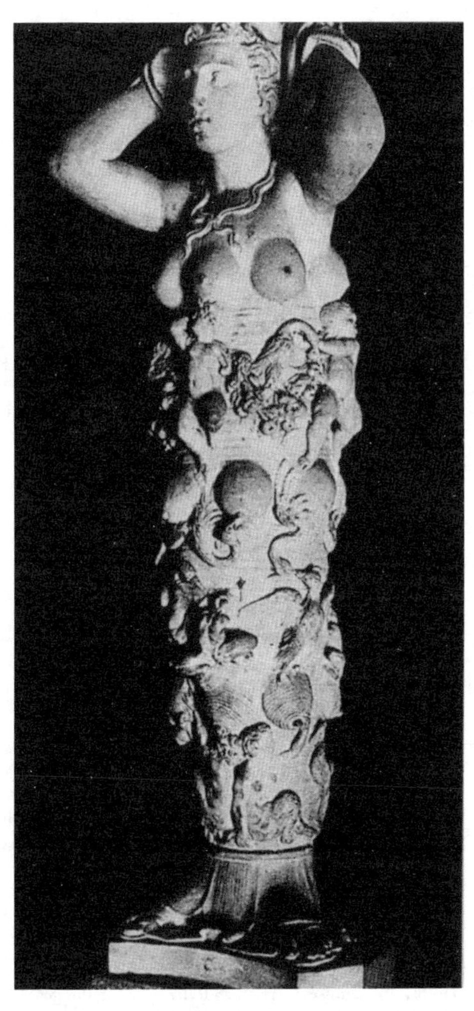

图 6　尼科洛·特利波罗,《自然》(*La Nature*,1529 年)。

根据一些现代学者的说法，和女神的其他特征一样，古人

308 所认为的乳房也许只是对服饰和装饰的雕塑复制，女神雕像借此得到崇拜。雕像可能是木制的，外面覆有装饰。小亚细亚和希腊都有装扮女神的习俗。事实上，这是日常崇拜中必不可少的一部分。[①] 根据这一假设，雕像的形态与覆盖木质雕像的装饰是对应的。于是，所谓的乳房或许只是有垂饰的珠宝或项链。[②] 还有可能是在纪念她的祭祀仪式上献给她的牛睾。[③] 因此，这可能是一种错误的解释——同样是一种创造性的误解——导致人们认为长有多对乳房的阿耳忒弥斯是自然的化身。

2. 伊西斯

自古代晚期以来，为了把自然人格化，一直都有一种把以弗所的阿耳忒弥斯与埃及的伊西斯等同起来的倾向。[④] 比如马克

① F. Dunand, *Le culte d'Isis dans le bassin oriental de la Méditerranée*, Leyde, 1973, t. I, p. 18, 167, 193—204, et t. II, p. 164—165; R. Fleischer, *Artemis von Ephesos und verwandte Kultstatuen aus Anatolien und Syrien*, Leyde, 1973, p. 74—78 et 393—395.

② R. Fleischer, *Artemis von Ephesos*, p. 74—78 et 393—395.

③ G. Seiterle, "Artemis, Die grosse Göttin von Ephesos", *Antike Welt*, 10 (1979), Heft 3, p. 3—16.

④ G. Hölbl, "Zeugnisse ägyptischer Religionsvorstellungen für Ephesos", Leyde, 1978, p. 25, 27, 52, 59—61, 64 (n. 326—327), 69, 72 ss., 77—85.

罗比乌斯这样来描述伊西斯的雕像:“伊西斯是太阳之下的大地或自然。[1] 因此,女神浑身布满了密集的乳房(比如在以弗所的阿耳忒弥斯那里),因为养育万物的是大地或自然。”[2]数命学(arithmologie)是一门起源于毕达哥拉斯学派的学科,它确立了数和形而上学实体与象征这些实体的神之间的一种对应关系,在数命学中,“二”(Dyade)被等同于伊西斯、阿耳忒弥斯和自然。[3]

到了16世纪,温琴佐·卡尔塔利在1556年出版的图像学手册《众神的形象》中引用了马克罗比乌斯的这一文本,以证明古人喜欢用伊西斯/阿耳忒弥斯的形象来表现自然。[4] 他指出罗马有一尊这样的雕像,他本人曾在一枚哈德良皇帝的纪念章上见过类似的形象。就伊西斯等同于自然而言,他本可以提醒人们注意,在阿普列尤斯的《变形记》(*Métamorphoses*)中伊西斯是如何介绍自己的:“卢奇乌斯(Lucius),我来了,…… 我,整个自然的母亲,所有元素的女主人。”[5]

309

① 这种翻译 *natura rerum* 的方式,见 A. Pellicer, *Natura. Étude sémantique et historique du mot latin*, Paris, 1966, p. 228—238.

② Macrobe, *Saturnales*, I, 20, 18.

③ Jamblique, *In Nicomachi Arithmeticam Commentaria*, éd. H. Pistelli, Stuttgart, 1975, p. 13, 12; [Iamblichus], *Theologoumena Arithmeticae*, éd. V. De Falco et U. Klein, Stuttgart, 1975, p. 13, lignes 13 et 15. Cf. R. E. Witt, *Isis in the Craeco-Roman World*, Londres, 1971, p. 149—150.

④ V. Cartari, *Le imagini con la sposizione de i dei degli antichi*, Venise, 1556, p. 41.

⑤ Apulée, *Métamorphoses*, XI, 5.

从16世纪到19世纪，人们清楚地意识了这两位女神之间的混淆。[①] 比如克劳德·梅尼特里埃(Claude Ménétrier)在1657年出版的《以弗所的狄安娜雕像的象征》(*Symbolica Dianae Ephesiae Statua*)中指出了这一点，他在书中像卡尔塔利一样依据马克罗比乌斯的文本来证明这一点。他列举了雕像的各种形貌，比如鹿、狮子、蜜蜂，这些都是以弗所的阿耳忒弥斯的典型形象。他说："据说以弗所的祭司们将事物本性的原因隐藏在这些象征背后。"[②]1735年，罗梅因·德·霍荷(Romeyn de Hooghe)在《埃及象形文字》(*Hieroglyphica*)中也谈到了把伊西斯/阿耳忒弥斯呈现为一个长有多对乳房、头戴高塔、蒙着面纱的女人。[③]

在1664年出版的耶稣会士阿塔纳修斯·基歇尔的《地下世界》(*Mundus Subterraneus*)第二卷的卷首插图(图7)上，以及1713年沙夫茨伯里(Shaftesbury)《品格》(*Characteristics*)第二版中的一幅插图上，我们再次看到了她。[④]

---

① 狄安娜与伊西斯之间的混淆，见J. Baltrusaitis, *La quête d'Isis*, p. 113 ss.

② Ménétrier, *Symbolica Dianae Ephesiae Statua a Claudio Menetrio bibliothecae Barberinae praefecto*, Rome, Mascardi, 1657. 也见B. de Montfaucon, *L'Antiquité expliquée*, Paris, 1719, t. I, p. 158.

③ R. de Hooghe, *Hieroglyphica*, Amsterdam, 1735(荷兰语)；德译本，Amsterdam, 1744, p. 159, planche lxxxv, 3.

④ F. Paknadel, "Shaftesbury's Illustrations of *Characteristics*", *Journal of the Warburg and Courtauld Institutes*, 37(1974), p. 290—312, planche 71 d.

图7　代表自然的伊西斯/阿耳忒弥斯雕像。基歇尔《地下世界》(*Mundus Subterraneus*, 1664年)第二卷的卷首插图。

3. 伊西斯的面纱

因此,由于等同于阿耳忒弥斯,伊西斯雕像呈现为一个戴面
310 纱的女人。[1] 埃德蒙·斯宾塞(Edmund Spenser)的著作中出现了自然的面纱,而没有明确提及伊西斯。[2] 诗人断言,没有人认识她的脸,也无法发现它,因为她的脸隐藏在面纱之下。一些人说,这幅面纱是为了隐藏其相貌的可怕,因为她有着狮子的长相,人看到了无法承受。另一些人则说,由于她的漂亮和华丽甚至超过了太阳,所以只能通过镜子的反射来看她。

17 世纪的阿塔纳修斯·基歇尔在讨论埃及之谜的著作《埃及的俄狄浦斯》(*Œdipus Ægyptiacus*)中,把伊西斯的面纱解释为自然秘密的象征。[3] 这也许是图像学和文学领域所谓"埃及狂热"(égyptomanie)风尚的第一个征兆,它将影响整个近代和浪漫主义时期。

无论如何,伊西斯的面纱这一图像学主题在 18 世纪与自然的秘密明确联系了起来。我认为,描绘自然的寓意画第一次得到定义是在让-巴普蒂斯特·布达尔(Jean-Baptiste Boudard)

---

① 关于此神像的穿着,见 Plutarque, *Isis et Osiris*, 77, 382 c; F. Dunand, *Le culte d'Isis dans le bassin oriental de la Méditerranée*, t. I, p. 18, 167, 193, 200—201, 204; t. II, p. 164—165.

② E. Spenser, *The Faerie Queene. Two Cantos of Mutabilities*, Canto VII, 5—6, éd. Th. E. Roche et C. P. O'Donnell, Penguin Books, 1987, p. 1041.

③ A. Kircher, *Œdipus Ægyptiacus*, Rome, 1652—1654, t. I, p. 191.

1759 年出版的《图像学》(*Iconologie*)中:“自然作为万物的聚集和延续,被描绘成一个年轻女子,她的下身裹有紧身裙,裙上饰有各种陆地动物,展开的双臂上是各种鸟类。她长有若干对乳房,充满了奶水。她的头上覆有一块面纱,根据埃及人的观点,这表示自然最完美的秘密都是留给造物主的。”①奥诺雷·拉孔布·德·普雷泽(Honoré Lacombe de Prézel)在 1779 年出版的《图像学词典》(*Dictionnaire iconologique*)中指出,这一主题可以有若干种形态:“埃及人用一个覆有面纱的女人来呈现她[自然],这一形象简单而崇高。有的时候,这幅面纱并不将她全部覆盖,而是让我们窥见她的一部分乳房,为的是向我们暗示,我们最了解的自然运作关乎最根本的需求。身体的其他部分和头部覆盖着面纱,则象征着我们对这些运作的过程和原因一无所知。”②

4. 揭开面纱

虽然用让-巴普蒂斯特·布达尔的话说,自然的秘密是留给造物主的,但是随着科学的兴起和科学仪器的改进,17、18 世纪的人们认为,人的心灵可以参透自然的秘密,从而揭开伊西斯的

---

① J.-B. Boudard, *Iconologie tirée de divers auteurs*, Parme, 1759(1re éd.), Vienne, 1766(2e éd.), t. III, p.1.

② H. Lacombe de Prézel, *Dictionnaire iconologique*, Paris, 1779, article “Nature”.

面纱。

关于揭开伊西斯的面纱，我们可以区分若干种描述。首先，一些描述突出了揭开伊西斯/阿耳忒弥斯雕像的面纱，比如献给歌德的亚历山大·冯·洪堡《植物地理学随笔》德译本献词页上托瓦尔森所作的雕像便是如此（图1）。[①] 不过，这里是诗神阿波罗揭开了自然雕像的面纱，其脚边是歌德的著作《植物的变形》。歌德本人对这幅画评论道，它暗示诗歌也许的确能够揭开自然的面纱。[②] 这也适用于贺加斯和菲斯利（Füssli）的版画，我很快

312

就会讨论。呈现自然的这一奇怪特征由此得到强调。而另一些艺术家则打破了这种固定的呈现方式，将自然呈现为一个胸部长有若干对乳房的年轻女子。我们将要研究的其他画作便是这种情况。

在其他某些雕像中，一个隐喻性的人物揭开了伊西斯的面纱，而另一些雕像则强调对奥秘的尊敬。揭开面纱的形象似乎首次出现在布拉修斯《动物解剖》（*Anatome Animalium*）的卷首插图上（1681年，图8）。[③] 这里我们看到科学显示为一个年轻女子，她头顶火焰（象征着对知识的渴求），[④]手拿放大镜和手术刀，正在揭开一个胸部有两对乳房的女人的面纱。这位自然女

① A. von Humboldt, *Ideen zu einer Geographie der Pflanzen*, page de dédicace, Tübingen-Paris, 1807.

② Goethe, *Die Metamorphose der Pflanzen*, HA, t. 13, p. 115.

③ Gerardus Blasius, *Anatome animalium*, Amsterdam, 1681.

④ A. Goesch, *Diana Ephesia*, p. 224, 引用 C. Ripa, *Iconologia*, article "Intelletto".

图 8　科学揭开自然的面纱。布拉修斯《动物解剖》(*Anatome Animalium*，1681 年)的卷首插图。

神的胸部还有七颗行星的符号。她右手握有权杖，臂栖秃鹫，让我们想起了之前讨论的第一种类型的自然形象。[①] 在她周围还聚集了其他一些动物，她脚边有两位男童天使，象征着科学劳作：其中一位正在解剖动物，另一位则一边检查内脏，一边钦佩地看着自然。

列文虎克因显微镜的使用而在生物学史上扮演了重要角色，他并没有发明显微镜，而是大大完善了它。在给伦敦和巴黎科学院的信件中，他宣布了自己的发现，尤其是关于原生动物的发现。他把这些信件收集在许多著作中，其中一部名为《被揭示的自然秘密》。[②] 列文虎克著作的几乎所有卷首插图都描绘了由哲学或自然科学揭开面纱的伊西斯/自然。在这些版画中，我 313 只提 1687 年出版的《解剖学或事物的内部》(*Anatomia seu Interiora Rerum*)开篇那幅(图 9)。[③] 这里，伊西斯/阿耳忒弥斯左手拿着自己的面纱，似乎在揭开自己，一位老人(也许是代表时间父亲)也把她的面纱掀到一旁。[④] 自然女神的胸部长有五个乳房，她右手握着一根羊角，从那里涌出了花朵、蟾蜍、蛇和蝴蝶等等。伊西斯右边有一个女人，很可能代表哲学或自然科学。其右臂之下有一本书，封面上绘有一个斯芬克斯(sphinx)，这里的斯芬

---

① 见前文。

② Antonii a Leeuwenhoek, *Arcana Naturae detecta*, Delphis Batavorum, 1695.

③ Antonii a Leeuwenhoek, *Anatomia seu interiora rerum*, Lugduni Batavorum, 1687.

④ 见本书第十四章。

图 9　伊西斯被揭开面纱。列文虎克《解剖学或事物的内部》(*Anatomia seu interiora rerum*,1687 年)的卷首插图。

克斯象征着揭示自然秘密的洞察力。哲学女神用杖指着另一个可能象征着科学研究的女人,以及她必须研究的从羊角中涌现出来的东西。研究女神正在透过显微镜进行观察,并把看到的东西画下来。和赫尔墨斯一样,她头部两侧长有翅膀。赫尔墨斯象征着智性或者对秘密的阐释。[1] 画作前景坐着一男一女,似乎在为科学研究女神提供动物和花朵。因此,整个版画对备有显微镜、发现自然秘密的科学研究做了一种寓意描绘。

而在其他描绘中,对于揭开面纱的主题只是隐约暗示,占主导的是尊敬的态度。也许我们必须在这个意义上来理解鲁本斯(Rubens)在 1648 年之前画的一幅画,其中美惠三女神正在打扮自然女神的雕像,后者被标明为众神之母库柏勒(Cybèle),但与伊西斯的传统形象一致(图 10)。在 1730—1731 年贺加斯的版画《男孩窥视自然》(*Boys Peeping at Nature*,图 11)中,围绕在伊西斯雕像周围的是代表艺术的男童天使。事实上,这里的雕像被裙子所包裹,一个半人半羊的农牧神试图揭开它,而一个女孩(从发髻可以看出)试图阻止他。[2] 另一个孩子在画伊西斯的面容,最后一个孩子在用圆规画图,而没有看女神。画中出现了两段文字,一段是维吉尔的话,*Antiquam inquirite matrem*("寻找你古老的母亲"),[3]这是阿波罗给渴望找到家乡的埃涅阿斯的建议;另一段是被大大缩短的贺拉斯的话,Necesse est indiciis

314

① E. Wind. *Mystères païens de la Renaissance*, p. 136—137.

② H. Thiersch, *Artemis Ephesia*, p. 115.

③ Virgile, *Énéide*, III, 96.

图 10　鲁本斯,《美惠三女神打扮自然》(*La Nature ornée par les Grâces*, 1620年)。

图 11　贺加斯，《男孩窥视自然》（*Boys Peeping at Nature*，1730—1731 年）。

monstrare abdita rerum [⋯] dabiturque licentia sumpta pudenter。[1] 贺拉斯的这段话本来是与创造新词问题相联系的，但是当贺加斯把它引入自己的版画时，其含义已经完全偏离了这段话的本来含义。贺加斯很可能把它用在了自然的秘密上："必须通过新的发现来显示隐藏的东西……我们将拥有自由，如果我们谨慎地对待这种自由的话。"贺加斯或许想由此暗示，我们需要自制和谨慎地通过技艺来发现自然的秘密。就这幅版画本身而言，这种解释是可以给出的。但如果考虑到它好像是系列版画《娼妓的进展》(*The Harlot's Progress*)的宣传单，我们就必须另找一种解释。鉴于该系列版画的淫秽题材，我们也许可以认为，贺加斯想要暗示，只要做得体面，我们不必害怕展示自然与实在。[2]

在约翰·安德里亚斯·塞格纳(Johann Andreas Segner)《自然理论导论》(*Einleitung in die Natur-Lehre*)第二版的卷首插图(1754年，图12)中，我们再次遇到了尊敬主题。这里我们看到伊西斯在侧身前行，头戴皇冠，手持叉铃，身披附有动植物图案的长袍，被一件宽大的斗篷半遮掩着，旁边有一块被损毁的纪念碑，基座上有希腊字母和一个几何图形。三个男童天使在注视着女神，一个站在纪念碑附近，用手指抵着嘴唇，另一个在用圆规测量女神的足迹，最后一位则用手抓住女神斗篷的下摆。在

315

---

① Horace, *Art poétique*, vers 48—51.

② R. Paulson, *Hogarth. His Life, Art and Times*, New Haven-Londres, 1974, p.116.

D. Johann Andreas Segners

Einleitung

in die

Natur-Lehre.

QVA LICET.

Mit Kupfern.

Zweyte Auflage.

Göttingen,

Verlegts Abram Vandenhoecks seel. Wittwe 1754.

图 12　科学考察伊西斯/自然的足迹。塞格纳《自然理论导论》(*Einleitung in die Natur-Lehre*, 1754 年)第二版的卷首插图。

圆形装饰的底部我们看到了格言“Qua licet”，意思是“在允许范围内”，表达了和贺加斯版画相同的尊敬建议。这一场景暗示，我们只能在可允许的范围内揭示自然，我们最终无法认识自然本身，而只能通过数学测量来认识她的足迹，即现象，而这仅仅是她的行动结果。在《判断力批判》中，康德对这一形象有一个著名注解，我稍后会讨论。17 世纪米沙埃尔·迈尔（Michael Maier）的炼金术著作《消逝的阿塔兰塔》（*Atalanta Fugiens*）中的第 42 幅寓意画已经描绘了这一图案，画中有一位哲学家-炼金术士正打着灯笼研究一个在夜晚疾行的蒙面年轻女子的足迹。

许多版画把揭开自然女神的面纱描绘成启蒙主义哲学战胜了蒙昧主义力量。这是法国大革命时期最受欢迎的主题之一，1777 年伦敦出版的德利勒·德萨勒（Delisle de Sales）的《自然哲学》（*La philosophie de la Nature*）卷首插图已经描绘了它。勒内·波默（René Pomeau）写道：“这个革命之前的自然女神的胸部不像尼科洛·特利波罗的雕像那样丰满，她不是向小孩而是向一个强健的哲学家袒露胸部，后者是一个风头正劲的胜利者，他用匕首推翻了专制，用长角的额头推翻了迷信。”[①]在弗朗索瓦·佩拉尔（François Peyrard）《论自然及其法则》（*De la nature et de ses Lois*，1793 年）的卷首插图中，我们看到了类似的图案，其中有一位代表哲学的老人正在剥去伊西斯/自然的衣服，并且用脚踩

316

① R. Pomeau, “De la nature. Essai sur la vie littéraire d’une idée”, *Revue de l’enseignement supérieur*, 1959, n° 1(janvier-mars), p. 107—119.

碎了象征虚伪和谎言的面具(图 13)。从这种角度来看,自然与真理的关系变得相当密切,就像古代一样。此外还可以提到拉格朗日(La Grange)翻译的卢克莱修著作。书名对页的版画提到了卢克莱修的一段话,说伊壁鸠鲁的守护神已经揭开了"曾被包裹在盲信和谬误之中"的自然的面纱。自然以伊西斯/阿耳忒弥斯的形象出现,而伊壁鸠鲁的守护神则呈现为一个女性,她把自然的面纱掀到一旁,打翻了盲信和谬误的形象(图 14)。[①]

揭开面纱的图像学主题在整个 19 世纪都很流行,比如在 19 世纪末的 1899 年,雕塑家路易-恩斯特·巴里亚斯(Louis-Ernest Barrias)为巴黎和波尔多的医学院创作了两尊彩饰雕像,题为"自然在科学面前揭开了自己的面纱"(图 15)。这里多个乳房的图案消失了,但那个揭开面纱的女人腰间佩戴有甲虫形雕饰,这可以理解为暗指伊西斯。

总体而言,揭开伊西斯面纱的主题在 17、18 世纪科学书籍的插图中扮演着重要角色。而在 18 世纪末 19 世纪初,它也是 317 一个非常重要的文学和哲学主题,这表明哲学家和诗人对自然的态度发生了重要转变。

① 关于大革命时期自然的图像学,见 J. Renouvier, *Histoire de l'art pendant la Révolution*, Paris, 1863, notamment p. 49, 108, 139, 142, 232, 307, 365 et surtout 406.

图 13 哲学剥去自然的衣服。佩拉尔《论自然及其法则》(*De la Nature et de ses Lois*,1793 年)的卷首插图。

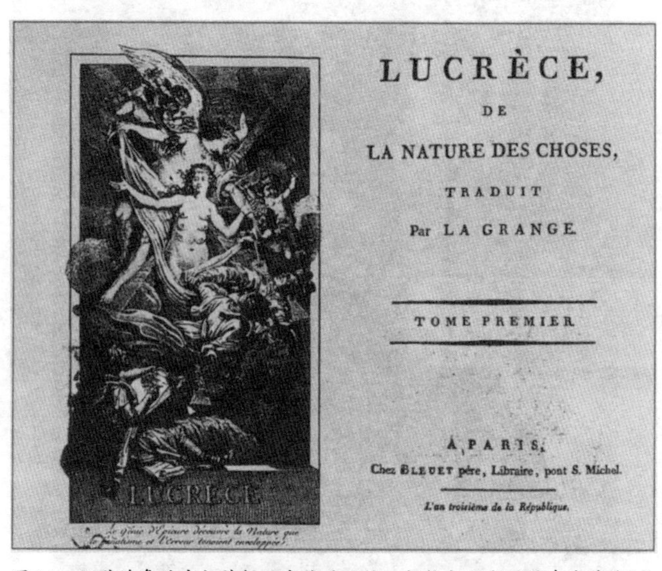

LUCRÈCE,

DE

LA NATURE DES CHOSES,

TRADUIT

Par LA GRANGE.

TOME PREMIER.

A PARIS,

Chez BLEUET père, Libraire, pont S. Michel.

L'an troisième de la République.

图 14　伊壁鸠鲁的守护神揭开自然的面纱。拉格朗日翻译的卢克莱修《物性论》(*De la nature des choses*,1795 年)的卷首插图。

图 15　巴里亚斯,《自然在科学面前揭开了自己的面纱》(*La Nature se dévoilant devant la Science*,1899 年)。

第八部分

从自然的秘密到存在的神秘:恐惧与惊奇

第二十章　伊西斯没有面纱

1. "守护天使揭开自然女神胸像的面纱"

1814年,卡尔·奥古斯特(Karl August)大公从英格兰游历归来,魏玛举行了庆祝活动。歌德给魏玛的绘画学校装饰了八幅画,以象征各种艺术以及卡尔·奥古斯特为其提供的庇护。① 在这些寓意风格的象征画中,有一幅名为《守护天使揭开自然女神胸像的面纱》(*Génie dévoilant le buste de la Nature*),画中的自然女神显示为传统的伊西斯/阿耳忒弥斯形象(图16)。人物后面的远背景中可以看到一处风景,与这尊被揭开面纱的自然女神雕像所营造的某种人造气氛形成了强烈对比。1825年9月3日,歌德用同样这些画装饰了自己的屋子,以纪念卡尔·奥古斯斯 321

① *Weimars Jubelfest am 3ten September 1825*. Erste Abtheilung. Die Feyer der Residenzstadt Weimar mit den Inschriften, gehaltenen Reden und erschienenen Gedichten mit acht Kupfertafeln, Weimar bey Wilhelm Hoffmann, 1825.

图 16 《守护天使揭开自然女神胸像的面纱》(*Génie dévoilant le buste de la Nature*)，载《1825 年 9 月 3 日魏玛的 50 周年纪念》(*Weimars Jubelfest am 3 ten September 1825*，Weimar，1825 年)。

特执政50周年，或者他自己在魏玛任职50周年，或者更准确地说，是为了纪念他从1775年11月7日开始为大公服务50周年。

我们饶有兴致地注意到，同一幅寓意画可以得到完全相反的解释。同时代人在提到17世纪末和18世纪的流行观念时，往往把守护天使揭开自然女神的姿态解释为暗指歌德的科学活动。诗人格尔哈特(Gerhardt)曾在歌德任职50周年之际作诗来评价这幅寓意画，赞扬歌德集诗和科学于一身："诗人不满足于拨动金色的竖琴，而要探入自然，勇于揭开伊西斯的神秘面纱。"[①]洪堡1807年《植物地理学随笔》的卷首插图已经暗示了揭开伊西斯的面纱这一传统呈现方式。然而我们将在本章看到，对歌德而言，伊西斯最终并没有面纱。

322

事实上，歌德本人对这幅寓意画的所思所想迥异于科学揭开自然女神面纱这一传统观念。首先，在纪念卡尔·奥古斯特的呈现各种技艺的组画中，这幅寓意画象征着雕塑。或许是受到歌德的启发，1825年在魏玛出版的一本佚名插图小册子对这幅画作了以下描述："一个小男孩以谦卑的姿态跪着，揭开自然女神胸像的面纱，后者以象征性的方式呈现。这尊白色大理石胸像直接暗指雕塑，作为最完美造物的最完美体现。"[②]这里，伊西斯/阿耳忒弥斯的胸像既象征着完美"体现"自然的艺术——

---

① *Goethes goldner Jubeltag, 7 Nov 1825*, Weimar, 1826, p. 143 (poème de W. Gerhardt).

② *Ibid.*, p. 38.

雕塑，又象征着塑造形态的自然本身。

323 然而，正是歌德本人揭示了他赋予这幅画的真实意涵。他创作了一组诗，分别对应于我所提到的那八幅画，并冠以《艺术》(*Die Kunst*)之名。[①] 1826年3月前后，他给《守护天使揭开自然女神胸像的面纱》专门写了三首四行诗，显示了他对自然秘密观念和伊西斯面纱隐喻的真实态度。不久，他又将这些四行诗中的一首收入了另一部诗集《温和的警句诗》(*Zahme Xenien*)。这很能帮助我们理解这些画和四行诗对他来说意味着什么。我先来引用这三首四行诗：

> 尊重神秘，
> 不要让你的双眼为情欲所迷。
> 自然这个可怕的斯芬克斯，
> 她那数不清的乳房会惊吓到你。
>
> 不要在面纱之下
> 寻找秘密的知识；那只能留下固定的东西。
> 如果你想活下去，可怜的傻瓜，
> 只须看看你身后的虚空。
>
> 如果你成功地让你的直觉

① Dans WA, I, 5^2, p. 91—92.

首先探入内部，
然后转向外部，
你就会得到最好的教导。[①]

第二首四行诗后来被重印于《温和的警句诗》的第六卷，[②]前面补入两节诗，第一节批评了牛顿的颜色理论，第二节反对的是格奥尔格·弗里德里希·克罗伊策(Georg Friedrich Creuzer)等象征主义神话史家：[③]

如果你们这些受鄙视的追求者，
不静下你们走调的琴声，
我就彻底放弃。 324
伊西斯并没有面纱，
但翳障阻断了人类的视线。

有人注重用历史来解释象征，[④]
这样的人很疯狂。

---

① Goethe, "Genius die Büste der Natur enthüllend", dans WA, I, 4, p. 127. 德文本及法译文见 Goethe, *Poésies*, trad. R. Ayrault, t. II, p. 733.

② Goethe, *Zahme Xenien*, VI 1640, dans WA, I, 3, p. 354.

③ Georg Friedrich Creuzer(1771—1858), *Symbolik und Mythologie der alten Völker*(1819—1821)的作者。

④ "Les symboles expliqués par l'histoire"是我从克罗伊策的象征学角度对"*Die geschichtlichen Symbole*"的翻译。

他不断进行徒劳的研究，
而看不到世界的丰富。

如果你成功地让你的直觉
首先探入内部，
然后转向外部，
你就会得到最好的教导。

上引第一节诗看起来有点难解。追求者似乎是指像牛顿那样喜欢通过实验来揭开伊西斯面纱的科学家；但他们受到了鄙视，因为接下来关于没有面纱的伊西斯的诗句表明，他们看不到东西。在《浮士德》的第一部分，歌德猛烈批判了实验方法、人工观测以及自命不凡地扯掉自然的面纱："自然在光天化日之下依然充满神秘，不让人揭开她的面纱，她不愿向你的心灵表露的一切，你用杠杆用螺旋也撬不开。"①

例如，歌德特别批评了牛顿让光穿过棱镜的光学实验，在他看来，该实验严重干扰了真实的发光现象。在后面一节诗中，他仍然针对牛顿声称："必须认为，把统一的永恒之光分开是没有意义的。"一般来说，他批评实验试图通过强制性的机械手段来发现隐藏在现象背后的东西。

325

不过，《温和的警句诗》中的这组短诗也针对其他对手。在

① Goethe, *Faust I*, vers 668—674, dans Goethe, *Théâtre complet*, p. 971.

一份手稿中，“不要寻找秘密的知识”这句诗的注释是“致象征主义者”，[①]它之前的诗则以“历史象征”开头。这暗指克罗伊策学派的象征主义者，歌德对他们的批评有如对实验家的批评。在《浮士德》第二部的一份补遗中，歌德在谈到欧福良(Euphorion)之死时借梅菲斯特(Méphistophélès)之口说：

> 另一些人认为绝不能以粗糙的方式来直接理解它[欧福良的故事]。它背后隐藏着某种东西。我们也许很容易猜到有秘密存在，可能也有故弄玄虚的东西：某种印度或埃及的东西，我们需要的是坚守这些秘密并把一切混合起来的人，是乐于以各种方式摆弄词源的人。我们也这样说，我们最深的渴望就是做新象征主义的忠实门徒。[②]

“它背后隐藏着某种东西”，这是实验家和象征主义者所共有的错误信念。实验家践行着一种关于自然的解释学，试图发现隐藏在现象背后的东西，而象征主义者则提出了一种关于神话的解释学，试图通过发现神话背后的历史背景(无论是印度的还是埃及的)来发现神话形象的隐秘含义。 326

① Goethe, *Sämtliche Werke nach Epochen seiner Schaffens*, Münchner Ausgabe, t. 13, 1, 1992, p.129 以及 p.701 的评注。

② *Paralipomena zu Faust II*, Dritter Akt, HP, 176 v, dans Goethe, *Faust*, herausgegeben von Albrecht Schöne, Darmstadt, 1999, Texte, p.694.

对于实验科学家与神话阐释者之间的这种出人意料的相似性，我们不应感到惊奇。我们还记得，在波菲利看来，自然把自己包裹在了神话和自然形态之中。象征主义者和实验家都漏掉了最重要的东西：对于揭开伊西斯雕像面纱的守护天使来说是“自由空间”，对于试图通过历史来解释神话和象征的人来说则是“世界的丰富”。他们认为形式被遮盖住了，必须在面纱背后找到另外某种东西。但他们之所以在他们所认为的面纱背后来寻找东西，是因为他们不明白自己所看到的一切都是对的，他们看到的自然形态或神话形式都有其自身的理由，我们只能通过事物本身来理解事物。面纱遮住的是他们的眼睛，而不是伊西斯的眼睛。要想看到伊西斯，我们所能做的只有观看。她不戴面纱地揭示了自己，她完全存在于她显现的光辉之中。

现在让我们重读涉及《守护天使揭开自然女神胸像的面纱》形象的那几首四行诗。它们需要相互解释。例如，第一首四行诗警告正在揭开伊西斯雕像面纱的小孩会被伊西斯的骇人容貌惊吓到。第二首四行诗则说，渎神地揭开面纱会有生命危险，劝告孩子如果想活下去，就必须转回身去，或者说，根据这首诗所对应的画，转向画面背景中出现的群山和树木。于是我们看到，这里批判了对揭开阿耳忒弥斯/伊西斯雕像面纱的传统解释。自然是活的、变动不居的，而不是一尊固定的雕像。所谓通过实验来探寻自然的秘密无法把握到活的自然，而只能把握某种固定的东西。正如梅菲斯特对学生所说，为了理解活物，实验者把精神纽带从活物中赶

327

了出去,只留下了片段。[1] 如果这孩子转回身去,他将不再看到“固定”形式的自然,而是看到处于生成过程中的自然。我们只能在自然之内寻找自然,而绝不能在可见现象之外寻找死的东西。

“如果你想活下去,可怜的傻瓜,”古老的伊西斯曾说,“没有凡人揭开过我的衣服(*peplos*)。”因此,揭开女神面纱的人是有生命危险的。然而在歌德看来,这里的死亡仿佛是精神上的。人用面纱把自然隐藏起来,有可能被据信隐藏在面纱之下的东西所催眠,特别是有可能吓呆,不再能觉察到那个生成着的自然的活的过程。“尊重神秘”意味着满足于观看自然本身,不用实验强迫她,打乱其正常的运作模式,迫使其转入与自然相反的人工状态。在歌德看来,能使我们认识自然的唯一有效工具就是人的感官:由理性所引导的知觉,尤其是对自然的审美知觉。正如我们所看到的,他认为艺术是自然的最佳阐释者。[2]

2. 歌德的科学方法

自然秘密的观念和伊西斯面纱的形象预设了外在现象与现象背后的实在之间的区分。[3] 因此,歌德拒绝接受内部与外部 328

---

① Goethe, *Faust I*, vers 1936, dans Goethe, *Théâtre complet*, p. 998.

② 见本书第十八章。

③ 关于歌德的科学方法,我想指出以下两部著作:L. Van Eynde, *La libre raison du phénomène. Essai sur la Naturphilosophie de Goethe*, Paris, 1998; J. Lacoste, *Goethe. Science et philosophie*, Paris, 1997.

的对立，一如瑞士诗人阿尔布莱希特·冯·哈勒（Albrecht von Haller）的以下诗句所表达的：

> 任何受造的心智都无法探入自然。
> 自然向其只袒露外表的人
> 有福了。[①]

对歌德来说，承认自然拒绝揭开自己的面纱要么意味着听任自己的无知，要么意味着认可实验者的强迫。他完全反对哈勒的以下断言：

> 自然慷慨仁慈地给出一切。
> 她没有核，
> 也没有壳。
> 她同时是一切。[②]

这种慷慨和仁慈与那个拒绝被看见、"爱躲藏"的自然的态度完全相反。这恰好符合那种没有面纱的伊西斯的形象。现象

---

① A. von Haller, *Die Falschheit menschlicher Tugenden...*, dans A. von Haller, *Versuch schweizerischer Gedichte*, Berne, 1732, p. 78. 关于这一主题，见本书第十一章对 M. Mersenne 的引文。

② Goethe, *Allerdings. Dem Physiker* ("Assurement. Au Physicien") dans *Gott und Welt* ("Dieu et le monde"), WA, I, 3, p. 105; 德文本及法译文见 Goethe, *Poésies*, trad. R. Ayrault, t. II, p. 607.

与隐藏在现象背后的东西之间的对立并不存在。

那么，在《守护天使揭开自然女神胸像的面纱》的最后一首四行诗中，我们为什么看到了内部与外部之间的一种对立呢？ 329

> 如果你成功地让你的直觉
> 首先探入内部，
> 然后转向外部，
> 你就会得到最好的教导。

如何可能先走入内部，再转向外部呢？歌德这样表达，是因为他想到的并非实验知识的运动，即从外部现象出发，发现一种能够解释现象的内在机制，而是直觉思想的运动，它包含产生和生长的运动，即希腊意义上的 *phusis*，或者从内部到外部的成形努力（*nisus formativus*）。① 这里的 form 不是指 *Gestalt*，即固定不变的结构，而是 *Bildung*，即形成或生长。歌德告诉我们，在康德的《判断力批判》中，他喜欢艺术生命与自然生命之间的相似，"它们由内而外的行动方式"。② 这种关于自然活的直觉的理论中有某种柏格森式的东西，"只要我们保持灵活易动，就能实现这种活的直觉"。③ 歌

① Kant, *Critique de la faculté de juger*, § 81, trad. Philonenko, p. 235—236 以及 Goethe, *Bildungstrieb*, HA, t. 13, p. 33 延续了 J. F. Blumenbach 的这一表述。

② Goethe, *Einwirkung der neueren Philosophie*, HA, t. 13, p. 28.

③ Goethe, *Zur Morphologie. Die Absicht eingeleitet*, HA, t. 13, p. 56.

德的科学方法在于对成形运动的留心觉察。① 它首先是一种形态学。我们必须关注每一种特殊形态,并且长时间地观察它。然后我们必须努力联系其他形态来研究这些形态,从而揭示出 330 它们所属的序列,从变形中看出形态,看到它们彼此之间的产生,尤其是——对于歌德来说最重要——发现那种简单的基本形态或原型形态(*Urform*),一系列转变都由它发展而来。这样我们就会发现,植物的形成其实是叶子的变形;头骨的形成是脊椎骨的某种变形;颜色的形成是光透过一种非透明介质而与黑暗相关联时的某种变形。歌德把处于变形过程起源处的现象称为"原型现象"或原初现象,因为在显示给我们的现象中,没有什么东西在它之外,与此同时,从它开始可以帮助我们解释日常经验中最平凡的事例。② 歌德希望用这种方法来发现一种理想的原型,比如可以构造出一切可能植物的原型植物。③ 就这样,对自然的感性知觉变成了一种理智知觉,能够发现我们在感觉现象中觉察到的原初现象。正如歌德在《颜色理论》(*Théorie des couleurs*)序言中所说,专注地看世界已经是在构造一种理论。④

---

① 见 Gögelein, *Zu Goethes Begriff von Wissenschaft*, Munich, 1972; P. Hadot, "L'apport du néoplatonisme à la philosophie de la nature", *Tradition und Gegenwart*, *Eranos Jahrbuch*, 1968, Zurich, 1970, p. 95—99.

② Goethe, *Zur Farbenlehre*, § 175, HA, t. 13, p. 368. 见 G. Bianquis, *Études sur Goethe*, Paris, 1951, p. 45—80 关于原型现象的出色研究。

③ Goethe, *Voyage en Italie*, 17 avril 1787 et 17 mai 1787, trad. Naujac, t. II. p. 497 et 609. 另见本书第十八章。

④ Goethe, *Zur Farbenlehre*, *Vorwort*, HA, t. 13, p. 317, 11.

"天空的蔚蓝向我们揭示了颜色学的基本法则。到现象背后去寻找是无用的,因为现象本身就是理论。"①

3."光天化日之下的神秘"

因此,伊西斯没有面纱,真正意义上的自然并没有秘密。然而,歌德的确针对自然使用了表示"秘密"的德文词 *Geheimnis*,但给它加上了形容词 *offenbares*[明显的]或 *öffentliches*[公开的]。我们可以把它译做"光天化日之下的秘密"或"显明的秘密";但最好是把 *Geheimnis* 译成"神秘"而不是"秘密",因为在德语中,*Geheimnis* 同时具有这两种含义。"秘密"预设了某种隐藏起来的东西,它可以被发现和揭示,但那时就不再是秘密,而这恰恰是歌德拒绝接受的。而"神秘"却会让我们想起某种始终保持神秘的事物,即使在揭示之后也是如此。歌德选择的这一表述暗指保罗《罗马书》中的一段(16: 24),在那里保罗提到了一种"显明的神秘"(mystère révélé)——马丁·路德的德译本为"das Geheimnis, das nun offenbart ist",希腊文则是"*mustériou phanerothentos*"。歌德从中保留的不是其宗教内容,而是可见性与神秘之间的反差。

331

"光天化日之下的神秘"这一主题在诗人的作品中以各种方式重现。比如 1777 年的诗作《冬游哈茨山》在谈到一座山峰

① Goethe, *Maximen und Reflexionen*, § 488, HA, t. 12, p.432.

时说：

> 你屹立着，
> 挺起未经勘察的胸膛，
> 光天化日之下的神秘，
> 凌于惊讶的世界之上。[①]

然而正如我们看到的，尤其是晚年歌德，主要把这一表述用于一般意义上的自然。比如在反对自然内部与外部之间的对立时，他写道：

332

> 没有什么之内，也没有什么之外，
> 内部的东西也在外部。
> 莫要耽搁，抓住那
> 光天化日之下的神圣神秘。[②]

这种观念完全适用于原初现象。一方面可以说，这些现象"在光天化日之下"，因为人人都可以看到它们；它们恰恰作为现象出现：叶子、脊椎骨、光与暗的游戏。

---

① 我引用的是 J.-F. Angelloz, dans H. Carossa, *Les pages immortelles de Goethe*, p. 125，译文有改动。

② Goethe, *Epirrhema*, WA, I, 3, p. 88；德文本及法译文（我修改了最后两首诗）见 Goethe, *Poésies*, trad. R. Ayrault, t. II, p. 605.

但另一方面也可以说，它们是一种“神秘”。首先，虽然它们很明显，但我们通常无法觉察其含义。只有知道如何观看，知道如何用直觉来扩展感官知觉，才能在这些现象中识别出“原型现象”或原初现象，从而窥见普遍变形的基本法则。在1790年的日记中，歌德提到了他在威尼斯附近的利多沙丘对绵羊头骨的观察。[①] 这次观察确证了他关于头骨形成于脊椎骨的理论，但最重要的是，它再次提醒歌德，正如他所强调的，“自然的神秘全都袒露在留心观察者的眼前”。但我们必须学会如何去看：

> 最难的是什么？是看起来最容易的：用眼睛观看就在眼前的东西！[②]

然而，除了这种最初的思考，原初现象之所以神秘，是因为它们构成了人类知识无法逾越的障碍。它们可以帮助解释各种类型的现象，但它们自身却得不到解释： 333

> 一个人所能达到的最高点是惊讶。当原初现象在他心中产生这种惊讶时，他必定认为自己已经满足：没有什么更伟大的东西可以给他，他不必进一步寻求现象背后的其他东西。这里便是尽头。但一般而言，单单是看到原初现象

① Goethe, *Tag- und Jahreshefte*, HA, t. 10, p. 435—436.

② Goethe, *Xenien*, § 155, HA, t. 1, p. 230.

对于人们来说是不够的；他们需要更多的东西。他们就像孩子，朝镜子里看去之后立刻绕到镜子后面，想看看那里有什么。[1]

这里，原初现象的观念与象征的观念融合在了一起，因为象征“显示了”某种无法言说的东西。例如（虽然这只是一个初始阶段），磁性是一种原初现象，提到它便足以解释所有类型的现象；因此它可以充当所有其他事物的一个“象征”，我们不必继续寻找语词来表达它们。[2] 但歌德走得更远。在提到康德所谓的审美观念时，[3]歌德断言，象征（因此还有原初现象）就其是一种形态和形象而言，可以使我们理解许多含义，但它本身却始终无法用言说来表达。[4] 它是“对不可探究之物活生生的直接揭示”。[5]

歌德把象征和原初现象看成寓意画、秘密符号或自然的无声语言。关于被他视为神圣之物的贝壳的形态，他写道：“我本

334

---

① *Conversations de Goethe avec Eckermann*, trad. J. Chuzeville, Paris, 1988, 18 février 1829, p. 277—278（Chuzeville 对译文略有修改）。

② Goethe, *Maximen und Reflexionen*, § 19, HA, t. 12, p. 367.

③ Kant, *Critique de la faculté de juger*, § 49, trad. Philonenko, p. 146. 康德和歌德都说，即使用一切语言来表达，审美观念（康德）或象征（歌德）也始终得不到表达和无法表达。关于象征和审美观念，见 M. Marache, *Le symbole dans la pensée et l'œuvre de Goethe*, Paris, 1959, p. 123—125; T. Todorov, *Théories du symbole*, Paris, 1977, p. 235—243.

④ Goethe, *Maximen und Reflexionen*, § 749, HA, t. 12, p. 470.

⑤ *Ibid.*, § 752, p. 471.

人的探究、认知和欣赏总是离不开象征。”在同法尔克(Falk)的一次谈话中,他说:“我想抛弃说话的习惯,像自然这位艺术家一样,用有表现力的设计来表达自己。”①

我们也许能在歌德那里察觉到一种倾向,即自愿放弃因果解释——隐藏在结果背后的原因——以及表达为原则和格言的言说,以优先强调对具体形象、形态、设计、象征或象形文字——比如一个螺旋或一片叶子——之意义的直接感知。事实上,这些个体对象体现了一种普遍法则:

> 这棵无花果树、这条小蛇、这只茧……,所有这些东西都是充满意义的征象。② 是的,不用多久,那些能够准确破解其意义的人便无需任何书写和语词。我越思考就越认为,人的言说中有某种无用、徒劳甚至是愚蠢的东西,因此我们被自然无声的严肃和沉默吓呆了。③

象征并非概念内容的载体,却使某种东西从无法表达的事物中闪现出来,这种东西只能通过直觉来把握。

谈到原初现象是无法逾越的界限时,歌德总是使用一种郑

---

① Goethe, *Entretien avec Falk*, dans *Goethes Gespräche*, éd. Biedermann, t. II, p.41.

② 关于这里的“征象”一词,见本书第十七章。

③ Goethe, *Entretien avec Falk*, dans *Goethes Gespräche*, éd. Biedermann, t. II, p.40.

重其事的口气:“自然的探索者务必保持原初现象的永恒宁静和永恒光辉。”[1]不仅如此,歌德认为只有天才才能发现和沉思原

335 初现象。[2] 因此,我们必须尊敬和尊重这些现象,它们使我们窥见了一种无法设想、无法探究、无法揣度的超越性,人永远无法直接认识它,但可以通过反思和象征对其有一种预感。[3] 于是,在《浮士德》第二部的开头,浮士德不得不背对着使其失明的太阳,但他在迷狂中观看瀑布,在那里看到太阳光在彩虹中反射出来:“我们在彩色的反射中拥有生命。”[4]在《潘多拉》(*Pandora*)中,普罗米修斯赞美黎明女神伊俄斯(Éos),她使我们虚弱的眼睛渐渐习惯于光,以免太阳发出的光线使人失明。人照理应该看被照亮的事物,而不是光本身。[5] 在《格言与反思》(*Maximes et réflexion*)中,歌德把自己的科学家进路比作一个早起的人,在黎明时迫不及待地等待天亮,但日出之后却失明了。[6]

显然,当歌德宣称伊西斯没有面纱时,我们必须从一种隐喻意义上来理解对这一传统隐喻的批判。事实上,对歌德而言,面纱并没有隐藏任何东西。它并非不透明,而是透明和发光的,[7]

---

① Goethe, *Zur Farbenlehre*, § 177, HA, t. 13, p.368.

② Goethe, *Conversations de Goethe avec Eckermann*, trad. J. Chuzeville, 21 décembre 1831, p.422.

③ Goethe, *Versuch einer Witterungslehre*, introduction, HA, t. 13, p.305.

④ Goethe, *Faust II*, vers 4727, dans Goethe, *Théâtre complet*, p.1076.

⑤ Goethe, *Pandora*, vers 955—958, *ibid.*, p.932—933.

⑥ Goethe, *Maximen und Reflexionen*, § 290, HA, t. 12, p.405.

⑦ W. Emrich, *Die Symbolik von Faust II*, Francfort-Bonn 1964, p. 53—54.

正如《奉献》(Dédicace)一诗所说,“是由晨雾和阳光编织而成的”。[①] 它并不隐藏什么,而是在揭示,发出一种超凡入圣的光。具有悖论意味的是,我们可以说,如果伊西斯没有面纱,那是因为她完全就是形态,即完全是面纱;她与她的面纱和形态是分不开的。

形态是面纱,面纱是形态,因为自然是形态的起源。形态观念在这里至关重要。歌德责备他的老朋友弗里德里希·海因里希·雅可比(Friedrich Heinrich Jacobi)在其著作《论神圣事物及其启示》(*Des choses divines et de leur révélation*)中提出了一个没有形态的上帝,并宣称自然把上帝隐藏了起来。在《日志与年鉴》(*Tag und Jahreshefte*, 1811)中,歌德说雅可比的著作与他天生的、深深地印在他心中的看世界的方式相矛盾,他认为上帝在自然之中,自然在上帝之中。[②] 歌德在写给雅可比的信中表达了自己的不同看法,并以讽刺的方式把自己描述成以弗所的阿耳忒弥斯的崇拜者。[③] 由此他暗示了《使徒行传》中的一段话,[④]这段话讲述了以弗所人受一位银匠的煽动,起义反抗保罗,这位银匠担心保罗的布道会断送他建造神庙的财路:“我是一名以弗所的金匠,这些金匠终生都在沉思、赞颂和尊崇女神的神庙,模仿

336

① Goethe, *Aneignung* (“Dédicace”), dans Goethe, *Poésies*, trad. R. Ayrault, t. I, p.134—135.

② Goethe, *Tag- und Jahreshefte*, 1811, HA, t. 10, p.510—511.

③ Lettre à Jacobi, 10 mai 1812, dans Goethe, *Briefe*, HA t. 3, 1965, n° 960, p.190—191.

④ Actes des Apôtres 19, 23—40.

她充满神秘的形态，当某位使徒想把其他某个神，尤其是一个没有形态的神强加给我们时，我们不会有好印象。"《以弗所人的狄安娜是伟大的》(Grandes est la Diane des Éphésiens)这首诗则重复了这种对雅可比的反对。歌德拒绝接受一个没有形态的上帝，这并非因为他赋予了上帝某种形态，而是因为对歌德来说，上帝与自然是不可分的；也就是说，上帝与上帝/自然所造就的可见的或神秘的形态不可分。自然在其多种形态的变形中显示自身。正如狄德罗以一个 18 世纪的人的玩笑口吻所说：

> 显然，如果自然不能经常在一个有秩序的存在者中让人觉察到她在另一个存在者中隐藏的东西，那么自然将无法保持其各个部分的相似性，也无法产生如此多样的形态。她是一个爱装扮的女人，其各种伪装时而泄露这一部分，时而泄露那一部分，从而给那些持之以恒的人以希望，相信总有一天会知晓完整的她。①

337

歌德在《东西合集》(*Divan*)中以神秘的口吻谈起了这一形象：

> 你也许隐藏在一千种形态之下，
> 但我的爱人啊！我立刻就认出了你。

① D. Diderot, *De l'interprétation de la nature*, XII, p 186—188.

你可以用神奇的面纱遮住自己,无所不在的上帝!

我立刻就认出了你。[①]

这里的爱人既是苏莱卡(Suleika)——即玛丽安·冯·维勒莫(Madeleine von Willemer)——上帝,又是自然。在歌德心中,“你也许隐藏在一千种形态之下”其实意味着“你可以有一千种形态,但这些形态并未将你隐藏,而是将你揭示出来”。

也许现在我们可以更好地理解,显示于原初现象的自然在何种意义上是一种“光天化日之下的神秘”。一方面,在解释其他现象的这些原初现象中,自然向知觉或者向受直觉启发的感官清晰地显现出来。另一方面,这些现象是一个无法逾越的界限:我们无法超出它们,对其进行解释。然而正是在这种原因的阙如中,我们感受到了一种神秘,歌德称之为“不可探究之物”。

在我来看,至此我们已经勾勒出了自然的秘密这一观念的彻底转变。传统上认为,存在着一些隐秘的力量或秘密机制,魔法以及后来的科学能够逐渐发现它们,使其秘密和神秘渐渐消 338 失。而现在,没有什么秘密需要发现;没有什么东西是隐藏的,我们可以看到一切,但我们看到的东西笼罩在神秘之中,它们无声地显示着那无法言说和无法探究的东西。这里我们看到,与

① Goethe, *Divan oriental-occidental*, trad. H. Lichtenberger, Paris, s. d., p. 228—229.

自然的一种新关系即将出现。基本感受将不再是好奇、渴望认知或解决问题,而是面对着无法揣度的神秘存在所感受到的惊叹、崇敬或痛苦。

第二十一章　神圣的颤栗

1. 对自然态度的演变

17、18 世纪科学书籍中出现的揭开伊西斯面纱这一传统图像学主题并没有蕴含关于自然的任何形而上学断言，这与古典时期的神话学方案是一致的。伊西斯仅仅代表自然现象，揭开她的面纱象征着由机械论自然观所主导的科学进步。然而在 18 世纪末，在各种因素尤其是共济会的影响下，伊西斯/自然的主题侵入了文学和哲学领域，导致对自然的态度发生了彻底转变。 339

首先，我们必须考察罗伯特・勒诺布勒的观点，即世界的机械化导致了"延迟的痛苦"(angoisse à retardement)。[①] 他的意思是说，机械论革命在集体想象中引发了人与自然母亲的分离，人

① R. Lenoble, *Histoire de l'idée de nature*, p. 317.

340 因此而成熟起来，这些转变总是伴有一种痛苦的感受。然而，这是一种“延迟的”痛苦，因为这场本应在17世纪发生的危机直到18世纪才显示出来。机械论革命以及随后的工业革命带给人类的这场剧变是逐渐被意识到的。人们渐渐感到需要与自然重新接触。

尽管如此，我正在提及的这场演变的最初征兆之一是出现了一种对待自然的审美进路，此进路允许我们以一种不同于科学的方式来认识自然。正如我们看到的，1750年前后，面对着机械化科学的逻辑真理（*veritas logica*），鲍姆加登主张一种审美真理（*veritas aesthetica*），它可见于艺术的自然观。[①] 我们在歌德那里窥见了这一审美进路，但在卢梭、康德、席勒和德国浪漫主义那里也很容易看到。

审美知觉总是包含着愉悦、赞叹、热情和恐惧等情感要素。要想认识到自然的审美进路的固有价值，也必定意味着把一种情感的非理性要素引入人与自然的关系。这一演变在卢梭那里已有雏形，我们在卢梭的著作中可以清楚地看到，在万物面前的感受和情感如何取代了对自然秘密的探寻。卢梭对他本人自然体验的描写显示了他那个时代的情感转变：

341 很快，我把我的思想从地面提升到自然万物、宇宙体系和那个包容一切的普遍存在。这时候，我的心灵在广袤的

① 见本书第十八章。

宇宙中漫游;我不再思考,不再推理,不再做哲学。我感到一种全身心的愉悦,仿佛被宇宙的重量所压垮。……我喜欢沉迷于想象的空间中;我的心为各种事物所限,没有足够的空间可以活动;我在宇宙中快要窒息,想要奔向无边无际的太空。我觉得,倘若我真的揭开了自然的一切奥秘,也许我还领略不到这如痴如醉的令人震惊的狂喜。此时的我心花怒放,快乐得不知道如何是好,以致除了有时候大声喊叫:"伟大的神啊!伟大的神啊!"就再也没有什么话可说,也没有什么东西可想了。[①]

当我融入万物的体系,将自己等同于整个自然时,我感到了迷狂和不可言状的狂喜。

除了与万物合一,[静观者]不去认识和感受任何东西。[②]

这里我们清楚地看到,人的整个存在所感受到的与万物合一的情感体验取代了对自然秘密的好奇心。这种活生生的体验是我们正在研究的现象的关键组成部分之一。在这方面,1777 年施托尔贝格(F. L. Stolberg)已经提到了对一种情感意向的需要,

---

① *Lettre à Malesherbes*,引自 J.-J. Rousseau, *Les confessions*, livres I à VI, Paris, 1998, Le Livre de Poche classique, p. 407—408. 见本书第八章所引荷尔德林的文本。

② J.-J. Rousseau, *Rêveries du promeneur solitaire*, Septième Promenade, Paris, 1964, GF, p. 126—129.

即他所谓的“心的充满”(Fülle des Herzens)。[①] 而且,这并不排斥存在着清晰的理性程序。例如,这两种态度在歌德那里是并存的。康德本人毫不迟疑地谈到,我们在自然面前必定会感受到“神圣的颤栗”,观看星空时必定会感受到“历久弥新的惊叹与崇敬”。可以说,从谢林到尼采再到海德格尔,这种伴有痛苦或恐惧、愉悦或惊讶的体验将会成为某些哲学潮流必不可少的部分。

342

2. 普鲁塔克和普罗克洛斯的伊西斯

迄今为止,我尚未讨论分别为普鲁塔克和普罗克洛斯所作的关于伊西斯的两份古代文本。普鲁塔克的《伊西斯与奥西里斯》(*Isis et Osiris*)致力于用一种寓意的哲学方式来阐释埃及神话。在普鲁塔克看来,的确存在着一种埃及人的哲学,它隐藏在神话和故事之中,真理只能被人匆匆一瞥,正如伫立在神殿入口处象征神秘智慧的狮身人面像所暗示的。例如,普鲁塔克称,我们可以从塞斯人信仰的神祇奈特(Neith,被等同于希腊神雅典娜和埃及神伊西斯)的雕像铭文中瞥见这一“神秘智慧”:

> 在塞斯,雅典娜——他们将其等同于伊西斯——的坐像上刻有这样的铭文:“我是那一切的曾在、现在和将在;未

① F. L. Stolberg-Stolberg, “Fülle des Herzens”, *Deutsches Museum* (juillet 1777),引自 A. G. F. Gode von Aesch, *Natural Science in German Romanticism*, New York, 1941, p. 125, n. 11.

有凡人揭开过我的面纱[*peplos*][①]。"[②]

几个世纪之后,我们在普罗克洛斯对柏拉图《蒂迈欧篇》(21e)的评注中再次看到了这段铭文。这一次普罗克洛斯将这段铭文置于女神的神庙内,并赋予它一种更成熟的形式:

> 我是那一切的现在、将在和曾在。无人揭开过我的面纱[*khiton*]。[③] 我所产生的果实是荷鲁斯[horus]。[④]

343

---

① *peplos* 是妇女围在自己裙子外面的一块布。因此它最终而言是一块大披肩,如同雅典妇女为泛雅典娜节巡行所织的雅典娜的披肩。于是我们有理由猜测,普鲁塔克可能不像普罗克洛斯那样"可靠"。(C. Harrauer, "'Ich bin was da ist...'. Die Göttin von Sais und ihre Deutung von Plutarchus bis in die Goethes Zeit", *Sphairos*, *Wiener Studien*, t. 107—108, Hans Schwabl zum 70. Geburtstag gewidmet, t. I, Vienne, 1994—1995, p. 340—341)

② Plutarque, *Isis et Osiris*, 9, 354 c. 关于奈特女神, 见 R. El-Sayed, *La déesse Neith de Saïs*, Le Caire, 1982. 关于普鲁塔克的文本,见 C. Harrauer, "'Ich bin was da ist...'. Die Göttin von Sais", p. 337—355; J. G. Griffiths, Plutarch, *De Iside et Osiride*, University of Wales Press, 1970, p. 283; J. Hani, *La religion égyptienne chez Plutarque*, Paris, 1976. 也见 J. Assmann, *Moïse l'Égyptien*, Paris, 2001, p. 207. 希罗多德把奈特等同于雅典娜,见 Hérodote, *Histoires*, II, 28 et 50, et Platon, *Timée*, 21 e.

③ *khiton* 是古希腊人在奥林匹斯仪式上做祷告时所穿的正式的束腰长袍。这里为保持与上下文统一,将它和前面的 *peplos* 都译成了"面纱"。——译注

④ Proclus, *Commentaire sur le Timée*, t. I, p. 98, 19 Diehl; t. I, p. 140 Festugière(见 Festugière 的注解)。在普鲁塔克和普罗克洛斯那里,我们看到了神在"神传"(arétalogies)中自我描述的古典形式:"我是……。"见 O. Weinreich, "Aion in Eleusis", *Archiv für Religionswissenschaft*, 19(1916—1919), p. 174—190, notamment p. 179(repris dans O. Weinreich, *Ausgewählte Schriften*, hrsg. von G. Wille, t. I. Amsterdam, 1969, p. 442—461, notamment p. 448—449)。

正如约翰·格温·格里菲思(John Gwyn Griffiths)在普鲁塔克《伊西斯与奥西里斯》的评注中所说,“我是那现在、曾在和将在”指的是一种宇宙力量,通常是阿图姆(Atum)和拉(Rê),这让人想起了赛特(Seth)对荷鲁斯所说的话:“我是昨天,我是今天,我是尚未到来的明天。”[①]伊西斯潜在地和实际上是万物。普罗克洛斯提到荷鲁斯以及未被揭开的面纱都表明,伊西斯被描绘为一位童贞母亲。在普鲁塔克看来,伊西斯是自然的女性一面,因为逻各斯引导她接受了所有形态和形象。[②] 当普鲁塔克提到伊西斯的面纱时,他也许想到了自然的秘密这一观念,但后者并没有明显出现。

伊西斯面纱的无法揭开,以及她凭借自己的力量产生了太阳,都暗示了女神的贞洁。但我们必须注意,相反的主题也存在于古代,但这次将面纱揭开的是女神自己。弗朗索瓦·迪南(Françoise Dunand)谈到了希腊-埃及的赤陶,陶器上的女神头戴伊西斯的王冠,双手揭开自己的衣服。[③] 我将在稍后讨论的鲍波(Baubô)的这种姿态[④]也是布巴斯提斯(Bubastis)城纪念女

---

① 见 J. G. Griffiths, Plutarch, *De Iside et Osiride*, p. 284,并附参考书目。正如 A.-J. Festugière 所指出的(Proclus, *Commentaire sur le Timée*, t. I, p. 140),“曾在、现在和将在”似乎暗示伊西斯等同于 *Aiôn* 或永恒。他把这一表述等同于厄琉西斯献词中使用的表述(见 W. Dittenberger, *Sylloge Inscriptionum Graecarum*, 4 vol., 3e ed., Leipzig, 1915—1924, n° 1125)。但这一献词仅仅是说,*Aiôn* 始终是它现在、曾在和将在的样子,这并不全然是一回事。见 R. T. Rundle Clark, *Myth and Symbol in Ancient Egypt*, Londres, 1978, p. 157.

② Plutarque, *Isis et Osiris*, 53, 372 e.

③ F. Dunand, *Le culte d'Isis*, t. I, p. 85.

④ 见本书第二十二章。

神贝斯特(Bastet,希罗多德将其等同于阿耳忒弥斯)的节日上女人的姿态。① 迪南由此断言,这种对伊西斯的描绘其实是对布巴斯提斯城的丰饶女神伊西斯的描绘。此外,一份魔法纸莎草也提到了伊西斯的面纱。为了知道某种爱的咒语是否有效果, 344 需要吟诵如下祈祷词:“伊西斯,纯洁的贞女,赐予我征兆,让我知道结果,揭开你那神圣的面纱。”②

图像学似乎不太重视普鲁塔克和普罗克洛斯笔下女神的警告:“未有凡人揭开过我的面纱。”因为17世纪和18世纪初的伊西斯其实只不过是服从人类意志的自然罢了;然而,被发现的只是她的力学和数学方面。不过,从我前面提到的塞格纳《自然理论导论》的卷首插图以及伊拉斯谟·达尔文(Erasmus Darwin)的诗《自然神庙或社会的起源》(*The Temple of Nature, or The Origin of Society*)卷首海因里希·菲斯利(Heinrich Füssli)的版画(图17)可以看出对这一危险的暗示。③ 在这幅版画中,一个跪着的女人显示出恐惧,而另一位无疑是祭司的女人在她面前揭开了一尊伊西斯/阿耳忒弥斯雕像的面纱。此外,这幅图只是

---

① Hérodote, *Histoires*, II, 59.

② K. Preisendanz, *Papyri Graecae Magicae. Die griechischen Zauberpapyri*, t. I-II, Leipzig-Berlin, 1928—1931. 1973—1974 (2e éd.), 57, 16—17; H. D. Betz, *The Greek Magical Papyri in Translation*, Chicago, 1986, p. 285. A. Nock, *Coniectanea Neotestamentica*, 1 (1947), p. 174. Jamblique, *Les mystères d'Égypte*, VI, 5, 245, 16 des Places 中的这种咒语与魔法师威胁揭开伊西斯的秘密有关吗? 见本书第七章。

③ I. Primer, “Erasmus Darwin's *Temple of Nature*, Progress, Evolution and the Eleusinian Mysteries”, *Journal of the History of Ideas*, 25 (1964), p. 58—76.

图 17 菲斯利为伊拉斯谟·达尔文(Erasmus Darwin)的诗《自然神庙或社会的起源》(*The Temple of Nature or The Origin of Society*, 1809 年)创作的卷首版画。

部分对应于诗中的内容，因为正如欧文·普莱默(Irwin Primer)所表明的，伊拉斯谟·达尔文希望把无知者的恐惧宗教与开明哲学家对自然的爱和信心对立起来。[①]

无论如何，18世纪末的哲学家和诗人非常重视伊西斯对试图揭开其面纱的人的警告。伊西斯形象的含义将会彻底转变：从此以后，面对伊西斯/自然时的惊异、惊讶甚至是痛苦将会成为某些文学作品最钟爱的主题之一。

3. 共济会的伊西斯

事实上，共济会赋予伊西斯形象的新含义似乎是这一演变的主要原因之一。[②] 兴盛于18世纪初的共济会运动对思想和社会产生了强大影响，它旨在传播启蒙哲学的理念，同时宣称自己是古代神秘传统尤其是埃及传统的继承者。因此，在共济会的神话中，伊西斯形象逐渐扮演了最重要的角色。[③] 在18世纪的最后十年，埃及秘仪风靡一时，"埃及狂热"相当流行。杨·阿斯曼(Jan Assman)令人信服地表明，尤其是在维也纳"和睦会所"(Zur wahren Eintracht)的背景下发展出了一种关于伊西斯/自然的新

345

① *Ibid.*, p. 70.

② J. Assmann, *Moïse l'Égyptien*, p. 203 ss. 关于随后的讨论，见 Christine Harrauer, " 'Ich bin was da ist...'. Die Gottin von Sais"这篇重要文章。

③ 关于共济会中伊西斯的图像学，见 J. Baltrusaitis, *La quête d'Isis*, p. 51—70; Manley p. Hall, *The Encyclopedic Outline of Masonic Hermetic Qabbal and Rosicrucian Symbolical Philosophy*, San Francisco, 1928.

解释。[1] 1783年加入该会所的卡尔·莱昂哈特·莱茵霍尔德(Karl Leonhard Reinhold)于1787年撰写了一部关于希伯来秘仪的著作,[2]他在书中延续了约翰·斯宾塞(John Spencer)和威廉·沃伯顿(William Warburton)于17世纪末18世纪初提出的思想,试图表明哲学家——和共济会会员——的神在埃及人那里已经广为人知,摩西的启示内容是从埃及智慧中借取的,虽然摩西将其隐藏在希伯来宗教的仪式和礼节中。[3] 从这种观点来看,莱茵霍尔德让普鲁塔克笔下伊西斯/自然的自我描述"我是那一切的曾在、现在和将在"变得类似于耶和华在西奈山上所说的"我是我所是"。这种解释不够自然,[4]因为伊西斯说她是一切存在,而耶和华则将自己牢固地确立于自我之中。[5] 然而,不论这一断言是关于存在的还是关于自我的,他们最终都没有说出自己的名字,因为当伊西斯声称她是一切存在时,正如阿斯曼所言,神显然"无所不在,无法用一个名字来指称"。[6]

346

我们可以看到自然的呈现方式发生的巨大转变。由于变得类似于耶和华,伊西斯成了一个不具名的神。伊西斯拒绝说出

---

① J. Assmann, *Moïse l'Égyptien*, p.203—245.

② K.L. Reinhold, *Die hebräischen Mysterien oder die älteste religiöse Freymaurerey*, Leipzig, 1787. J. Assmann 指出了此论著与 Warburton 和 Spencer 关于该主题的更早作品之间的联系。

③ J. Assmann, *Moïse l'Égyptien*, p.97—199.

④ *Ibid.*, p.209.

⑤ E. Cassirer, *Langage et mythe. À propos des noms des dieux*, Paris, 1973, p.96—97.

⑥ J. Assmann, *Moïse l'Égyptien*, p.210.

自己的名字，拒绝被揭开面纱。她隐藏自己不是通过隐藏任何具体自然现象的原因，而是通过让自己成为无法参透的绝对奥秘或谜，成为不具名的神，不论她是存在还是超越了存在。

阿斯曼将伊西斯/自然的这种新含义与德国浪漫主义时期之前典型的斯宾诺莎主义运动正确地联系在了一起。[①] 特别是，他提到了莱辛 1780 年刻在哈尔伯施塔特（Halberstadt）格莱姆（J. W. L. Gleim）花园别墅墙壁上的格言“一和一切”（*Hen kai pan*）。正如雅可比所表明的，当他在 1785 年发表自己写给摩西·门德尔松（Moses Mendelssohn）的有关斯宾诺莎的信时，“一和一切”其实是在宣称他信仰斯宾诺莎的名言“神或自然”（*deus sive natura*）。[②] 斯宾诺莎曾经谈到过“被我们称为神或自然的那个永恒而无限的存在”。于是，我们面对着神和自然、一和一切、神和宇宙的同一。从这种角度来看，伊西斯/自然成了一个宇宙神（le dieu cosmique），成了一种宇宙神论（cosmothéism）的对象。[③] 和耶和华一样，被等同于耶和华的伊西斯周围也笼罩着神秘的氛围，为的是引起恐惧、尊崇和尊敬。和在厄琉西斯秘仪中一样，只有在漫长的仪式结束时才能对伊西斯进行沉思默想。[④] 正如亚里士多德关于厄琉西斯所说，之后所有学识[*mathein*]都终止了，从

347

① *Ibid*.，p. 239—245.

② Spinoza，*Éthique*，IV，Preface. 关于斯宾诺莎这一表述的来源，见 J. Assmann，*Moïse l'égyptien*，p. 364，n. 31.

③ 关于这一术语，*ibid*.，p. 243.

④ *Ibid*.，p. 219—224.

此以后只有一种体验,如果伊西斯/自然被等同于耶和华,那么这种体验只可能是一种无法言喻的体验。①

于是在 18 世纪末,自然有多种含义。她既代表作为科学对象的自然,也代表被视为万物之母的自然,还代表作为无限的、神化的、无法言喻的、不具名的或普遍存在的自然。她还被等同于真理,而真理被视为人类认知活动的也许无法企及的终极目标。

也许是在这些共济会描述的影响下,伊西斯/自然成了法国大革命期间狂热崇拜的对象。在纪念革命节日的勋章,尤其是画家雅克-路易·大卫(Jacques-Louis David)设计的旨在教育民众的勋章上,自然显示为作为万物之母的伊西斯的形象。② 而普鲁士国王威廉二世时期波茨坦花园中的伊西斯/阿耳忒弥斯雕像同样要归因于共济会的影响。③

4. 德国浪漫主义运动之前和浪漫主义运动中的伊西斯

348 18 世纪末自然进路的转变在康德那里清晰地显示出来。④ 这

---

① Aristote, *Fragmenta Selecta*, éd. W. D. Ross, Oxford, 1955, *Peri philosophias*, fragm. 15. 关于此文本,见 Jeanne Croissant, *Aristote et les mystères*, Liège-Paris, 1932 以及 W. Theiler, *Byzantinische Zeitschrift*, 34(1934), p. 76—78.

② J. Baltrusaitis, *La quête d'Isis*, p. 25—70; W. Kemp, *Natura*, p. 156—176; A. Goesch, *Diana Ephesia*, p. 169—219.

③ H. Thiersch, *Artemis Ephesia*, p. 117—121(特别是 p. 120)。

④ 关于这部分讨论的主题,我尤其得益于 A. G. F. Gode von Aesch, *Natural Science in German Romanticism*, p. 93—108 以及 J. Assmann, *Moïse l'Égyptien*.

里我们看到了两种相反态度的相遇。一方面，在《纯粹理性批判》(1781)中，我们看到了那种机械论的、强制的审问态度：正如弗朗西斯·培根所认为的，在对待自然的时候，理性绝不能表现得“像一个学生，被动地听老师讲，而要像一个被任命的法官，强迫证人回答他所提出的问题”。① 另一方面，在《判断力批判》(1790)中，我们看到了充满尊崇、尊敬和恐惧的审美进路，它表现于康德对物理学家塞格纳《自然理论导论》卷首插图(图12)的注解。② 康德写道：

> 也许从未有人说过比伊西斯(自然之母)神庙上那条铭文更为崇高的东西，或者更崇高地表达过思想：“我是那一切的现在、将在和曾在，没有任何凡人揭开过我的面纱。”塞格纳在其《自然理论导论》卷首意味深长的插图中利用了这一观念，以使即将被他领入这座神庙的学生们充满神圣的颤栗，这种颤栗会促使精神凝神专注。③

事实上，我认为这两种态度在康德那里似乎是可以调和的，在塞格纳那里可能也是如此。因为正如我们在讨论伊西斯/自然的图像学时所看到的，在塞格纳著作的插图中，④一个小孩正

---

① Kant, *Critique de la raison pure*, trad. Tremesaygues et Pacaud, 1re éd., Paris, 1944, p.17.

② 见本书第十九章。

③ Kant, *Critique de la faculté de juger*, § 49, trad. Philonenko, p.146.

④ 见本书第十九章。

在测量她的足迹，这似乎意指，人类凭借机械的数学方法只能把349 握自然的足迹——即她最外在的效果——而不能把握自然本身。然而正同格言“Qua licet”所暗示的，这种研究只能发生在允许范围内。的确，另一个小孩用手指抵着嘴唇，表示面对着无法言说的东西，我们只能保持沉默，因为自然本身是不可知的神秘，而不像她的足迹那样可以测量。在这个无法揣度、无法企及的自然面前，我们只能感受到一种神圣的颤栗。

伊西斯的这一戴着面纱的恐怖形象重新出现在席勒 1795 年的诗《塞斯的蒙着面纱的雕像》中。[①] 这首诗描写了一个急切渴望认识真理的年轻人进入塞斯神庙，得知真理就隐藏在女神面纱背后。祭司警告他离开，因为任何凡人都无权揭开面纱：“这一面纱对于你的手虽然很轻，但对你的良心却重达万钧。”然而这位鲁莽的年轻人夜间又潜入了神庙。他充满了恐惧，内心中有一个声音要阻止他，可他还是揭开了面纱，随后倒地不省人事：“他那一生的愉快就此永远消逝，深度的忧伤过早地送他入墓。……通过犯罪寻求真理者，该倒霉。”这首诗激起了某种敌意，尤其是赫尔德(Johann Gottfried von Herder)，他无法接受寻求真理的渴望竟然是一种过错。[②]

首先，我们可以从一种悲观主义或唯心主义的角度来阐

① F. Schiller, “L'image voilée de Saïs”, dans *Poèmes philosophiques*, trad. Robert d'Harcourt, Paris, s. d., p. 150—157.

② Lettre de Herder à Schiller du 23 août 1795，引自 C. Harrauer, “‘Ich bin was da ist...’. Die Göttin von Sais”, p. 351, n. 40.

释这首诗，席勒在其他作品中也表达过这种悲观主义。席勒在这里说得很清楚，伊西斯代表真理，就像在18世纪的一些寓意画中那样。[1] 更准确地说，这种真理或许是关于自然主题的真理，但它也是关于人类具体处境的真理。无论是哪种情形，席勒都在暗示，这种真理可怕异常，人认识它之后便无法活下去。 350

从同样的角度来看，席勒1799年写的《妄想的话》(*Die Worte des Wahns*)谈到了正义、幸福和真理。认为正义会取得胜利，这是一种妄想，因为正义必须做永恒的抗争；认为心灵高贵的人会得到幸福，这是一种妄想，因为幸福常看中不道德之徒，世界不属于善人；认为凡人会悟出真理，这是一种妄想。"真理的面纱不能被凡人揭起，"席勒写道，"只能猜测和想象。"[2]

在席勒的诗《卡珊德拉》(1802)中，卡珊德拉在庆祝阿基里斯与普里阿摩斯(Priam)之女波吕克塞娜(Polyxena)的婚礼时想到：

> 既然惨祸寓居其上，
> 揭开面纱有何用场？
> 人生只是一场迷惘，

---

① 见本书第十九章。

② F. Schiller, "Les mots de l'illusion", p. 259(trad. d'Harcourt，有改动)。

知识无法逃避死亡。①

我们或许会以为这里是尼采在讲话，我将在下一章讨论尼采。生命是庆祝、欢乐、外表和幻觉；而死亡则是真理，是像卡珊德拉那样认识到所有这些欢乐都将灰飞烟灭。只有幻觉、艺术和诗能让我们活下去。在尘世间，我们得不到真理，也得不到幸福。它们仿佛是禁果，以至于对人类来说，真理是可怕而危险的。席勒的悲观主义无疑是他为其唯心主义所付出的代价：真理、自然、美和善并不属于这个世界，或者说，它们只能在内心世界中找到，即最终在道德良知中找到：

351 高贵的灵魂，将妄想戒除，
保持你那神圣的信仰，
虽不是我们耳闻和目睹，
美和真仍然存在！
不要外求，那只是愚夫，
它是你内心永远的产物！②

以及：

---

① *Schillers Werke*, National Ausgabe, Weimar, 1983, t. II, 1, p. 255; trad, fr., *Poésies de Schiller* (*Œuvres de Schiller*, t. I), trad. A. Régnier, Paris, 1868, p. 286.

② F. Schiller, "Les mots de l'illusion", p. 259.

你只得从尘世纷纭中逃走，

遁入自己心中寂静的圣所。

在梦之国里才能找到自由，

在诗歌里才开出善的花朵。[①]

然而，在《塞斯的蒙着面纱的雕像》中，蒙着面纱的雕像可能也象征着自然本身，即席勒从莱茵霍尔德的著作中得知的那个共济会的伊西斯。他也曾改述莱茵霍尔德的说法，写了一篇随笔《摩西的使命》，接受了伊西斯与耶和华的等同。[②] 当席勒说"通过犯罪寻求真理者，该倒霉"时，我们可以认为，罪责在于没能给予女神以必要的尊重，没能等待入会仪式，没能感受到康德所说的"神圣的颤栗"，没有保持在允许的范围内，而是强行揭开了面纱。果真如此，那么这首诗的主旨就与我之前讨论的《希腊的众神》相去不远。[③] 强行夺走自然的秘密，或者把伊西斯的面纱揭开，不惜任何代价、采用一切手段，尤其是通过技术和自然的机械化来寻求真理，有可能扼杀诗和理想，创造出一个祛魅的世界。 352

施莱格尔号召其同时代人对抗这种危险，克服自己的恐惧，这

① F. Schiller, "Début du nouveau siècle", IX, dans *Poèmes philosophiques*, p.263(trad. d'Harcourt, 略有改动).

② F. Schiller, *La mission de Moïse*, dans Schiller, *Œuvres historiques*, t. I, trad. A. Régnier, Paris, 1860, p.445—468.

③ 见本书第八章。

肯定与席勒的诗相悖。施莱格尔说:“到了扯下伊西斯的面纱、揭示其秘密的时候了。无法直视女神的人要么逃走,要么死去。”[①]在《塞斯的弟子们》一文中,诺瓦利斯重复了施莱格尔的说法:“如果没有哪个凡人按照那里的铭文揭开面纱,我们就必须设法成为不朽的人。谁不愿揭开女神的面纱,谁就不是真正的塞斯弟子。”[②]这里提到的不朽——最终是精神的力量[③]——使我们窥见了伊西斯的面纱主题在浪漫主义时期是如何从一种唯心主义哲学的角度而得到阐释的。揭开伊西斯的面纱就是意识到,自然不过是没有意识到自身的精神,作为自然的非我最终等同于自我,自然乃是精神的起源。尽管各种浪漫主义哲学之间有深刻的差异,不论是费希特、谢林、黑格尔的哲学,还是诺瓦利斯的哲学,它们都有相同的基本倾向,要从不同角度把自然与精神等同起来。

诺瓦利斯的作品《塞斯的弟子们》最终没有完成。在为它收集的材料中,诺瓦利斯引人注目地表达了德国浪漫主义者赋予揭开伊西斯面纱的含义:“他们中的一个人成功了——他揭开了塞斯女神的面纱。然而他看到了什么?他看到了——此乃奇迹之奇迹!——他自己。”[④]对诺瓦利斯来说,探索内心生活能使我们探入

353

① F. Schlegel, *Ideen*, § 1, dans *Kritische Neue Ausgabe*, t. II, Paderborn, 1967, p.256: “*Es ist Zeit den Schleier der Isis Zu zerreissen und das Geheime zu offenbaren. Wer den Anblick der Göttin nicht ertragen kann, fliehe oder verderbe.*”

② Novalis, *Les disciples à Saïs*, dans Novalis, *Petits écrits*, trad. et introd. par G. Bianquis, Paris, 1947, p.189.

③ Novalis, *Grains de pollen*, § 112, *ibid.*, p.83.

④ Novalis, *Les disciples à Saïs*, *Paralipomènes*, 2, *ibid.*, p.257.

自然的本源。只有回归自身，我们才能理解自然，自然在某种意义上是精神的一面镜子。这种观念在浪漫主义哲学中比比皆是。[①]后来柏格森将会继承这一传统：对他来说，通过在“绵延”(durée)中把握住自然的起源，精神开始意识到，它曾试图通过自然的生成(devenir)来实现自身，因此存在着内在生命与宇宙生命的同一性。

谢林尤其注重这一主题。他的自然定义重新恢复了 *phusis* 的古代含义，即生产能力(productivité)和自发生长，与此同时，他把人类看成“自然生产能力的有意识的生成”(comme le devenir conscient de la productivité naturelle)。[②] 我已经提到过这一重要文本：[③]

> 我们所谓的自然是一首诗，我们始终无法破译它那奇妙而又神秘的文本。然而，如果能够解出这个谜，我们将从中发现精神的冒险旅程。作为一种非凡幻觉的牺牲品，这种精神在寻找自己时逃离了自己，因为它只有经由世界才能显现，就像意义只有经由语词才能显现一样。[④]

---

① 关于这一传统的新柏拉图主义根源，见 P. Hadot, “L’apport du néoplatonisme à la philosophie de la nature”, dans *Tradition und Gegenwart*, *Eranos Jahrbuch*, 1968, Zurich, 1970, p. 91—132.

② M. Merleau-Ponty(课程纲要), dans *Annuaire du Collège de France*, année 1957, p. 210.

③ 见本书第十七章。

④ Schelling, *Système de l’idéalisme transcendantal*, dans Schelling, *Essais*, trad. S. Jankélévitch, Paris, 1946, p. 175.

对黑格尔来说，揭开伊西斯的面纱同样是精神向自身的回归。但在他看来，这一过程处于历史进程当中。塞斯的话——“未有凡人揭开过我的面纱”——是指，自然是一种不同于其自身的实在，它并非其直接显现，而是有一个隐藏起来的内在部分。[①] 此外，黑格尔还批评歌德拒绝区分自然的内部与外部。[②]

354 然而在黑格尔看来，对自然的遮掩乃是埃及历史阶段所特有的。她在希腊思想中揭开了自己的面纱，希腊思想终结了这个“谜”。希腊的俄狄浦斯杀死了埃及的斯芬克斯，这并非没有意义。当人在希腊思想中得到定义时，斯芬克斯就死了，人发现自然内部不过就是人自己，[③]也就是说，我们所认为的非己——自然——正是我们之所是——精神。

关于伊西斯主题的这些浪漫主义变种，诺瓦利斯还给出了一种观点。它可见于一位塞斯弟子讲述的夏青特和洛森绿蒂的故事。夏青特抛下了自己的未婚妻洛森绿蒂，去远方寻找蒙着面纱的贞女——万物之母。经过漫长跋涉，夏青特来到了她的神庙，可是当他揭开“圣洁贞女”的面纱时，跃入其怀抱的却是洛森绿蒂。索菲——诺瓦利斯过早离世的未婚妻，他终生对其怀有一种虔诚的崇拜——的形象与伊西斯的形象或作为永恒女性

---

① Hegel, *Vorlesungen über die Philosophie der Religion*, dans *Sämtliche Werke*, Jubilaeum Ausgabe, t. XV, Stuttgart, 1965, p. 471.

② Hegel, *System der Philosophie. Einleitung in die Naturphilosophie*, *ibid.*, t. IX, p. 46—47.

③ Hegel, *Vorlesungen über die Philosophie der Geschichte*, *ibid.*, t. XI, Stuttgart, 1961, p. 291.

的无限自然是一致的。这一次，引领人进入伊西斯/自然的最佳向导是爱。《塞斯的弟子们》中的一段话可以帮助我们解释这种新的视角。一位“眼睛晶莹的年轻弟子”主张，一种唯有诗人才能感受到的情感要素或“甜蜜的痛苦”与自然认识是密不可分的，此时他表达了诺瓦利斯最深刻的思想：

> 当自然最秘密的生命以其全部的丰盈涌入一个人的内心时，当只有用爱和愉悦才能表达的那种强烈感受在他心中蔓延开来时……他颤栗着，心怀甜蜜的痛苦投身于自然之幽暗、诱人的怀抱，这可怜的人倒在滚滚的情欲波浪中销蚀着自己，……这时除了无法揣度的创生力的一个中心，除了浩瀚海洋中一个吞噬万物的漩涡，其他一切都荡然无存了。[①]

355

“除非有一种与万物的千丝万缕的深刻关联迫使人通过情感与所有自然物相混合，就好像通过感受与之融合在一起”，否则人无法理解自然。[②] 因此，揭开伊西斯的面纱仿佛是一种伴有尊崇和尊敬的宇宙狂喜：

> 如果一个人对自然有一种正确而又训练有素的感受，

① Novalis, *Les disciples à Saïs*, p. 243 et 245.

② *Ibid.*, p. 247.

他就能在研究自然时享用自然。……他靠近她[自然]时，会感到仿佛依偎在其贞洁未婚妻的怀抱中，而且也只向她吐露在甜蜜时刻所萌生的想法。这个自然之子、这个自然的宠儿是多么幸福，自然允许他因其二重性而视之为繁衍和生育的力量，因其统一性而视之为无限的永恒婚姻。此人的生活将充溢着欢乐，是一连串不间断的愉悦，可将他的宗教称为一种真正的自然主义。①

如果说诺瓦利斯和施莱格尔都曾反对席勒，那么诗人克莱门斯·布伦塔诺(Clemens Brentano)则以一首四行诗回敬了他们，无情地嘲笑了第一批浪漫主义者的迷狂、恐惧和形而上学思辨：

356

你把那叫做纯粹的知识，
就足以把你吓得汗毛直立。
你若把它称为“揭开伊西斯的面纱”，
你悍然揭开的只是你的围裙。②

在布伦塔诺看来，浪漫主义者只满足于情感，而不做反思和研究。在他们那里，颤栗和恐惧取代了思考。他们把自然等同

① *Ibid*.

② Cl. von Brentano, *Romanzen vom Rosenkranz*, *Sämtliche Werke*, éd. Carl Schüddekopf, Munich, 1909—1917, IV, 5ᵉ Romanze, ligne 105, p.66.

于自我,仅仅是其显示情绪、倾诉感情和自身告白的托辞。布伦塔诺可能还想到了施莱格尔在《露辛达》(*Lucinde*)中表现出的那种暴露癖。[①]

1830 年,皮埃尔-西蒙・巴朗什(Pierre-Simon Ballanche)对伊西斯的面纱做了完全不同的阐释。在他看来,伊西斯始终蒙着面纱。他说,埃及祭司从未除去覆盖在雕像上的面纱,从未见过不戴面纱的她。对他来说,这意味着,对真理的认识并非源于揭示一种现成的实在或被动接受的教诲;人必须依靠自己的力量在自身之中主动发现真理:"因此,埃及祭司没有教给我们任何东西,因为他们相信一切都在人之中;他们所做的仅仅是移除障碍。"真理就在人的心中。[②]

5. 对崇高和神圣颤栗的感受

在自然与哲学家、诗人之间关系的转变中,18 世纪对崇高感的特殊关注是另一个因素。[③] 主要是在英格兰,这个美学概念成了研究的主题,尤其是在埃德蒙・柏克(Edmund Burke)1756 年出版的《关于崇高与美之观念起源的哲学研究》(*Enquête*

357

① 这是 A. G. F. Gode von Aesch, *Natural Science in German Romanticism*, p. 105 的观点。

② P. S. Ballanche, *Orphée. Essais de palingénésie sociale*, t. II, dans *Œuvres de M. Ballanche*, t. IV, Paris-Genève, 1830, p. 314.

③ 关于崇高主题,也见 Marjorie Nicholson, *Mountain Gloom and Mountain Glory*, Ithaca, New York, 1959.

philosophique sur l'origine de nos idées du sublime et du beau)中。[1] 在柏克看来,崇高会使我们产生危险或无限的印象,从而吓坏我们,但我们只要认识到自己平安无事,这种恐惧感就会转变为欣快的感觉。[2]

康德曾经提到"观看者在目睹高耸入云的山峦或水流汹涌的深谷时所激起的那种近乎恐惧的惊讶"。[3] 在他看来,只有通过一种不涉及任何目的论考虑的纯粹审美的眼光来面对赤裸裸的实在,我们才能感受到崇高:

> 如果有人称星天的景象为崇高,此时我们必须……如人所见,把它看成一个广阔的包容一切的穹窿……;我们必须像诗人那样,按照眼前所显现的,把海洋看成一面清朗的水镜。[4]

我们可以在《实践理性批判》结尾处的那句名言中窥见这种感受,尽管其中没有出现"崇高"一词:

---

① E. Burke, *Philosophical Inquiry into the Origins of Our Ideas of the Sublime and the Beautiful*, Londres, 1756.

② E. Cassirer, *La philosophie des Lumières en France*, trad. P. Quillet, Paris, 1966, p. 320.

③ Kant, *Critique de la faculté de juger*, § 29, Remarques, trad. Philonenko, p. 106.

④ *Ibid.*, p. 107.

有两样东西,我对它们的思考越是深沉和持久,就越会在我心灵中唤起历久弥新的惊叹与崇敬,那就是我头上的星空和心中的道德律。

我觉察到,这段著名的文字与塞内卡的一段话在结构上具有相似性,塞内卡也把(圣人的)道德良知与世界的壮观景象联系起来: 358

我任何时候观看这个世界都会有同样的惊讶,我静观世界时往往会觉得是第一次看它。[①]

正如我们所看到的,康德正是从这种崇高角度来理解塞斯铭文的,而且《判断力批判》的一个著名注解将它与塞格纳物理学著作的卷首插图联系起来,康德说,这幅图使我们认识到,我们接近自然时必定会伴有一种"神圣的颤栗"。[②] 早在1779年,埃及人用来描述自然的蒙着面纱的伊西斯形象就被《图像学词典》的作者奥诺雷·拉孔布·德·普雷泽视为一种"简单而崇高的表达"。[③]

席勒同样从崇高角度来理解塞斯的伊西斯(即自然的神

① Sénèque, *Lettres à Lucilius*, 64, 6. 关于此文本,见我的文章"Le sage et le monde", p.175—188. 也见本书第十八章。

② Kant, *Critique de la faculté de juger*, § 49, trad. Philonenko, p.146.

③ H. Lacombe de Prézel, *Dictionnaire iconologique*, article "Nature".

秘):

> 所有被包裹起来的、充满神秘的东西都容易引起恐惧,因而有崇高感。埃及塞斯的铭文就是这样:"我是那一切的曾在、现在和将在;未有凡人揭开过我的面纱。"①

我们在叔本华那里也可以看到对崇高感的反思,其长处在359 于把握了这种感受的两个方面。一方面,对无限的沉思压垮了我们,不论这种无限是世界的延续,还是浩瀚宇宙的夜晚景象:于是我们感到自己只不过是"大海中的一滴水"。② 另一方面,我们认识到所有这些世界都只存在于我们的表象中;也就是说,它们是那个永恒的认识主体的变式,当我们忘记自己的个体性时,我们便与这个纯粹的主体相融合。然后我们感受到,"我们与世界是合一的,因此它的无限非但没有将我们压垮,反而提升了我们。……这里有一种愉悦超越了我们自身的个体性,那就是崇高感"。③

歌德同样关注崇高与颤栗的主题。在《威廉·迈斯特的漫游时代》(*Les années de voyage de Wilhelm Meister*)中,他描述了对

---

① Schiller, *Du sublime*, trad. A. Régnier(1859), rééd. Paris, 1997, p.67. 引自 J. Assmann, *Moïse l'Égyptien*, p.225.

② Schopenhauer, *Le monde comme volonté et comme représentation*, livre III, § 39, p.264.

③ *Ibid.*, p.265. 出于与叔本华不同的理由,康德在《实践理性批判》最后一页也谈到了沉思星空和道德良知在我们心中产生的毁灭和崇高这两重运动。

星空的凝神关注："万里无云的晴朗之夜，繁星闪烁，包围着凝视者，他感到这是自己一生中第一次静观这壮美的浩瀚天穹。"[①] 歌德说，如果凝视者觉得自己是"第一次"观看，那是因为他平日里被内心的忧虑和日常生活的烦恼遮蔽了双眼。歌德描述了凝视者觉察到赤裸裸地实际存在的世界时的情感：

> 他充满了激动和惊异，闭上眼睛。这庞然大物[*das Ungeheure*]不再显得崇高，它超出了我们的理解力，威胁着要毁灭我们。"我相比宇宙算得了什么？"他问自己，"我怎好面对它，怎好站在它的中间？" 360

我们已经看到，对歌德来说，自然认识以发现原初现象而告终，原初现象可以解释其他现象，其自身却得不到解释。[②] 一旦获得这些原初现象，我们便只须凝视、赞叹和惊讶，但这种惊讶可能会变为恐惧和痛苦：

> 我们被自然无声的庄重和沉默吓坏了。[③]
>
> 对原初现象的直接感知使我们陷入了某种痛苦。

---

① Goethe, *Wilhelm Meister. Les années de voyage*, I, 10, dans Goethe, *Romans*, p. 1068.

② 见本书第二十章。

③ Goethe, *Entretien avec Falk*, dans *Goethes Gespräche*, éd. Biedermann, t. H, p. 40.

原初现象一旦被揭示，并向我们的感官敞开，我们面对它时就会感到恐惧，并可能变为痛苦。①

于是，自然作为某种"庞然大物"向我们显现出来，这个模糊的词既表达了庞大，又表达了可怕。② 我们想起了《守护天使揭开自然女神胸像的面纱》的一首四行诗：

尊重神秘，
不要让你的双眼为情欲所迷。
自然这个可怕的斯芬克斯，
她那数不清的乳房会惊吓到你。③

对老年歌德来说，这种痛苦最终并不是一种令人沮丧的感受。恰恰相反，对于能够承受它的人来说，这是人所能达到的最高状态。浮士德为了召来海伦而准备冒险前往时空之外的没有道路的母亲们的可怕王国(royaume terrifiant des Mères)，母亲们主宰万物的生灭变化，此时浮士德呼喊道：

361

在麻痹中寻求拯救非我所愿，
战栗[*Schaudern*]是人性中最好的一面。

---

① Goethe, *Maximen und Reflexionen*, § 16—17, HA, t. 12, p.367.

② 例如, *Ibid.*, § 16—17, 22, p.368.

③ 见本书第二十章。

世人虽已对它冥顽不灵，

激动后却可以感受到可怕的无限[*das Ungeheure*]。[1]

要想指明母亲们的神话与歌德的自然学说之间可能存在的确切关系，我们需要离题进行详细的研究。[2] 重要的是，我刚才引用的四行诗让我们想起了歌德在别处说的人在面对原初现象时的痛苦。特别是，这首四行诗向我们揭示了歌德所理解的人的境况。成为完整的人就意味着勇于意识到世界和存在中那种可怕的、不可揣度的、神秘的东西，不去拒绝人在面对神秘时所感受到的那种颤栗和痛苦。这样一种态度要求人完全摆脱日常习惯，完全改变通常的背景。正是这种背景的改变使我们看东西时仿佛如初见，既产生赞叹，又产生恐惧。此外，这种背景的改变并不意味着与实在脱离联系。恰恰相反，它意味着意识到实在以及被我们的日常生活习惯所遮蔽的存在的神秘。

362 我必须补充一点，在歌德那里，存在的、实际的和被体验之物的在场可以激起这种痛苦的感受。在我看来，这一点正是《亲和力》中一段话的意思，歌德在其中谈到了一系列“逼真的图画”(tableaux vivants)：

所有形象惟妙惟肖，色彩和谐搭配，明暗恰到好处，使

---

① Goethe, *Faust II*, vers 6272, dans Goethe, *Théâtre complet*, p. 1127.

② 关于这一问题，见 P. Citati, *Goethe*, Paris, 1992, p. 261—275.

> 人觉得宛如置身于另一个世界。只是，这虚假的现象毕竟代替不了眼前的现实，想到此，人们的内心不免感到一阵痛苦。①

除了面对原初现象时所体验到的这种痛苦，我们有时会注意到歌德对自然的暧昧态度。这在《少年维特的烦恼》中已经有所显现。小说的主人公讲述了令众人陶醉的生活对他来说如何变成了一种骇人景象，即万物的变形、消耗力和“隐藏在自然中的……吞噬一切的庞然大物[*Ungeheuer*]”。② 我们在他对约翰·格奥尔格·苏尔泽(Johann Georg Sulzer)《美术》(*Les beaux-arts*)一书的评论中看到了同样的暧昧态度。苏尔泽主张自然中的一切事物都给我们提供了愉悦的感受，歌德回应说：

> 在我们心中造成不快的东西和自然中最让人愉快的东西不是都属于自然吗？
>
> 狂风暴雨、洪水、火雨、地下岩浆和所有元素中的死亡难道不都表明了自然的永恒生命吗？所有这些事物同丰饶的葡萄园和芬芳的橙园之上的壮丽日出不是同样真实吗？
>
> 363 我们看到的自然是吞噬力量的力量：没有什么东西能

① Goethe, *Les affinités électives*, II, 5, dans Goethe, *Romans*, p. 287.

② Goethe, *Werther*, livre I, lettre du 18 août, *ibid.*, p. 66—67.

一直存在，一切都会过去，上千颗种子被碾碎的同时，上千颗种子又生长出来，……美与丑，好与坏，一切都以同样的权利彼此并存。①

与此同时，哲学家卡尔·古斯塔夫·卡鲁斯写道："任何真正的自然研究都会把人引到更高奥秘的入口，使人充满一种更为神圣的恐惧。"②

然而，面对自然时的这种恐惧并不新鲜。这里我们无法讲述它的历史，不过我们可以短暂地回顾一下，古人会特别针对加入与谷物女神德墨忒耳和科莱相关的厄琉西斯秘仪而提到这种感受。普鲁塔克就此谈到了"颤栗"、"颤抖"、"发汗"和"惊恐"。③ 卢克莱修看到伊壁鸠鲁所揭示的自然时，感到了"神圣的颤栗和神性的愉悦"，仿佛获得了一次神秘的启示。④ 塞内卡面对他所凝视的世界时体验到了一种恍惚，仿佛是第一次看到它似的。⑤ 在我看来，也许是由于基督教的影响，这种对待自然的态度在古代晚期和中世纪消失了。它在文艺复兴时期重新出

---

① 对 J. G. Sulzer, *Die schönen Künste*, Leipzig, 1772. HA, t. 12, p. 17 et 18 的评论。我略作修改地采用了 M. Marache, *Le symbole dans l'œuvre et la pensée de Goethe*, Paris, 1960, p. 48 的译文。

② C. G. Carus, *Neuf lettres sur la peinture de paysage*, p. 59.

③ 见 F. Graf, *Eleusis und die orphische Dichtung Athens in vorhellenistischer Zeit*, Berlin, 1974. p. 131，其中引用了普鲁塔克的残篇，希腊文本见 Stobée, *Anthologium*, t. V, éd. O. Hense, Berlin, 1912, p. 1089, 13.

④ Lucrèce, *De la nature*, III, 28.

⑤ Sénèque, *Lettres à Lucilius*, 64, 6.

现。在斯宾塞的诗歌《仙后》(*La Reine des Fées*)中,自然以人格化的形象出现,正如我们看到的,①斯宾塞在诗中暗示,如果这位自然戴着面纱,那么这或是为了避免她那可怕的容貌让凡人感到恐惧,或是为了避免她的光辉使凡人失明。② 17世纪以来,人人都知道帕斯卡的那句名言"这些无限空间的永恒沉默让我恐惧",③在我看来,这句话在他那个时代是孤立的,而罗伯特·勒诺布勒却愿意把它看成现代痛苦的第一声呼喊。④ 在帕斯卡借一位得不到启示的人之口所作的独白中,我们同样可以看到这种现代痛苦的第一声呼喊:"我凝视着全宇宙的静默,看到人得不到启示,只能自寻乐趣,而不知道是谁把他安置在这里,他是来做什么的,死后会发生什么,他也不可能有任何知识;这时我就恐惧起来,有如一个人在沉睡之中被带到一座荒凉可怕的小岛上,醒来后却不知道自己身处何方,也没有办法脱身一样。"⑤

364

然而在我看来,在18世纪下半叶之前,人们在表达面对自然的痛苦或惊叹时都没有显示出当时刚刚开始显露的这种强度。在共济会的伊西斯和浪漫主义的伊西斯以及它们帮助形成的宇宙神论的影响下,与自然的关系变得越来越充满感情,特别

---

① 见本书第十九章。

② E. Spenser, *The Faerie Queene. Two Cantos of Mutabilities*, Canto VII, 5—6, éd. Th. E. Roche et C. P. O'Donnell, p. 1041.

③ Pascal, *Pensées*, § 296 Brunschvicg.

④ R. Lenoble, *Histoire de l'idée de nature*, p. 334—335.

⑤ *Ibid.*, § 693.

是变得越来越暧昧，其中交织着恐惧和惊叹，痛苦和愉悦。揭开伊西斯雕像的面纱逐渐失去了发现自然的秘密这层含义，而是让位于面对神秘时的惊愕。

第二十二章　斯芬克斯般的自然

1. 求真意志与热爱表象

365　尼采或直接或间接地数次提到了赫拉克利特的箴言“自然爱隐藏”。例如他声称，“酒神戏剧家”(即瓦格纳)看到过赤裸的自然，或者正是由于他，“想要隐藏自身的自然显示了其矛盾的本质”。[①] 然而，对这一主题最重要的提及出现在《快乐的科学》第二版(1886)序言结尾处，后来，除一个短语外，它又重新出现在《尼采反对瓦格纳》(1888 圣诞节)的后记中。尼采在这里提到了一种艺术，它不像尼采一度崇拜的瓦格纳的艺术，也不像浪漫主义的北方艺术，它不以崇高自居，而是一种“只属于艺术家的艺术”。它是一种“讽刺、轻飘和飞逝”

① Nietzsche, *Considérations intempestives*, IV, *Richard Wagner à Bayreuth*, § 7, trad. G. Bianquis, t. II, Paris, 1966, p. 237.

的艺术,更确切地说是一种充满欢乐和光明的艺术,一种南方的艺术。①

正是在这一语境下,尼采让人想起了赫拉克里特的箴言和伊西斯的雕像:

> 至于将来,人们将很难沿着那些埃及青年的足迹找到我们了。那些青年夜间大闹神庙,拥抱雕像,撕掉有充分理由隐藏起来的一切东西的面纱,置其于光天化日之下。不要这样!这种糟糕的品味,这种"不惜一切代价求真"的意志,这种年轻人热爱真理的疯狂实在让我们受够了。他们这一套,我们也曾体验过,也曾过于认真、快乐、深沉、饱经风霜。当真理的面纱被揭去时,我们不再相信真理仍然是真理;我们已有足够的阅历不再相信。不要赤裸裸地审视一切,不要涉足一切,不要理解或"知道"一切,这对于我们来说是事关体面的问题。②"亲爱的上帝无处不在,这是真的吗?"一个小女孩问妈妈。"我认为这样问有失体面。"——这便是对哲学家的一个提示!人应当尊重这种羞怯,自然以这种羞怯将自身隐藏在谜的背后,掩藏在多彩的

366

① 我的引文基于前引 P. Wotling 的著作,有时略有改动。

② *Nietzsche contre Wagner* 的跋中加了一句话:"理解一切就是鄙视一切。"这暗示了斯达尔(Staël)夫人所说的:"理解一切就是原谅一切。"引自 Astolphe de Custine(dans Marquis Astolphe de Custine, *Lettres à Varnhagen*, Slatkine-Reprints, Genève, 1979, p. 441)等等。见 Nietzsche, *Fragments posthumes*(*Automne* 1885—*automne* 1887), I [42], NRF, t. XII, p. 29.

> 不确定性背后。也许,真理是一个有充分理由不让人看到其理由的女人?也许,她的名字在希腊文里叫鲍波?——哦,那些希腊人!他们懂得如何生活:为了生活,他们必须在表面、布料和皮肤上勇敢地停下来,热爱表象,相信形态、声音、语词和整座表象的奥林匹斯山!他们因深刻而肤浅!……我们不正是恰在这种意义上是希腊人吗?形态、声音、语词的崇拜者?正是在这种意义上——是艺术家?①

这段话的大意很清楚:尼采不惜一切代价反对求真意志,为367 的是留在表面或表象世界:这个世界最终而言是艺术,是形态、声音和词语的世界。这种对立的意义何在?为了理解它,我们应该想到,对尼采来说,知识在正常情况下是服务于生命的,因此我们的表象依赖于我们的生命需要。它们对于保存物种来说是有用的错误。

> 通过接受体、线、面、因果、动静、形式与内容,我们为自己建立了一个可以在其中生活的世界:如果没有这些信念,今天没有人能够活下去!但这与证明它们仍然不是一回事。生活不是一则论证:生活的前提条件中很可能存在着错误。②

---

① Nietzsche, *Le gai savoir*, Préface, § 4, trad. P. Wotling, p. 32. 译文略有改动。

② *Ibid.*, § 121, p. 173.

于是我们制造了与我们作为生命体的视角相符的幻象。这些因生命需要而产生的表象，这些维持生命所必需的错误，与让·格拉涅尔(Jean Granier)所谓的"原初真理"，即对世界"本来面目"的看或认识，一种想摆脱任何拟人论的认识，或一种非人的认识相对立。[1] 因为实在的核心是一场毁灭和创造的盲目游戏，无缘无故而又无休无止。在尼采看来，不惜一切代价求真，为知识而知识，自愿放弃生命幻象，有可能摧毁人类。那样一来，人将无法活下去。人离不开生命幻象，如果没有整个神话和价值的世界，人就活不下去。纯粹的真理是对生命的否定。求真意志本质上是死亡意志。[2]

然而在尼采看来，求真意志与热爱表象既相互对立，又相互依赖，正如尼采在《快乐的科学》序言草稿中后来删节的部分所表明的： 368

> 这种快乐隐藏了某种东西，这种追求肤浅的意志显示出一种知识、一种深度知识(science de la profondeur)，这种深度呼出它的气息，其冰冷的气息令人颤栗……最后我要承认：我们这些深刻的人太需要我们的快乐，以至于不得不使之变得可疑……不，即使在我们的快乐中，我们的内心也

---

① J. Granier, *Le problème de la vérité dans la philosophie de Nietzsche*, Paris, 1966, p.512.

② Nietzsche, *Le gai savoir*, § 344, p.287. 见 K. Jaspers, *Nietzsche*, Paris, 1950, p.228; J. Granier, *Le problème de la vérité*, p.518.

> 有某种悲观主义的东西显露出来，我们知道如何给出表象——因为我们爱表象，何止是爱，应该说是崇拜表象——但因为针对的是“存在”本身，我们有自己的疑虑……哦，但愿你能完全理解为什么恰恰是我们需要艺术，一种嘲讽、神圣和静谧的艺术。[①]

于是，这份草稿表明，追求快乐和肤浅性的意志源于一种知识，或尼采所谓的深度知识，它是对事物核心的认识；从根本上说，这是一种求真意志，它是悲观主义的基础。“深刻的人”是悲观主义者。

因此，面对着“不惜一切代价求真的意志”，[②]尼采接受了另一种求真意志，即他所谓的“深度知识”。但我们如何能区分它们呢？在《快乐的科学》的第 370 节——“什么是浪漫主义？”中，尼采将他年轻时信仰的叔本华和瓦格纳的浪漫悲观主义与他后来内心转向的酒神悲观主义对立起来。浪漫悲观主义是生命贫困的症状。事物的核心显示为受苦、痛楚和矛盾，这种知识招致了对生命的厌恶。然后，“经由艺术和知识”，这种悲观主义会导向生命意志的否定，走向可悲的放弃，它“要么是安宁、平静、休憩、自我解脱，要么是迷醉、痉挛、麻木和疯狂”。正是这种态度启发了浪漫主义艺术。如今，尼采已经对这种“乡下集市的扰攘”受够了。[③] 因此，那种不惜一切代价求真的意志是一种对生命抱有敌意的病态倾向，是一

369

① 这段文本见 NRF, t. V, p.603.

② Nietzsche, *Le gai savoir*, Préface, § 4, p.31.

③ *Ibid.*, § 370, p.332, et Préface, § 4, p.31.

种反自然的态度。与此相反,酒神悲观主义或尼采的悲观主义则是生命的无比丰裕。虽然事物的核心的确恐怖,但是从这种恐怖中诞生了表象,这是一个充满形态和声音、自然艺术和人类艺术的美妙世界。这是酒神的游戏:去创造和毁灭哪怕最神圣的事物。当浪漫悲观主义对这个世界说"不"时,尼采的酒神悲观主义却以无畏、清醒和热情对这个壮丽而恐怖的世界说"是"。

虽然成书后的序言给我们一种印象,好像快乐和热爱表象是源于对知识或求真意志的拒绝,但手稿却表明情况恰恰相反,这种快乐正是源于知识和一种求真意志,不过这种知识和求真意志都是酒神式的:它们引起了对存在的怀疑,从而引起了悲观主义。用《遗稿》(*Posthumous Fragments*)中的话说:"似乎正因为我们无比悲伤,我们才是快乐的。我们是严肃的,我们知道深渊。因此我们要反对一切严肃的东西来保护自己。"[1] 370

对尼采而言,艺术并非指美术,而是指与生命和自然相联系的整个创造和生产活动,正如让·格拉涅尔所说,"自然是最出色的艺术家"。[2] 人的艺术有一种宇宙意义;它是自然游戏的一种形式:"它是一种自然力。"[3]它是与生命需要相联系的由形态、幻象和表象所组成的整个世界,不仅包括尼采所谓的"表象

① Nietzsche, *Fragments posthumes*(*Automne* 1885—*automne* 1887), 2[33], NRF, t. XII, p.89.

② J. Granier, *Le problème de la vérité*, p.522.

③ Nietzsche, *Fragments posthumes* (*Début* 1888—*début Janvier* 1889), 14[36], NRF, t. XIV, p.39.

的奥林匹斯山”，而且包括所有处于表面而不在深处的东西：面纱的外表或布料。因此，热爱表象和这种快乐与可怕的真理知识密不可分，后者冰冷的呼吸令我们颤栗：

> 深刻洞入世界的人都会意识到，人类保持肤浅是多么大的智慧。正是人的生存本能教他匆促、轻飘和犯错。①

早在《悲剧的诞生》中，尼采就已经从希腊人那里看到了真理知识与热爱表象之间的这种深刻关联：

> 希腊人懂得并体验到了生存的恐怖和恐惧；为了活下去，希腊人不得不在他和世界之间插入了那个光辉的梦之创造——奥林匹斯世界。②

这种对众神的创造是一种艺术创造：尼采说，它与那种创造出艺术的本能相对应。真理与能让我们活下去的幻象是不可分离的。

2. 伊西斯的面纱与作为斯芬克斯的自然

371 在《快乐的科学》序言中，尼采从揭开塞斯伊西斯像面纱的

① Nietzsche, *Par-delà le bien et le mal*, § 59, trad. G. Bianquis, Paris, 1971, p.83.

② Nietzsche, *La naissance de la tragédie*, § 3, trad. G. Bianquis, p.32.

角度对求真意志和热爱表象作了反思。尼采拒绝模仿“那些埃及青年,他们试图揭开有理由隐藏起来的东西的面纱”。

他也许想到了施莱格尔和诺瓦利斯的胜利宣言,施莱格尔说:“无法直视女神的人要么逃走,要么死去。”诺瓦利斯则说:“谁不愿揭开女神的面纱,谁就不是真正的塞斯弟子。”正如我们所看到的,在诺瓦利斯和其他浪漫主义者看来,揭开伊西斯的面纱就是重新发现一个人的自我。[1] 当尼采谈到那些声称“对没有面纱的实在进行沉思”的“清醒的人”时,很可能是在暗示这一点。的确,根据尼采的描述,这些“清醒的人”更多是现实主义者和客观主义者,而不是浪漫主义者,他们自称为了追求真理而从所有激情中解放出来。但尼采针对他们写道:

> 实在就这样不加遮掩地呈现在你们面前,它只在你们面前才揭下面纱,你们也许是它的精华。——啊,亲爱的塞斯形象!可是揭下面纱,你们不也……是满含激情的忧郁生灵,不也类似于热恋的艺术家吗?[2]

“啊,亲爱的塞斯形象”这一感叹语显然有讽刺意味。它让人想起了“清醒的人”在断言可以通过揭开自然的面纱来揭示他们自己时所想到的东西。 372

① 见本书第二十一章。

② Nietzsche, *Le gai savoir*, § 57, p.111.

不过在《快乐的科学》序言中，尼采似乎首先想到的是席勒的诗《塞斯的蒙着面纱的雕像》，我曾在前一章讨论过这首诗：一个年轻人急于揭开伊西斯雕像的面纱，因为祭司告诉他，真理就隐藏在女神面纱背后。他夜间潜入神庙，决定揭开面纱，结果忧愁而死，对自己看到的景象未置一词。① 关于尼采对席勒的这种效仿，查理·安德莱(Charles Andler)②引用了席勒《卡珊德拉》一诗的结尾，“人生只是一场迷惘，知识无法逃避死亡”，这的确可以总结尼采的思想。③ 然而，席勒的悲观主义是一种浪漫悲观主义，它把理念和对生命的放弃当作避难所。

无论如何，尼采坚决赞同像卢梭和歌德那样拒绝揭开伊西斯面纱的人的态度：

> 自然羞怯地隐藏在谜和各种不确定性背后，对此我们应当怀有更多的尊重。

在最后这行诗中，我们听到了贯穿本书始终的赫拉克里特箴言的回声，这种态度与歌德的态度非常相似，歌德建议尊重神秘，告诫守护天使不要揭开伊西斯雕像的面纱。④ 歌德说，自然

---

① 见本书第二十一章。

② Ch. Andler, *Nietzsche*, *sa vie et sa pensée*, I, *Les précurseurs de Nietzsche*, Paris, 1958, p.34.

③ 见本书第二十一章。K. Jaspers, *Nietzsche*, Paris, 1950, p.228—232, et J. Granier, *Le problème de la vérité*, p.518 ss.

④ 见本书第二十章。

是个骇人的、“可怕的”斯芬克斯，尼采所说的“谜”肯定是在暗示这个斯芬克斯：

373

> 尊重神秘，
> 不要让你的双眼为情欲所迷。
> 自然这个可怕的斯芬克斯，
> 她那数不清的乳房会惊吓到你。[①]

歌德诗中自然作为斯芬克斯的形象无疑促使尼采在隐喻性地描述自然时，不再遵循我们一直在考察的传统，认为自然有伊西斯的特征，而是认为自然有斯芬克斯的特征。这一可怕形象很早便出乎预料地出现在尼采青年时的一部作品《希腊城邦》(*L'État chez les Grecs*，1872)中，当时他还受制于叔本华的影响。他旨在解释希腊人面对劳作和奴役时的羞耻感：“这种羞耻感背后隐藏着一种无意识的认识：生存的真正目标需要这些前提条件[即劳作特别是奴役]，但这种需要中包含着自然这个斯芬克斯的恐怖和野兽般的凶残，[②]不过，她美妙地献上了少女的胴体，[③]从而美化了自由、文明和艺术的生活。”[④]尼采又说：“文化首先是对艺

---

① 见本书第二十章。

② 不是 NRF 译本中的“斯芬克斯的本性的……”。

③ “Le beau, c'est le corps de jeune fille du Sphinx”, *Écrits posthumes* (1870—1873), 7 [27], p. 186 (*La naissance de la tragédie*, dans Folios Essais, n° 32).

④ Nietzsche, *L'État chez les Grecs*, dans *Écrits posthumes* (1870—1873), NRF, t. I, 2e partie, p. 178(译文有改动)。

术的真正需求,其根基却如此可怕。"在《悲剧的诞生》中,他在讨论俄狄浦斯时也把自然等同于斯芬克斯:"解开自然(那个具有双重本质的斯芬克斯)之谜的人,也会打破自然最神圣的法则。"[1]尼采这里提到自然的秘密以及揭开面纱所蕴含的违抗自然,并非无关紧要:"除了狂妄地抵抗她,也就是说,以违反自然的行动来对抗自然,还能怎样迫使自然交出秘密呢?"[2]无论如何,斯芬克斯的双重外观——一头有着少女胸部的凶残野兽——象征着自然的两个方面:美和凶残,在我们心中激起了惊叹和恐惧。因此,文明以其两个方面——(奴隶制的)残暴和(艺术创造的)光辉灿烂——反映出斯芬克斯或自然的表里不一,反映出最高存在既是可怕而具有毁灭性的真理深渊,又是虚幻而诱人的生活表象。

374

回到《快乐的科学》的序言。序言中表达了对揭示隐藏之物的拒绝,由此可以推出,必须根据希腊人的榜样信守表象和表皮,即用来掩盖的东西、未隐藏的东西:

> 哦,那些希腊人!他们懂得如何生活:为了生活,他们必须在表面、布料和皮肤上勇敢地停下来,热爱表象,相信形态、声音、语词和整座表象的奥林匹斯山!他们因深刻而肤浅![3]

---

① Nietzsche, *La naissance de la tragédie*, § 9, trad. Bianquis, p.67.

② *Ibid*.

③ Nietzsche, *Le gai savoir*, Préface, § 4, trad. Wotling, p.33.

尼采说，希腊人因深刻而肤浅。但正如我所说，深刻恰恰是看到世界的本来面目。希腊人知道真相：他们知道生存的恐怖与可怕。但正因如此，他们才懂得如何生活。懂得如何生活意味着懂得如何为自己构造或创造一个可以在其中生活的宇宙，一个充满形态、声音、幻象、梦和神话的宇宙。“对我们来说，创造就是掩盖自然的真理。”①于是我们窥见了这一表述的含义：或许可以说，尊重自然的羞怯其实是意识到，必须始终用艺术来掩盖她： 375

> 当真理的面纱被揭去时，我们不再相信真理仍然是真理；我们已有足够的阅历不再相信。②

这种对自然羞怯的尊重已经隐含在《悲剧的诞生》的一段话中，它将热爱表象的艺术家与不惜一切代价求真的理论家对立起来：

> 每当真理被揭示之时，艺术家即使在揭开面纱之后，也会以痴迷的眼光依恋那张面纱；而理论家却享受和满足于丢弃面纱，其最大快乐就在于凭借自身的努力不断揭开面纱的这个过程。③

---

① J. Granier, *Le problème de la vérité*, p. 525.

② 见前文。

③ Nietzsche, *La naissance de la tragédie*, § 15, NRF, t. I, 1re partie, p. 106.

可以说，俄耳甫斯态度与普罗米修斯态度在这里截然对立。无论如何，尼采始终相信自己的基本直觉：真理与它的面纱不可分离；真理与表象、形态和生命幻象不可分离。“真理只有通过掩盖它的非真理才是真理。”①从自然作为斯芬克斯的隐喻观点来看，不去揭开自然的面纱就是让少女的胸部（象征美和艺术）隐藏残忍而可怕的野兽（象征真理）。

376

3. 真理的“羞怯”与鲍波

通过把真理等同于蒙着面纱的伊西斯，尼采忠实于浪漫主义及之前的问题，比如席勒的问题。然而，在这一问题中，蒙着面纱的伊西斯也是自然。因此，尼采可以在真理与自然之间毫无困难地来回穿梭，特别是，面纱的形象让他想起了赫拉克利特的箴言“自然爱隐藏”。尼采写道：

> 人应当尊重这种羞怯，自然以这种羞怯将自己隐藏在谜的背后，掩藏在多彩的不确定性背后。也许，真理是一个有充分理由[*Gründe*]不让人看到其理由[*Gründe*]的女人？也许，她的名字在希腊文里叫鲍波？②

---

① J. Granier, *Le problème de la vérité*, p.534.

② Nietzsche, *Le gai savoir*, Préface, § 4, p.32.

真理与自然代表着实在的可怕根基，在不惜一切代价求知的意志下，人宁愿实在与它的面纱——即表象、形态和艺术的世界——相分离。

这里用来言说真理之羞怯的表达是成问题的，我认为，只有意识到了其中包含的讽刺，我们才能理解它。首先，自然的“谜”和“多彩的不确定性”充当了自然用来保护羞怯的面纱，但同时又给人以诱惑的印象。这让人想起了尼采死后出版的一首与真理有关的诗：“真理是个女人。仅此而已。羞怯是她的聪明……你必须强迫她，那个假正经的自然！”[①]在尼采那里，表述和形象总是模糊不清的。[②] 真理的羞怯是需要尊重还是需要强迫？正如我所说，深度知识将两个极端调和了起来：既勇于把世界本身的真理作为一种死亡和创造的力量揭示出来，同时又尊重真理的羞怯，用艺术和美来掩盖它，因为生命的幻象和表象的面纱与真理不可分离。

377

那么，尼采为什么说自然是一个有充分理由[*Gründe*]不让人看到其理由[*Gründe*]的女人呢？在羞怯的语境下，我们本来会料想在第二个 *Gründe* 的位置看到一个意指女性性器官的词。为了消除这一疑惑，马克·德洛内(Marc B. de Launay)提出了下面的译法：“难道真理不是一个有充分理由隐藏其臀部(*fondement*)、从而不让其臀部被看到的女人吗？”[③]

---

① Nietzsche, *Fragments posthumes* (*Début* 1888—*début Janvier* 1889), 20 [48], NRF, t. XIV, p.303.

② J. Granier, *Le problème de la vérité*, p.11 et n. 1.

③ M. B. de Launay, “Le traducteur médusé”, dans *Langue francaise*, 51, septembre 1981, p.53—62.

但这种译法面临着若干反对意见。用 *fondement* 来译 *Gründe* 会碰到两个困难：首先，*Gründe* 是复数，而 *fondement* 是单数。其次，在我看来，德文词 *Gründe* 不可能有法文词 *fondement* 的生理学和解剖学含义，更不可能表示女性性器官。我个人认为，尼采作此重复是想在简单勾勒这一隐喻之后讽刺性地抛弃这则隐喻。真理可以比作一个女人，但我们不要忘记它是真理。尼采肯定想让读者惊讶，读者本来期望看到一个有性含义的词，却只看到了"理由"一词的重复。因为在对真理的古典描述中，最重要、最内在、最深刻的就是它的理由或理性原则，据信它们将在理论上使真理成为有效的。但不惜一切代价求真的意志想要解释一切事物，找出最深的理由。尼采在死后发表的一首诗中再次玩起了 *Grund* 的文字游戏，他指责这种态度很危险："如果一个人总是寻找最终的理由[*Gründe*]，他将找到其安息之地[*zugrunde*]。"[①]对于不惜一切代价求真的意志的残忍和危险，还有一种谴责方式。正如卢梭从另一个角度宣称，"自然想要保护你们不去碰科学，正像一个母亲要从她的孩子手里夺下一件危险的武器"，[②]尼采也说，真理有充分的理由隐藏其最终理由或本质，因为知晓它们对人类来说很危险。因此，我们必须尊重她的"羞怯"，即如希腊人所

378

---

① Nietzsche, *Fragments posthumes* (*Début* 1888—*début Janvier* 1889), 20 [73], NRF, t. XIV, p.307; 见 *Automne* 1887—*mars* 1888, 11 [6], NRF, t. XIII, p.214.

② 见本书第十二章。

说，“在表面、布料和皮肤上勇敢地停下来，……相信形态、声音、语词和整座表象的奥林匹斯山”，[①]或自然的审美方面。

因此，从伊西斯雕像隐喻的角度来看，真理必须始终蒙着面纱，而且绝不能与幻象、错误和美的面纱相分离，否则我们发现它时会像塞斯神庙中的那位青年一样死去。那么，尼采为什么又补充说，“也许，她的名字在希腊文里叫鲍波？”他提到这个名字时在想什么？在希腊文献中，鲍波出现于两种不同的语境。

首先，她是一个女性神话人物，与厄琉西斯秘仪有关，因此也与德墨忒耳和女儿科莱的故事有关。[②] 根据一首俄耳甫斯诗歌，德墨忒耳在女儿被诱拐之后，流着泪四处寻找她，后来在厄琉西斯受到一户人家的接待，当鲍波“掀开她的面纱，显示其私处”时，[③]德墨忒耳放声大笑。正如我们所看到的，这也是布巴斯提斯城的丰饶女神伊西斯的姿态。[④] 奇怪的是，尼采在谈到真理和自然的羞怯时，竟然用一个以不雅姿态而著称的女人名字来指称自然。[⑤]

379

① 见前文。

② F. Graf, *Eleusis und die orphische Dichtung Athens in vorhellenistischer Zeit*, Berlin, 1974, p.194; M. Olender, “Aspect de Baubô”, *Revue de l’Histoire des Religions*, 202(1985), p.3—55; Ch. Picard, “L’épisode de Baubô dans les mystères d’Éleusis”, *Revue de l’Histoire des Religions*, 95(1927), p.220—255.

③ Clément d’Alexandrie, *Protreptique*, II, 20, 3, trad. Cl. Mondésert, Paris, 1949, SC n° 2 bis, p.76. Eusèbe de Césarée, *La Préparation évangélique*, II, 3, 34, trad. É. des Places, p.95.

④ 见本书第二十一章。

⑤ 关于这一主题，见 M. Broc-Lapeyre, “Pourquoi Baubô a-t-elle fait rire Déméter”, *Recherches sur la philosophie et le langage*, n° 5, *Pratiques du langage dans l’Antiquité*, Grenoble, s. d., p.60.

鲍波也是一个在夜间活动的可怕恶魔，被等同于戈耳工(Gorgone)。尼采也许知道这一形象，因为他的朋友埃尔文·罗德(Erwin Rohde)在《普绪喀》(*Psyche*)中讨论过她。[①] 鲍波的可怕面容也许非常符合尼采对真理的看法。但这一形象与其直接语境——即蒙上面纱与揭开面纱的问题——并无关联。

最后，我们也许会怀疑，尼采想到的是否不是希腊传统中的鲍波，而是歌德在《瓦尔普吉斯之夜》(*Walpurgisnacht*)中所唤起的鲍波形象："老鲍波骑着一头母猪独自而来。"[②]尼采有几次提到真理时，都说她是一个老妇。在这种语境下，我们可以引用尼采的《在南方》这首诗，它被收入了诗集《无冕王子之歌》(*Chansons du Prince Hors-la-Loi*)，而尼采恰恰把《无冕王子之歌》放在了《快乐的科学》结尾。[③] 王子想象自己像鸟儿一样从北方飞向南方，也就是说，他正在逃离浪漫主义的迷雾，飞向地中海世界的光和热。他吐露了如下秘密："我还是斗胆承认吧——在北方，380 我曾爱过一个女人，她老得让人颤栗，这老妇的名字就叫'真理'。"通过提到对真理这位老妇的爱，尼采暗示了他起初追随叔本华和瓦格纳，不惜一切代价热情地追求真理。我们在《快乐的

---

① E. Rohde, *Psyché*, trad. A. Reymond, Paris, 1951, p. 608.

② Goethe, *Faust I*, vers 3962, dans Goethe, *Théâtre complet*, p. 1051. 关于鲍波骑着一头母猪的形象，见 M. Broc-Lapeyre, "Pourquoi Baubô a-t-elle fait rire Déméter", p. 67.

③ Nietzsche, *Le gai savoir*, "Dans le Sud", p. 358.

科学》的格言中也碰到了这位老妇："噢，人类！在所有老妇中还有比你更丑陋的老妇吗？（这定然有些像'真理'问题，留待哲学家去回答吧。）"①对尼采来说，如果真理是个女人，那她就是一个"丑陋"的老妇，"老得让人颤栗"。"真理是丑陋的：我们有艺术，因此真理不会杀死我们。"②

从这种隐喻的角度来看，如果真理有充足理由不让自己的"理由"被看到，那是因为她是个可怕、骇人的老巫婆，她必须隐藏在表象和艺术的面纱之下。尊重真理的羞怯，首先意味着尊重使求真意志和求表象意志得以共存的"量度"，它使我们领悟和觉察到，真理与谎言、死亡与生命、恐怖与美是不可分离的。③根据尼采终生秉持的意象，世界不过是酒神的永恒游戏，他无情地持续创造和毁灭一个个形态和表象的宇宙。④

关于鲍波这一形象，我们必须承认，尼采比其他任何作者都更为频繁地暗示了伊西斯面纱隐喻所蕴含的性的方面。这些描写在心理上的原因和后果需要进行分析；但正如我在序言中提到的，我既非精神病学家，亦非精神分析学家，自认为没有资格作这种解释，而且关于这一主题的重要研究已经问世。这里我只给出一些可能的提示。在传统上，认识被视为类似于揭示女

381

① *Ibid.*, §377, p.344.

② Nietzsche, *Fragments posthumes* (*Début* 1888—*début Janvier* 1889), 16 [40, 6], NRF, t. XIV, p.250.

③ J. Granier, *Le problème de la vérité*, p.530："量度调和了艺术与知识，是建立在命运相互补偿的两种对立本能——幻象与知识——之间的更高平衡。"

④ *Ibid.*, p.537; E. Fink, *La philosophie de Nietzsche*, p.239—241.

性的身体，类似于性占有。[①] 在《存在与虚无》(*L'Être et le Néant*)中，让-保罗·萨特(Jean-Paul Sartre)以“阿克泰翁情节”(complexe d'Actéon)的名义描述了这些表现或隐喻。对萨特而言，视觉是享乐，观看是使女子失去童贞：

> 人们扯下了自然的面纱，把她揭示出来(见席勒的《塞斯的蒙着面纱的雕像》)[②]；一切研究总是包含着通过去掉遮盖物而使之展现出来的裸体的观念，正如阿克泰翁拨开树枝以便更好地看到正在沐浴的狄安娜一样。[③] 不仅如此，认识是一种狩猎。培根把它称为潘的狩猎。学者就是猎人，突然发现苍白的裸体，并以注视亵渎它。[④]

正如我们所看到的，狄德罗和歌德都把自然的变形比作一个女人连续不断的伪装。[⑤] 孟德斯鸠则把自然(以及真理)比作

---

① 例如见“Eros and Knowledge” dans P. Salm, *The Poem as Plant. A Biological View of Goethe's Faust*, Cleveland-Londres, 1971, p. 79—103.

② 见本书第二十一章。实际上，席勒这首诗的标题是“塞斯的蒙面像”。

③ 关于布鲁诺著作中的阿克泰翁神话，见 N. Ordine, *Le Seuil de l'Ombre. Littérature, philosophie et peinture chez Giordano Bruno*, Paris, 2003, p. 209—235. Dominique Venner, dans *Histoire de la tradition des Européens*, Paris, 2002, p. 228 把阿克泰翁遭到的惩罚(他因看到裸体的狄安娜而被他的狗吞食)解释为，人类如果过分要求统治自然，就会招致危险：“阿克泰翁的命运及时地提醒我们，人类并非自然的主宰。”

④ J.-P. Sartre, *L'Être et le Néant*, Paris, 1943(rééd. coll. Tel, Gallimard), p. 624.

⑤ 见本书第二十章。

一个女孩，拒绝许久之后，突然出人意料地委身于人。①

4. 酒神的迷狂

可以说，如果让尼采来翻译赫拉克利特的箴言，他会使用这样一些表述：自然(或真理)爱掩盖自己，爱说谎，爱幻象，爱创造艺术品，等等。深度知识在于有勇气承认真理是绝对无情的，生活需要错误或幻象：绝不能扯下真理的面纱，需要少女的胸部来隐藏斯芬克斯的野兽般的狂暴。 382

尼采所处的思想运动始于 18 世纪中叶，它反对完全科学的进路，承认自然的审美进路的价值和正当性。这里，人的艺术显示为一种认识自然的手段，因为自然本身就是艺术创造：

> "艺术在何种深度上探入了世界的秘密？艺术家之外还有其他艺术形式吗？"众所周知，这两个问题是我的出发点：我对第二个问题的回答是肯定的；对于第一个问题，我的回答是，"世界本身完全是艺术"。在我看来，在这个表象的世界中，追求知识、真理和睿智的绝对意志违背了基本的形而上学意志，是违反自然的；睿智的宗旨变得与智慧敌对。睿智的非自然性表现在它对艺术的敌意：恰恰在表象

① Montesquieu, *Discours de réception à l'Académie de Bordeaux*, dans Œuvres *completes*, éd. Didot, Paris, 1846, p. 559.

构成拯救的地方想去认识——这是怎样一种颠倒，怎样一种对虚无的本能！①

世界是一件自我产生的艺术品。②

最重要的是，歌德和谢林同时怀着悲叹和热情在其著作中勾勒出的存在的神秘，在尼采这里被彻底更新。③ 青年时代的尼采在一堂讲述赫拉克利特的课上，似乎已经提到了他本人的存在感受，他写道：

383

永恒的生成最初有可怕和令人忧虑的一面。能与之相比的是一个在海上迷失方向或身处地震的人看到天旋地转时的强烈感受。需要用一种惊人的力量将这种效果变成它的反面，变成一种崇高的印象和快乐的惊异。④

到了1888年春，这种被尼采称为"酒神的"恐惧感和愉悦感变成了一种对实在的热情赞同：

狂喜地肯定生活的全部，在流变中总是同样有力、同样

① Nietzsche, *Fragments posthumes* (*Automne* 1885—*automne* 1887), 2 [119], NRF, t. XII, p.125.

② *Ibid*., 2 [114], p.124.

③ 见本书第二十三章。

④ Nietzsche, *Les philosophes préplatoniciens*, Combas, 1994, p.152.

幸福地保持如一：平等看待快乐和痛苦，处处皆有神的影踪，它认可和庆祝生活中哪怕最可怕、最成问题的方面，从一种永恒意志开始，再到繁衍、丰饶、永恒：这是对创造和毁灭之必然性的整体感受。[1]

深度知识蕴含着对个体性的超越。这正是尼采谈到歌德时所断言的："这样一个英才带着快乐和自信的宿命论屹立在宇宙中央，深信只有个体有罪，一切都会在整体中得到拯救与和解——他不再说不。但这样一种信仰在所有可能的信仰中层次最高：我以酒神的名字为之命名。"[2]"超越你我，以宇宙的方式去感受"，[3]从永恒的观点看待事物（*sub specie aeternitatis*——这里我们也许回到了叔本华的绝对观看者的位置），对尼采来说，这种永恒便是永恒轮回。[4] 因此，人必须抛弃偏狭的观点，以把自己提升到一种宇宙视角或普遍自然的视角，对整个自然、对融为一体的真理与表象给予"狂喜的肯定"。这便是酒神的狂喜。 384

---

① Nietzsche, *Fragments posthumes* (*Automne* 1885—*automne* 1887), 14 [14], NRF, t. XTV, p.30.

② Nietzsche, *Le crépuscule des idoles*, § 49, NRF, t. VIII. p.144.

③ Nietzsche, *Fragments posthumes*(*Été* 1881—*été* 1882), 11 [7], NRF, t. V, p.315.

④ 见本书第十八章和第二十三章。

第二十三章　从自然的秘密到存在的神秘

1. 谢　林

385　正如我们所看到的，从 18 世纪末开始，不仅对自然秘密的寻求让位于一种情感体验，即面对不可言说之物的痛苦和惊奇，[①]而且在从浪漫主义时期延续至今的整个哲学传统中，自然的秘密被存在的神秘所取代。在谢林《世界的诸时代》(*Les âges du monde*)第三版(大致作于 1815 年)中，我们已经可以看到这种视角转变。这是一部雄心勃勃的著作，经过几番写作尝试，谢林最终还是没有将其出版。[②] 他在书中延续了以各种形式出现于

① 见本书第二十至二十二章。

② Schelling, *Les âges du monde*, trad. S. Jankélévitch, Paris, 1949. 其他更早的版本由 Pascal David 出版(F. W. Schelling, *Les âges du monde*, Fragments dans les premières éditions de 1811 et 1813, édités par Manfred Schröter, Paris, 1991)，附有后记，题为 *La généalogie du temps*.

他的其他作品中的三种神圣力量的学说，试图分析上帝的发展变化(即实在的产生)有哪些阶段。谢林描述了收缩与舒张运动，认为这是“为整个可见自然赋予生气的那种交替运动的初始搏动”，例如，我们可以在植物的生命中看到这种情形，植物的整个活动就是生长出种子，再由种子产生种子。[①] 因此，存在的运动与生命的运动密切相关。然而，存在要想设定自己，显现和揭示自己，必须首先封闭自身，这样才可能有一个基础或根基(*Grund*)来进行这种揭示。揭示预设了一个初始时刻，在这一时刻，存在否定自身，取消或收缩其本质。在这里，谢林就像是波墨的继承者，对波墨来说，神的初始本原是火、愤怒、狂怒和暴怒，自然的初始时刻是一次收缩，它“可怕、严寒、炽热、冰冷、嫉妒和愤怒。”[②]正如谢林所说，“展开以包裹为前提”。[③]

386

《世界的诸时代》中的一段话特别引我们关注。它清楚地展示了自然秘密的观念如何变成了存在自我设定中的一刻和存在的神秘：

> 这种**封闭存在**的倾向可见于日常表达，尤其是我们说，**自然躲避我们的目光，向我们隐藏她的神秘**。只有在更高力量的约束之下，她才会让所有变动之物从隐藏之处显露出来。[④]

① *Ibid.*, p. 49.

② A. Koyré, *La philosophie de Boehme*, p. 186 et 383.

③ Schelling, *Les âges du monde*, p. 149.

④ *Ibid.*, p. 65.

这里我们从隐藏的自然转向了封闭自身的存在。谢林说，这种原初的否定是“哺育整个可见宇宙的母亲”，[①]随后我们可以在所有包裹的现象中、在空间和物体中观察到它的结果。如果说自然在隐藏，那是因为“自然根系于上帝的盲目、难解和无法言说的一面”。[②] 所有膨胀都是对这种抵抗或封闭意志的战胜。换句话说，谢林认为，自然的秘密并非科学可以解决的问题，而是存在的原初神秘或其无法参透性、无法探究性。从这种观点来看，“自然爱隐藏”意指“存在最初处于一种收缩和未展开的状态”。此外，谢林的自然概念比较模糊，虽然它可以像上述引文中那样指“物理的”自然，但它也往往指弗拉基米尔·扬凯列维奇（Vladimir Jankélévitch）所谓的“神智自然（Nature théosophique），谢林在其中看出了上帝的隐秘神性”。[③] 无论如何，我们可以用扬凯列维奇的话说，“这里自然是存在的根基[*Grund*]或隐藏的神秘”。[④]

387

2. 存在的神秘与痛苦

在《自然哲学格言》(*Aphorismes sur la philosophie de la Nature*, 1806)中，谢林提到了我们在面对存在时所感受到的痛苦，

① *Ibid*.

② *Ibid*., p.66.

③ V. Jankélévitch, *Schelling*, Paris, 1932, p.111.

④ *Ibid*.

那时我们把存在与掩盖存在的所有那些熟悉形态分离开来：

> 不论谁在思考，不论其种类和形态如何，如果纯粹地思考它，那么单纯“在那里”（所谓的“存在”）就是一个让灵魂充满惊讶的奇迹。同样无可否认的是，在最古老的预兆中，这种单纯的“在那里”会使灵魂感到恐惧和一种神圣的畏惧。①

388

在谢林看来，正是存在的创生解释了存在的这种可怕和无法参透性。它植根于存在的最初一刻，谢林称之为“根基”（*Grund*）：一种原初的不透明性，或是对显现和揭示自身的拒绝，这种不透明性和拒绝必须被超越。正如扬·阿斯曼所表明的，塞斯的铭文“我是那一切的曾在、现在和将在”在18世纪变得类似于耶和华对摩西所说的话，“我是我所是”即为对后者的一种解释，两者都被解释成神拒绝说出自己的名字，拒绝让自己为人知晓。② 谢林把耶和华的话理解成“我将是那将是者”（Je serai qui je serai），当他在存在的起源处设定拒绝和否定时，也许正是受到了这一观念的影响。③

---

① Schelling, *Aphorismes sur la philosophie de la nature*, § I, dans F. W. J. Schelling, *Œuvres métaphysiques* (1805—1821), trad. J.-F. Courtine et E. Martineau, Paris, 1980, p. 75.

② J. Assmann, *Moïse l'Egyptien*, p. 203 ss. 另见本书第二十一章。

③ J.-F. Courtine, *Extase de la raison. Essais sur Schelling*, Paris, 1990, p. 200—236.

无论如何，对于《世界的诸时代》第三版中的谢林而言，存在只有通过反抗自己才能展开自己，这解释了为什么存在会让人痛苦和恐惧。对他而言，存在是悲剧性的：

> 痛苦是一切生命的基本感受，一切生命只有在激烈的斗争中才能产生和显现。①

在谢林、波墨和叔本华看来，万物的基础是“悲哀”、“受苦”和“疯狂”，这些情感必须被克服，但都内在于存在之中。②

389 谢林取笑了那些长期向人们灌输宇宙和谐的哲学家。③ 事实上，在他看来，可怕和令人恐惧的东西才是存在的真正基础。卡尔·洛维特(Karl Löwith)写道：“对谢林和尼采而言，一切生命和存在的基础是令人恐惧的：这是一股盲目的力量，一种可能被超越但永远无法被取消的野蛮本原，它是一切伟大和美好之物的根基。”④对谢林而言，赫拉克利特的箴言“自然爱隐藏”意指自然最初表现出对演化的抵抗，因为它愿意保持在自身之中。“自然的羞怯”将变成存在的神秘，而这种神秘是令人沮丧和可怕的。因此在我看来，歌德和谢林处于一种传统的开端，在这一

---

① Schelling, *Les âges du monde*, p. 162.

② A. Koyré, *La philosophie de Jacob Boehme*, p. 297.

③ Schelling, *Les âges du monde*, p. 183.

④ K. Löwith, *Nietzsche: philosophie de l'éternel retour du même*, Paris, 1991, p. 182; 见 M. Merleau-Ponfy, *La Nature. Notes. Cours du Collège de France*, texte établi et annoté par D. Seglard, Paris, 1994, p. 61—62.

传统中，存在的无法参透的神秘引起了痛苦。目标不再是克服自然给我们的认识设置的困难和障碍，而是要认识到自然（或者说世界、在世界之中或存在）的不可言说是内在的。从此以后，人的生存的基本维度之一将是惊异和痛苦，是在无法揣度的谜和神秘面前感受到歌德和康德所谓的“神圣的颤栗”。

3. 海德格尔论赫拉克利特的箴言

在当今世界，人们不再谈及自然的秘密，伊西斯已经连同她的面纱消失于梦境。然而，赫拉克利特的箴言仍然活着，并且继续引人深思。海德格尔更新了赫拉克利特的箴言。[①] 他把赫拉克利特的 *phusis* 等同于他所说的存在，并且给出了 *phusis* 的多种会聚性译法：[②]“存在喜欢使自己不可见”，[③]“遮蔽是解蔽不可或缺的一部分”，[④]“存在倾向于遮蔽自己”，[⑤]“自行遮蔽是存在的偏好”。[⑥] 此外，阿兰·雷诺（Alain Renault）还引用过两种表 390

---

① A. Renaut, “La nature aime à se cacher”, *Revue de métaphysique et de morale*, 81 (1976), p. 62—111, et Marlène Zarader, *Heidegger et les paroles de l'origine*, Paris, 1990, p. 33—47.

② M. Zarader, *Heidegger et les paroles de l'origine*, p. 41.

③ M. Heidegger, *Le principe de raison*, trad. Préau, Paris, 1962, p. 155.

④ *Ibid.*, p. 164.

⑤ M. Heidegger, *Introduction à la métaphysique*, trad. G. Kahn, Paris, 1967, p. 126.

⑥ “Ce qu'est et comment se détermine la *phusis*”, trad. F. Fédier, dans M. Heidegger, *Questions*, I et II, trad. Axelos *et alii*, Paris, 1990, p. 581.

述："存在通过把自己显示于存在者之中而溜走"，以及"存在抽身而去，因为它在存在者中显露"。[1] 应把这些不同译法重新置于海德格尔思想往往出乎意料的演进过程中来考察：特别是，这里的存在概念受制于永恒的发展变化。这项任务超出了本研究的范围。因此，对于海德格尔的这些表述，我只保留与本书总体看法相关的部分。

为了理解赫拉克利特箴言的这些译法的含义，我们必须看看"存在"和"存在者"在海德格尔那里是什么意思。在他看来，我们往往只关注确定的对象：一个人、一只狗、一颗星星、一张桌子。这些就是海德格尔所说的存在者。人们之所以对存在者感兴趣，仅仅是因为它们的性质、用处或目的性。它们仅仅是物，并与其他物相关联。对于存在者*存在*这一事实，人们并不感兴趣：

> 对于沉沦于日常生活的人而言，存在者存在或存在者奠基于存在这一事实无关紧要。他只对存在者感兴趣，但存在者的存在对他来说始终是陌生的。"天气是糟糕的。"我们只关心糟糕的天气，其中的"是"无足轻重。……人类的一切行为都使这种对立凸显出来：人认识存在者，却遗忘了存在。[2]

391

---

① A. Renaut, "La nature aime à se cacher", *op. cit.*, p. 107.

② A. de Waelhens 和 W. Biemel 在海德格尔逻辑学课上的笔记（1944年），引自他们为海德格尔的《论真理的本质》所写的导言（*De l'essence de la vérité*, Louvain-Paris, 1948, p. 19—20）。

这里的存在者与存在截然对立。存在并不是众多事物中的一个，而是现实性或在场。显现的是存在者，未显现的是显现自身的行为，即存在。显明的是在场的存在者，隐藏的是使存在者显现的在场，我们完全遗忘的是存在者在我们面前的涌现。

这一悖论是海德格尔解释赫拉克利特残篇的基础。海德格尔按照希腊语的原初含义来理解 *phusis* 一词：

> *phusis* 说的是什么呢？它说的是从自身绽开……，说的是展开和打开，说的是在这种展开中显现，并将自己保持在这种显现之中。①

他把这个过程描述为涌现（*Aufgehen*），即出现、生长或显现的行为。在海德格尔看来，西方的自然观念源于希腊人把存在理解为一种出现或发生。② 于是，海德格尔把赫拉克利特的箴言理解成："出现"或解蔽（即 *phusis*）与遮蔽密不可分（谢林已经说过，"展开以包裹为前提"③）：

> 赫拉克利特的意思是，抑制自己、把自己留以备用是存在的一部分。他绝不是说存在仅仅是隐藏自己，而是说：存

392

① M. Heidegger, *Introduction à la métaphysique*，引自 M. Zarader, *Heidegger et les paroles de l'origine*, p.36.

② M. Zarader, *Heidegger et les paroles de l'origine*, p.37.

③ 见前文。

> 在无疑展开为 *phusis*,或解蔽,或自行显现的东西,但存在的解蔽与遮蔽密不可分。没有遮蔽,解蔽如何可能?我们现在说:存在向我们呈现,但同时也向我们隐藏了它的本质。这就是"存在之历史"的含义。①

但这一主题可以有多个变种。有的时候,我们会看到海德格尔说"存在之历史",正如刚刚引用的《理由律》(*Le principe de raison*)中的这段话。它表明,思想的退化是对存在的遗忘,这是哲学史的典型特征。于是,哲学史成了"遮蔽被遗忘的存在的一种途径"。②

在另一些时候,我们会看到内在于存在的解蔽与遮蔽的对立。为了让人理解赫拉克利特的箴言在他看来是什么意思,海德格尔说:

> 这是什么意思呢?人们曾经以为,而且现在还有人认为,这话是说:由于存在难以理解,我们需要花大气力才能迫使存在离开藏身处,让它不再愿意躲藏。
>
> 我们越来越需要作反向思考了:自行遮蔽是存在的偏好,也就是说,存在的展开已经固定于此。存在的展开乃是自行解蔽,涌入显入无蔽之中——即 *phusis*。只有按其展

① M. Heidegger, *Le principe de raison*, p.155.

② A. Renaut, "La nature aime à se cacher", *op. cit.*, p.111.

开自行解蔽并且必然解蔽的东西，才可能喜欢再次自行遮蔽。……唯解蔽才能是再次遮蔽。因此，“超越”或根除 *phusis* 的 *kruptesthai* [遮蔽]是不恰当的；远为重大的任务是，把构成 *phusis* 所必需的 *kruptesthai* 留给在其全部纯粹展开中的 *phusis*。存在是自行遮蔽着的解蔽。①

393

在海德格尔看来，赫拉克利特的箴言与他本人的真理(a-letheia)学说有关，根据海德格尔的词源学，这个希腊词指的是真理：a-letheia 的意思是不遗忘或不遮蔽。然而，被视为解蔽的真理也预设了某种遮蔽。*phusis* 同样是一种遮蔽着的解蔽，或者隐匿着的绽开：绽开就是遮蔽自身，遮蔽自身就是显现自身。因此，海德格尔把存在称为秘密、谜或神秘(*Geheimnis*)。② 在此，从歌德到尼采的思想运动得到了进一步强调，它意识到，自然或真理与它的面纱不可分离。

遗忘存在是人的天性。为了活下去，人不得不关注存在者。人沉迷于对存在者(他视之为现成在手的)的操持中，无法注意到存在者的解蔽和涌现，或存在者的 *phusis*，即它们的自然(从 *phusis* 的词源学意义上来理解)。用让·瓦尔(Jean Wahl)的话来说：“在某种意义上，这种行为(比如关心存在者而遗忘了存在)构成了我们；我们一直在这样做；作为人，我们注定要这样

---

① M. Heidegger, “Ce qu'est et comment se détermine la *phusis*”, trad. F. Fédier, p. 581—582.

② M. Zarader, *Heidegger et les paroles de l'origine*, p. 46—47.

做。我们一直是存在的谋杀者。"[1]我们可以用普罗提诺对太一的描述来说海德格尔的存在:"它不离万物,不在万物之中,因此它虽然在场,但又不在场,只有能够察觉到它的人除外。"[2]它的在场仿佛是一种在场/不在场。这种对存在的遗忘解释了人的处境:"彷徨"。"所谓彷徨是指这样一种焦虑,它使人逃离神秘,

394 遁入现实,追逐一个个日常之物而错过了神秘。"[3]借用《存在与时间》中的术语,人习惯于非本真地生活,但他可以通过偶然遭遇存在的神秘而进入本真和澄明之境。

之前数个世纪的哲学家和学者大都在谈论揭开自然的面纱和发现她的秘密。这里,存在取代了自然,存在不是有待发现的东西,而是使事物显现和消失的东西。它是"解蔽":这是真正的谜。在我之前提到的研究中,阿兰·雷诺把以下表述用于这一主题:"这里,存在本身是斯芬克斯。"[4]

海德格尔以这种方式来解释赫拉克利特的箴言是否正确呢?他在"解蔽"的意义上来理解 *phusis*,或者把它理解成使事物显现的行为,这无疑是正确的。他也正确地从这一箴言中看出了赫拉克利特试图把握对立面的同一的方法。但我并不认为赫拉克利特会把存在(*einai*)理解为解蔽或使事物显现,即把存

---

① J. Wahl, *Sur l'interprétation de l'histoire de la métaphysique d'après Heidegger*, 索邦大学课程, Centre de documentation universitaire, p.104.

② Plotin, *Ennéades*, VI, 9 [9], 4, 24—26.

③ M. Heidegger, *De l'essence de la l'érité*, p.96.

④ A. Renaut, "La nature aime à se cacher", *op. cit.*, p.109.

在等同于 *phusis*。

4. 痛苦、恶心、惊异

我们在海德格尔这里也看到了德国浪漫主义时期及之前的那种痛苦感(比如在歌德和席勒的著作中)。海德格尔主要在《存在与时间》中分析了这种感受。阿方斯·德·瓦伦斯(Aphonse de Waehlens)很好地总结了海德格尔的思想:

> 我们在世界中存在(notre-être-dans-Le-monde)这一残忍、赤裸、无情和无法回避的事实,让我们面对世界时大为惊骇,我们被毫无防备、孤立无助地抛入世界之中。让我痛苦退缩的正是这个外在世界,我投身其中,为的是作为其中的一个存在者有所作为,我没有意愿过它,也无法阻止它的前进。痛苦源于我们的境况,又揭示了这种境况。它是对原初处境的真实感受。[1]

395

因此,和在谢林那里一样,恐惧或痛苦源于纯粹的"在那里",即赤裸裸地感受到在世界中存在,它脱离了我们用来躲避痛苦的日常生活环境。在世界中存在使我们感受到的这种痛苦

---

① A. de Waelhens, *La philosophie de Martin Heidegger*, Louvain, 1942, p. 122—123, résumant *Être et Temps*, § 40.

还包括意识到,在世界中存在是向死而生(l'être-pour-la-mort),存在与虚无无法分离。让·瓦尔认为,克尔凯郭尔式(Kierkegaardian)的痛苦与海德格尔式的痛苦之间有很大区别,前者是心理和宗教层面的,产生于原罪意识,而后者则"与宇宙事实相关",是一个面对虚无背景而突出出来的存在者的意识。[①] 阿方斯·德·瓦伦斯纠正了这一断言,他明确提出,海德格尔所理解的痛苦同样是"精神"层面的,因为这种面对世界的痛苦从根本上说是"人在面对自身孤独时的痛苦"。[②]

自海德格尔以来,痛苦感一直在哲学中占有一席之地。在396 小说《恶心》(*Nausée*)中,萨特描写了主人公在布维尔(Bouville)花园的树桩前意识到了在世界中存在:需要指出的是,引发萨特恶心的是一个自然物。我们也许想知道,人造物是否会产生同样效果。引发痛苦的是自然的存在无法解释。在这种体验中,一切存在者都失去了它们的多样性和个体性,它们是纯粹的存在行为:"我们毫无理由地在那里,人人都是如此。"接着,他发现存在是绝对荒谬的:"没有什么能够解释它,哪怕是自然的一种深深的神秘谵妄。"因为"存在就是'在那里'。……没有任何必然的东西能够解释存在。……一切都是无缘无故的:这座花园,这座城镇,还有我自己。如果我们碰巧意识到了这一点,它使我们的肠胃和一切开始翻腾。……这就是恶心。"萨特描述的对存

---

① J. Wahl, *Études kierkegaardiennes*, Paris, 1938, p.221, n. 2.

② A. de Waelhens, *La philosophie de Martin Heidegger*, p.127.

在的逐渐意识几近一幅漫画:他所看到的东西成了“一团杂乱无章的可怕糨糊,骇人而下流地赤裸着”。他写道:“我们是一群尴尬的存在,为我们自己而难堪,……每一个困惑的、莫名焦虑的存在都觉得自己对他人是多余的。”①

然而事实上,通过体验某个对象在世界中纯粹的无情在场,意识到我们在世界中存在具有无法解释的偶然性并不必然会引起痛苦。如果说,20 世纪初(1902 年)布维尔花园中的一棵树桩可以让萨特感到痛苦,那么喷壶中的一只虫子也可以给胡戈·冯·霍夫曼斯塔尔(Hugo von Hofmannsthal)带来狂喜的惊异:

> 那天晚上,我在一棵胡桃树下发现了一个年轻园丁忘记拿走的喷壶。树影覆盖着这个盛着半壶水的喷壶,一只水虫在深色的水中从一边游向另一边:所有这些琐碎之物向我展现了无限的在场,从我的发根一直传到脚跟,以至于我想大声叫喊,如果找到了合适的词,我会用这些词把那些我并不相信的小天使打倒在地。②

397

据我所知,痛苦感在梅洛-庞蒂的哲学中并不扮演重要角色,他更喜欢谈及“哲学的惊异”。③ 不过在《知觉现象学》的序

---

① J.-P. Sartre, *La nausée*, Paris, 1948, p.162—167.

② Hugo von Hofmannsthal, *Lettre de lord Chandos*, trad. J.-Cl. Schneider et A. Kohn, Paris, 1992, p.47.

③ M. Merleau-Ponty, *Éloge de la philosophie*, Paris, 1960, p.53.

言里，他也把世界的存在说成一种无法解释的神秘：

> 世界和理由并不构成问题；如果你愿意，我们可以说它们是神秘的，但正是这种神秘定义了它们，我们不可能通过某个解决方案来驱散这种神秘。它不可能被解决。真正的哲学是重新学会看这个世界。①

通过把“问题”与“神秘”相对立，梅洛-庞蒂可能是在暗示基督教存在主义者加布里埃尔·马塞尔（Gabriel Marcel）所作的有趣区分。在他看来，问题是指某种外在于我们的东西。我们可以轻而易举或颇费周折地解决它，但只要发现了解答，问题就会消失：“而神秘则是某种我们置身于其中的东西，所以它的本质不可能完全展现在我面前。”②因此，它既得不到解决，也得不到解释：我牵涉于其中，只能体验它。

398

梅洛-庞蒂的说法完全消除了自然秘密的观念，自然的秘密被设想为某个侦探故事，只要破解其中的谜团，好奇心得到满足，就足够了。然而，这也许会使我们想起歌德对待原型现象或原初现象的态度，它们得不到解释，在它们面前我们只能默默地惊异。梅洛-庞蒂认为哲学“使我们意识到关于世界的存在本身以及我们自身的问题，从而使我们治好了在柏格森所谓的‘主人

---

① M. Merleau-Ponty, *La phénoménologie de la perception*, Paris, 1945, p. XVI.

② G. Marcel, *Être et avoir*, Paris, 1935, p. 145, p. 169 et 249.

的笔记本'中进行探寻的毛病”,[1]亦即从世界现象中看出超越于世界的、存在于思想中的范型摹本。因为哲学绝不能通过可以解释世界偶然性的上帝或某个必然存在的介入来掩盖存在的神秘。世界的神秘并不是一个可以解答的问题,而是一种无法解释的神秘。“对哲学家而言,相比于在世界各个层面所涌现的现象以及他正忙于描述的持续诞生”,所有解释都“显得非常乏味”。[2]《哲学赞辞》(*Éloge de la philosophie*)这段话之后的几页对神圣做出了新的定义,从这几页来看,我倾向于认为,如果所有解释都是“乏味的”,那么意识到世界的涌现这一无法解释的神秘将是“神圣的”。

在《逻辑哲学论》结尾(6.44),维特根斯坦也提到了世界的存在或“在那里”: 399

> 神秘的不是世界是怎样的[*wie*],而是世界存在着这一事实[*dass*]。

“世界是怎样的”是世界内部的事实安排,即科学的对象,因而可以是某种有意义的语言对象或“可说的东西”。而“世界存在着这一事实”则对应于世界的存在,即对应于在维特根斯坦看来无法言说而只能显示的东西。事实上,维特根斯坦正是这样

---

① M. Merleau-Ponty, *Éloge de la philosophie*, p. 53.

② *Ibid*.

定义“神秘的东西”的:“存在着某种不可言说的东西;它显示自身,这就是神秘的东西。”(6.522)在一项大约写于50年前的研究中,我区分了语言在维特根斯坦那里的四种用法。[①] 首先是一种**描述性**(*représentatif*)用法或有意义的用法:这些命题有一种逻辑形式,即一种可能的意义,因为组成它们的符号都有指称;其次是**重言式**(*tautologique*)用法或分析的用法,这些命题的任何内容都没有意义:它们是逻辑命题;还有一种用法可以称为**无意义的**(*non sensé*),由此产生了伪命题。大多数哲学命题都不符合语法规则和逻辑句法,它们包含的符号没有指称,因此它们没有逻辑形式或意义;最后这种用法我们可以称为**指示性的**(*indicatif*)。[②] 在维特根斯坦看来,这种用法是正当的,命题并不描述任何东西,但向我们显示了它无法言说的某种东西。

400 通过语言的这种指示性用法,我们可以谈及对世界存在的体验。它的确是一种体验,甚至是一种情感体验,因为维特根斯坦提到他所谓的“对世界的感受”时谈到了一种“神秘”感受。在《伦理学讲座》(*Conférence sur l'éthique*,1929—1930)中,他提到了一种“他自己”的体验,即惊异于世界的存在。[③] 于是,面对着世界的存在,维特根斯坦感受到的不是恶心,而是惊异。不过对

---

① P. Hadot, “Réflexions sur les limites du langage à propos du *Tractatus logico-philosophicus* de Wittgenstein”, *Revue de métaphysique et de morale*, 63(1959), p.477.

② 这个形容词对应于德语动词 *zeigen*。

③ L. Wittgenstein, *Leçons et conversations*, Paris, 1992, p.148—149.

他来说，世界的存在完全无法解释，因为它不能用一个描述性命题来表述。

正如我们看到的，梅洛-庞蒂说，关于世界，我们无法表述出一个可以解决从而可以消除的问题。维特根斯坦也持同样看法。回答的不可能性消除了问题的可能性："如果回答无法表述，那么问题也无法表述。"(6.5)梅洛-庞蒂说，我们与世界的关系不是问题层面的（"比如科学研究中的情形"），而是神秘的。这里，维特根斯坦用的词不是"问题"而是"谜"："谜不存在。"(6.5)的确，有人可能以为，正如科学逐渐解决了有关组成世界的事实的具体问题，整个世界的存在问题也可以得到解决，因此有一个谜本身需要解决。但是从语言用法的角度来看，关于世界，我们无法给出任何解答，因此，"如果回答无法表述，那么问题也无法表述"，因而"谜不存在"。对维特根斯坦和梅洛-庞蒂而言，形而上学假说并不构成任何解答： 401

> 灵魂在时间上的不朽即死后永生绝不可能得到保证。尤其是，即使作出这样的假定，也无法提供人们希望由此获得的东西。是否有什么谜因我的永生而得到了解决？这种永生难道不是与当下的生活同样神秘吗？(6.432)

世界整体无法言说(6.371—372)：维特根斯坦指责现代科学让人觉得一切都可以得到解释，而这绝非实情：因为我们无法步出世界之外把世界当作研究对象。我们在世界之中，一如我们在语言之中。

对梅洛-庞蒂而言，世界是一种无法破解的神秘，他断言，“哲学是重新学会看这个世界”。在《逻辑哲学论》的结尾，维特根斯坦建议读者超越于书中的所有命题，这样就会以正确的方式看世界(6.54)。我们可以非常简化地说，对他们两位而言，“看世界”意味着按照世界向我们显现的本来面目来知觉它：在梅洛-庞蒂那里是现象学的和审美的知觉，在维特根斯坦那里则是审美知觉和伦理态度，因为对他来说，世界和(伦理意义上的)生活是一致的。我们也许会发现，维特根斯坦所说的正确地看世界和叔本华所说的无欲无求地看世界之间有某种相似性。[①] 402 在谈到无欲无求地静观世界从而摆脱理由律时，叔本华曾经援引斯宾诺莎的表述：从永恒的视角来感知事物，[②]以说明这样一种观念：以这种方式进行沉思的人将会超越其个体性，而与那个永恒的意识主体合一。《逻辑哲学论》的作者则写道：“从永恒的视角来沉思世界就是把它当作整体来沉思——不过是一个有限的整体。[③] 对作为有限整体的世界的感受就是那种神秘感受。”(6.45)根据维特根斯坦的说法，绝不能把永恒理解成无限的时间延续，而应理解成无时间性：“活在当下的人活在永恒中。”(6.4311)因此，“正确地看世界”也许就是在当下无欲无求地(即审

① 见本书第十八章。

② Spinoza, *Éthique*, 4e Partie, Préface.

③ 关于此翻译，见 L. Wittgenstein, *Letters to C. K. Ogden*, Oxford, 1983, p.36—37.

美地和伦理地)感知世界,仿佛是第一次或最后一次从而在某种非时间性中去感知世界。这样我们就回到了稍早前讨论的维特根斯坦面对世界所体验到的惊异。[①]

我只是粗略比较了梅洛-庞蒂和维特根斯坦这两位非常不同的哲学家,为的是能够窥见 20 世纪哲学中的一种特殊潮流,它抛弃了对世界存在的抽象解释,使人有可能体验到在世界中存在的神秘,生动地接触到那种无法言说的实在涌现或原初意义上的 *phusis*。

① 见上文。

结　语

403　现在我们的讨论已经涵盖了近2500年的历史，我们不禁惊讶于古希腊发明的表述、描述和形象具有异乎寻常的生命力。比如，20世纪海德格尔的思想可以说在很大程度上得益于对公元前5世纪赫拉克利特那句箴言的反思。这里我们不禁想起了尼采所谓的"好格言"：

> 一则好格言对时间之牙来说太坚硬了，所有的千年都磨灭不了它，尽管它有助于滋养每一个时代，因此是文学的伟大悖论，是变异中的永恒，是像盐一样始终受到珍视的食物，而且像盐一样永不变味。①

① Nietzsche, *Humain trop humain*, suivi de *Fragments posthumes* (1878—1879), § 168, NRF, t. Ill, 2ᵉ partie, p. 74.

一则好格言不断滋养一代代人，但它的养分在各个时代会发生许多出人意料的改变。于是我们看到，赫拉克利特这则箴 404 言的含义陆续变为：生者都趋于死；自然难以认识；自然将自己包裹在可感形态和神话里；自然之中藏有隐秘的潜能；存在最初处于收缩和未展开状态；最后在海德格尔这里，存在在隐藏自身的同时也在揭示自己。这则箴言被相继用来解释自然科学的困难；为《圣经》文本的寓意解释作辩护，或捍卫异教；批判技术和世界的机械化对自然的强制；解释现代人意识到的在世界中存在的痛苦。因此，同样一则表述在各个时代都有新的含义。书写它的接受史就是书写一连串误解的历史，不过这些误解具有创造性，因为这则箴言不仅可以表达，甚至还可以产生关于实在的新视角，以及对待自然的各种态度，从赞叹到敌视再到痛苦。

自然秘密的隐喻也是如此。在自然科学史的漫漫长河中，它始终保持着活力，无论在机械论革命期间，还是在浪漫主义扩张期间；但它蕴含着一整套描述，一些是观念上的，另一些是想象中的，它们在各个时代发生了巨大转变。起初它预设，众神精心守护着创造自然物的秘密。随着公元 4 世纪初自然的人格化，自然被想象成拒绝揭示她的秘密。这种隐喻描述可能意味 405 着，自然之中隐藏着潜能或隐秘的种子理性，在魔法和力学的强制下会显示出来。它也可能意味着自然现象难以认识，特别是其不可见的方面，无论是原子还是身体内部的各个部分。因此，当显微镜向人类开启了无限小的世界时，科学家声称他们发现了自然的秘密。在机械论革命之初的 17 世纪，我们可以从对自然秘密的描述中看到两个层面。一方面是自然现象,我们可以通过仪器观察,特别是通过描述现象运作的数学定律来发现自然现象;另一方面是无法参透的神意,它从所有可能的世界中创造出了这个宇宙。

在整个研究中,我们可以看到对待自然秘密的两种基本态度:一种是唯意志论的,另一种是沉思的。前一种态度被称为普罗米修斯态度,因为普罗米修斯致力于服务人类,他用诡计强行窃取了神的秘密。此外,这种态度明确声称自己的合法性,它主张人有权统治自然(这是《创世记》中的神赋予人的权利),而且如有必要还可以审讯甚至拷问自然,以使其吐露秘密:直到康德和居维叶还在使用弗朗西斯·培根的这一著名隐喻。魔法、力学和技术都属于这一传统,它们都以各自的方式把捍卫人类的重要利益当作目标。自然拒绝交出秘密,这被隐喻性地解释为一种对人类的敌意。自然对抗人类,因此必须将其征服和驯服。后一种态度则被称为俄耳甫斯态度。从这种态度来看,如果自然试图隐藏,那主要是因为发现她的秘密对人类很危险。利用技术干预自然进程来发现这些秘密要冒很大风险,更糟糕的是可能导致不可预见的后果。从这种观点来看,哲学进路或审美进路才是认识自然的最佳途径,理性言说和艺术这两种态度都以自身为目的,都预设了一种无私欲的进路。因此,除了科学真理,我们还需要一种审美真理,它提供了真正的自然认识。

406

这两种态度本身都是完全正当的,尽管我们在每一种态度中都能看出可能的严重偏离。此外,无论它们如何对立,它们彼此之间并不完全排斥。特别是，像雅克·莫诺这样的现代科学家虽然从事着一种此后与技术密不可分的科学，却宣称那种无私欲的科学或以认识自身为目标的基础研究具有绝对价值。

不过，本项研究不仅涉及自然的兴衰，而且涉及自然秘密观念的兴衰。虽然自然秘密的观念在机械论革命盛期之后仍然相当活跃，但在两个因素的影响下它逐渐消失了。一方面，无论是否乐意，自然秘密的观念与自然的某种人格化联系了起来，它蕴含着可见外表与隐秘内核、外在部分与内在部分之间的对立。科学和理性主义的进步终结了这些描述。另一方面，科学进步使哲学家将注意力从解释物理现象(此后交由科学处理)转向了存在本身的问题。 407

这里我们遇到了对西方思想的形成起了重要作用的另一份古代文本，那就是塞斯女神(普鲁塔克把她等同于伊西斯)对自己的定义："我是那一切的曾在、现在和将在；未有凡人揭开过我的面纱。"在对这一文本的共济会解释的影响下，原本是自然之隐喻化身的伊西斯，在 18 世纪末却成了普遍存在的象征，无限且无法言说。从此以后，伊西斯的面纱不再指自然的秘密，而是指生存的神秘。与此同时，虽然 17、18 世纪科学著作卷首插图中的伊西斯顺从地被揭开了面纱，因为她所体现的自然是观察、实验和科学计算的对象，但是现在，她却成了令人尊崇、尊敬甚至恐惧的对象。塞斯女神的警告"未有凡人揭开过我的面纱"受到了重视。于是，伊西斯的面纱这一隐喻为浪漫主义者提供了一种表达情感的文学手段，虽然这种感情并不是全新的，但是自 408

卢梭、歌德和谢林的时代以来却变得越来越强烈:面对世界的存在以及人在世界之中的存在所产生的惊异与恐惧。从此以后,问题不再是解决关于自然现象运作的具体谜题,而是意识到在整个实在的涌现中真正成问题和神秘的东西。我们可以看到,这一传统一直持续至今。

顺便说一句,读者可能已经注意到了令我有些流连忘返的诱人主题:一种观念,一种体验。一种观念:自然即艺术,艺术即自然,人的艺术只是自然艺术的一种特殊情形,我相信这种观念可以使我们更好地理解什么是艺术,什么是自然。一种体验:这是卢梭、歌德、荷尔德林、凡·高等许多人的体验,这种体验在于越来越强烈地意识到我们是自然的一部分,在这个意义上,我们自身就是围绕我们的这个无限的、无法言说的自然。荷尔德林说:"与万物同一,浑然忘我地回归整个自然";尼采则说:"超越你我,以宇宙的方式去感受。"让我们记住这两句话。

关于书目的说明

古代文本的引用

古代文本的引文出处已在注释中给出。对于像亚里士多德或柏拉图那样特别“经典”的作者，我一般并未给出确切的版本或译本，而只是复制了这些版本中惯用的边码，如 Platon，*Banquet*，208e，或者按照引用西塞罗、塞内卡等作者时的惯常做法，给出书的卷数、章节和段落。

Aratus（阿拉托斯）

Aristote（亚里士多德）

Aulu-Gelle（奥鲁斯・盖留斯）

Catulle（卡图卢斯）

Celse（塞尔苏斯）

Claudien（克劳狄安）

Eschyle(埃斯库罗斯)

Euripide(欧里庇得斯)

Firmicus Maternus(弗米库斯·马特努斯)

Hérodote(希罗多德)

Hippocrate(*Écrits hippocratiques*)(希波克拉底,《希波克拉底文集》)

Homère(*Iliade* et *Odyssée*)(荷马,《伊里亚特》和《奥德赛》)

Horace(贺拉斯)

Hygin(希吉诺斯)

Julien(尤里安)

Lucrèce(卢克莱修)

Macrobe(马克罗比乌斯)

Oracles chaldaïques(《迦勒底神谕》)

Ovide(奥维德)

Pindare(品达)

Pline(*Histoire naturelle*)(普林尼,《自然志》)

Plotin(普罗提诺)

Plutarque(普鲁塔克)

Prudence(普鲁丹提乌斯)

Sénèque(塞内卡)

Silius Italicus(西利乌斯·伊塔利库斯)

Sophocle(索福克勒斯)

Strabon(斯特拉波)

Xénophon(色诺芬)

以上这些作家引文的版本及译文出自“法兰西大学丛书”(Collection des université de France)以及美文出版社(Les Belles Lettres)出版的“纪尧姆·比代”(Guillaume Budé)丛书。

为了补充注释中的简洁说明,以下这些精确说明旨在帮助愿意阅读这些文本的读者查找我所使用的那些古代文本。

缩写:

CAG: *Commentaria in Aristotelem Graeca*, Berlin.

CSEL: *Corpus Scriptorum Ecclesiasticorum Latinorum*, Vienne (Autriche).

CUF: Collection des Universités de France, Paris, Les Belles Lettres.

Dumont: J.-P. Dumont, *Les présocratiques*, Paris, Gallimard, Bibliothèque de la Pléiade, 1988.

GF: collection Garnier-Flammarion, Paris, Flammarion.

Pléiade: Bibliothèque de la Pléiade, Paris, Gallimard.

LCL: Loeb Classical Library, Cambridge(Mass.) - Londres.

SC: Sources chrétiennes, Paris, Le Cerf.

SVF: *Stoicorum Veterum Fragmenta*, éd. H. von Arnim, I-IV, Leipzig, 1905-1924, rééd. Stuttgart, Teubner, 1964.

ARISTOTE: 引用的译文有时会改动,要么来自 J. Tricot 著作中的译文,载 la Bibliothèque des textes philosophiques, Paris, Vrin. 1951—1970,要么来自 CUF 或 GF 中的译文(在后一种情况下尤其是 *Éthique à Nicomaque*)。

AUGUSTIN: 不同作品都引自 Bibliothèque augustinienne, *Œuvres de saint Augustin*, Tumhout, Brepols 的版本和译文。

CICÉRON: 译文一般引自 CUF,尤其是 *Des termes extrêmes des biens et des maux*,有时有修改。其他作品的译文见 GF, 尤其是 *Nouveaux livres académiques*, *Lucullus* 以及 *De la nature des dieux*.

DIOGÈNE LAËRCE, *Vies et doctrines des philosophes illustres*, Marie-Odile Goulet-Cazé 主译, Paris, Librairie générale française, 1999。有时有修改。

HERMIAS, *Commentaire sur le Phèdre*, 希腊文本: Hermias von Alexandrien, *In Platonis Phaedrum Scholia*, éd. P. Couvreur, Paris, 1901, rééd. Hildesheim, 1971; 德译本: Hildegund Bernard, Hermeias von Alexandrien, *Kommentar zu Platons Phaidros*, Tübingen, 1997。

HIPPOCRATE, *L'ancienne médecine*, 由 A.-J. Festugière 导言、翻译并注释,载 *Études et commentaires*, t. IV, Paris, 1948。

LACTANCE, *Institutions divines*, édition et traduction Monnat, li-vre I(SC n° 326), livre II(SC n° 337), livre IV(SC n° 377), livre V(SC n° 204—205), Paris, 1986—1992. 第三卷没有新近的译本(J. A. C. Buchon, *Choix de monuments primitifs de l'Église chrétienne*, Paris, 1837 这一译本非常不可靠)。拉丁文本见 *CSEL*, t. 19, Vienne, 1890。*De la colère de Dieu*, édition et traduction par Chr. Ingremeau(SC n° 289), Paris, 1982。

LUCRÈCE, *De la nature*, A. Ernout 编译, t. I—II, CUF, 1924; 也见 Lucrèce, *De rerum natura*, A. Ernout 和 L. Robin 评注, CUF, 1925—1926; Lucrèce, *De la nature*, J. Kany-Turpin, Paris, Aubier, 1993。

MARC AURÈLE: 我本人提供了 *Écrits pour lui-même* 的恰当译文,希腊文本见 CUF, éd. Trannoy, 1924(rééditions), 以及 J. Dalfen, Leipzig, Teubner, 1972, 2e éd. 1987。

PHILON D'ALEXANDRIE: 译文(根据丛书的原则,作品题目是以拉丁语给出的)来自带有希腊文本的翻译版本,有时有修改: *Les œuvres de Philon d'Alexandrie*, publiées par R. Arnaldez, Cl. Mondésert, J. Pouilloux, Paris, Le Cerf, 1962—1992。

PLATON: 译文来自 CUF. 也有其他版本的译文,如 Bibliothèque de la Pléiade 以及由 GF 出版的译文。

PLOTIN, *Ennéades*, É. Brehier 编译, CUF, 1924—1938; *Ennéades* VI, 7(*Traité* 38),我借用了我以前的译文,见 *Les Écrits de Plotin*, P. Hadot, Paris, Le Cerf, 1988。

PLUTARQUE: 译文引自 CUF 中的 *Vies* 和 *Œuvres morales*,或者是反斯多亚派作品的译文,后者像其他作者的作品一样收集在 Bibliothèque de la Pléiade,题为 *Les stoïciens*.

PORPHYRE, *De l'abstinence*, livres I—IV, édition et traduction J. Bouffartigue, M. Patillon et A. Segonds, CUF, 1979—1995. *Vie de Pythagore*, *Lettre à Marcella*, édition et traduction É. des Places, CUF, 1982. *Sententiae*,希腊文本由 E. Lamberz 编译,Leipzig, 1975;法译本 Porphyre, *Sentences*,t. I—II(éd. L. Brisson), Paris, 2005. *Lettre à Anébon*,希腊文本及意大利语译文,Porfirio, *Lettera ad Anebo*, a cura di A. R. Sodano, Naples, 1956; 一个新的法译本即将面市。

PROCLUS, *Commentaire sur le Timée*, traduction A.-J. Festugière, t. I-V, Paris, Vrin, 1966—1968. *Commentaire sur la République*,traduction A.-J. Festugière, t. I—III, Paris, Vrin, 1970. 在 Festugière 译本的页边空白处可以找到相关希腊文本在 Teubner 丛书中的书目信息。

SIMPUCIUS,*Commentaire sur la Physique d'Aristote*: 没有法译文,希腊文本见: *In Aristotelis Physicorum libros quattuor priores Commentaria*, édition H. Diels, Berlin, *CAG*, t. 10, 1882. *Commentaire sur le traité Du ciel d'Aristote*, Ph. Hoffmann 未发表的法文翻译; 希腊文本: *In Aristotelis De Caelo Commentaria*, édition I. L. Heiberg, Berlin, *CAG*,t. 7, 1894。

XÉNOCRATE 残篇: R. Heinze, Xenokrates, *Darstellung der Lehre und Sammlang der Fragmente*, Leipzig, 1892; 也见 M. Isnardi Parente, Senocrate, Ermodoro, *Frammenti*, Naples, 1982。

现代作者的引用

缩写:

HA (Hamburger Ausgabe): *Goethes Werke*, t. 1—14,

édition par Erich Trunz, 1re édition parue à Hambourg, Christian Wegner Verlag, 1948—1969, réédition parue à Munich, C. H. Beck'sche Verlagsbuchhandlung, 1981—1982.

HA (Hamburger Ausgabe): *Goethes Briefe*, t. 1—4, et *Briefe an Goethe*, t. 1—2, édition par K.-R. Mandelkow, 1re édition parue à Hambourg, Christian Wegner Verlag, 1965—1967, réédition parue à Munich, C. H. Beck'sche Verlagsbuchhandlung, 1976—1982.

NRF: Friedrich Nietzsche, *Œuvres philosophiques complètes*, t. I-XIV, Paris, Gallimard, 1974 et suiv.

WA(Weimarer Ausgabe): *Goethes Werke*, Hgb. im Auftrag der Grossherzogin Sophie von Sachsen, Weimar, 1887—1919.

HEIDEGGER M., *Être et Temps*. E. Martineau, Paris, 1985.

NIETZSCHE F., 见 NRF. 但对于某些作品,如 *La naissance de la tragédie*, *Considérations intempestives*, *Le gai savoir*, *Par-delà le bien et le mal*,我有时偏爱其他译法,已在参考书目注释中给出。

RILKE R. M., *Élégies de Duino*, *Les sonnets à Orphée*, introduction et traduction par J.-F. Angelloz, Paris, Aubier, 1943.

WITTGENSTEIN L., *Tractatus logico-philosophicus*, traduction P. Klossowski, Paris, 1961. 但也有必要求助于1922年在伦敦出版的德文本和英译文。

补充书目

关于“Dieu, éternel géomètre”,见F. Ohly, “Deus geometra. Skizzen zur Geschichte einer Vorstellung von Gott”,载*Tradition als historische Kraft. Interdisziplinäre Forschungen zur Geschichte des frühen Mittelalters*, éd. par N. Kamp et J. Wollasch, Berlin, 1982, p. 13—42.

索　引

图书在版编目(CIP)数据

伊西斯的面纱/(法)皮埃尔·阿多著;张卜天译. --2版. --上海:华东师范大学出版社,2019

("轻与重"文丛)

ISBN 978-7-5675-7964-4

Ⅰ.①伊… Ⅱ.①皮… ②张… Ⅲ.①自然哲学—研究 Ⅳ.①N02

中国版本图书馆CIP数据核字(2018)第153461号

华东师范大学出版社六点分社
企划人 倪为国

轻与重文丛
伊西斯的面纱

主　　编　姜丹丹
著　　者　(法)皮埃尔·阿多
译　　者　张卜天
责任编辑　高建红
封面设计　姚　荣

出版发行　华东师范大学出版社
社　　址　上海市中山北路3663号　邮编　200062
网　　址　www.ecnupress.com.cn
电　　话　021-60821666　行政传真　021-62572105
客服电话　021-62865537
门市(邮购)电话　021-62869887
地　　址　上海市中山北路3663号华东师范大学校内先锋路口
网　　店　http://hdsdcbs.tmall.com

印 刷 者　上海中华商务联合印刷有限公司
开　　本　787×1092　1/32
印　　张　15.5
字　　数　250千字
版　　次　2019年4月第2版
印　　次　2023年1月第3次
书　　号　ISBN 978-7-5675-7964-4/B·1139
定　　价　68.00元

出 版 人　王　焰

LE VOILE D'ISIS Essai sur l'histoire de l'idée de Nature
By Pierre Hadot

上海市版权局著作权合同登记　图字:09-2012-004号